国家林业和草原局职业教育"十四五"规划教材

园林计算机辅助设计

（AutoCAD）

韩亚利　李夺　马英◎主编

中国林业出版社
China Forestry Publishing House

内容简介

本教材选用 AutoCAD 2022 版本，依据岗位典型工作任务——园林景观施工图绘制步骤，将软件知识体系与园林类专业教学、岗位实际工作融为一体，以项目导向、任务驱动组织教材内容，采用"工作任务→知识准备→任务实施"编写模式。全书分为 4 个项目 23 个工作任务，包含碎片化、颗粒化的知识单体，内容涵盖 AutoCAD 2022 软件的基本绘图、修改及注释操作，以及岗位典型工作任务园林景观施工图绘制与输出等内容。

本教材可作为高等职业教育专科、本科及成人教育园林技术、风景园林设计、环境艺术设计及相关专业教材，还可供从事园林工作的人员参考使用。

图书在版编目（CIP）数据

园林计算机辅助设计：AutoCAD／韩亚利，李夺，马英主编. —北京：中国林业出版社，2023.11（2025.2 重印）
ISBN 978-7-5219-2437-4

Ⅰ.①园… Ⅱ.①韩…②李…③马… Ⅲ.①园林设计-计算机辅助设计-AutoCAD 软件 Ⅳ.①TU986.2-39

中国国家版本馆 CIP 数据核字（2023）第 223269 号

策划、责任编辑：田　苗
责任校对：苏　梅
封面设计：时代澄宇

出版发行　中国林业出版社
　　　　　（100009，北京市西城区刘海胡同 7 号，电话 83143557）
电子邮箱：cfphzbs@163.com
网　址：www.forestry.gov.cn/lycb.html
印　刷　河北京平诚乾印刷有限公司
版　次　2023 年 11 月第 1 版
印　次　2025 年 2 月第 2 次
开　本　787mm×1092mm　1/16
印　张　19.5
字　数　461 千字
定　价　59.00 元

数字资源

《园林计算机辅助设计（AutoCAD）》编写人员

主　　编　韩亚利　李　夺　马　英

副 主 编　付文明　杨　凡　李少博

编写人员（按姓氏拼音排序）

　　　　　阿力木（新疆农业职业技术学院）
　　　　　陈剑峰（福建林业职业技术学院）
　　　　　陈蕾伊（河北政法职业学院）
　　　　　付文明（扎兰屯职业学院）
　　　　　韩亚利（河北政法职业学院）
　　　　　李　夺（北京绿京华生态园林股份有限公司）
　　　　　李少博（衡水职业技术学院）
　　　　　刘　念（河北政法职业学院）
　　　　　刘鑫军（河北政法职业学院）
　　　　　马　英（河北政法职业学院）
　　　　　宋　珊（河北政法职业学院）
　　　　　檀子惠（石家庄信息工程职业学院）
　　　　　王　杰（河北工艺美术职业学院）
　　　　　魏洪杰（石家庄市城市水系园林中心）
　　　　　杨　凡（云南林业职业技术学院）
　　　　　翟澜茹（晋中职业技术学院）
　　　　　张　英（唐山职业技术学院）
　　　　　张泳涛（湖北生物科技职业学院）
　　　　　周　阳（杭州博古科技有限公司）

前　言

　　园林及风景园林设计以营建美好生活为目标，以建设美丽乡村环境、打造生态宜居的海绵城市、从事风景名胜区的规划设计与管理为专业目标。计算机辅助设计是景观设计及工程施工图样表达的基础，是实现专业理想，设计专业蓝图的"一支笔"。在全球应对气候变化，发展低碳经济的背景下，描绘绿水青山，设计美好家园，践行社会主义核心价值观，为美丽中国添砖加瓦，离不开园林设计工作。

　　教学团队基于园林计算机辅助设计课程教学资源，实施课程、教材一体化建设。自2010年以来，一直进行校企合作，实施项目导向、任务驱动、理实一体化教学模式，先后建成院级精品课程、院级精品在线开放课程、中国（北方）现代林业职业教育集团精品在线开放课程，目前为河北省精品在线开放课程。课程同步教材《园林计算机辅助设计（Auto-CAD）》以园林技术、园林工程技术、风景园林设计、环境艺术设计等专业及社会园林工作者为服务对象，对接职业标准和岗位要求，由行业专家、一线技术人员、专业教师共同编写，将绘图软件AutoCAD学习与实际岗位工作结合，以培养符合职业岗位需求的具有综合职业能力的高素质、高技能的应用型人才为具体要求。

　　教材依据实际项目工作过程、软件知识架构，并紧随行业发展趋势，选用了目前比较新、功能比较强大的AutoCAD 2022版本，将软件知识体系与园林类专业教学、岗位实际工作融为一体，以项目导向、任务驱动组织教材内容，采用"工作任务→知识准备→任务实施"编写模式。全书分为4个项目23个工作任务，包含碎片化、颗粒化的知识单体，内容涵盖AutoCAD 2022软件的基本绘图、修改及注释操作，以及岗位典型工作任务"园林景观施工图绘制与输出"等内容。

　　教材编写以学生为中心，以能力为本位，体现了标准化、现代化、信息化的特点，采用最新的制图标准《房屋建筑制图统一标准》（GB/T 50001—2017）、《风景园林制图标准》（CJJ/T 67—2015）。岗位工作全流程、全方位数字化，从基本命令的操作，景观设计要素的绘制，整套施工图的绘制，景观设计图纸的打印出图，直至向Photoshop等软件的输出与交流，均有微课讲解、视频示范、动画演示、文字描述、配套课件等。同时，将课程本身与前导、后续课程进行有机衔接，不但满足学生对该课程的"学"，也满足教师的"教"，教、学、做合一，是一本实用性强的专业教材。

　　本教材由韩亚利、李夺、马英任主编，付文明、杨凡、李少博任副主编，翟澜茹、阿力木、宋珊、刘念、刘鑫军、魏洪杰、张英、王杰、陈剑峰、陈蕾伊、檀子惠、张泳涛、周阳参加编写。全书由韩亚利统稿。

本教材可作为高等职业教育专科、本科及成人教育园林技术、风景园林设计、环境艺术设计及相关专业教材，还可供从事园林工作的人员参考使用。

在教材编写过程中，编写人员得到中国林业出版社和编写人员所在院校的关心和大力支持，在此一并表示衷心感谢！

由于编者水平有限，不妥之处在所难免，希望专家以及使用本教材的老师和同学提出宝贵意见，以便进一步修订。

编 者

2023 年 6 月

目 录

前 言

项目1　专业图纸定制 ··· 1

　　任务1-1　定制软件界面 ··· 1

　　任务1-2　定制图纸模板 ·· 31

项目2　园林构成要素绘制 ··· 75

　　任务2-1　绘制园林道路与广场 ·· 75

　　任务2-2　绘制园林建筑与小品 ··· 107

　　任务2-3　绘制地形、水体、铺装 ·· 121

　　任务2-4　绘制园林植物 ·· 132

项目3　园林景观施工图绘制 ·· 151

　　任务3-1　绘制园林景观设计图纸封面 ······································ 151

　　任务3-2　绘制园林景观设计图纸目录 ······································ 155

　　任务3-3　书写园林景观施工设计说明 ······································ 163

　　任务3-4　绘制园林设计总平面图 ·· 166

　　任务3-5　绘制园林景观放线设计平面图 ··································· 207

　　任务3-6　绘制园林景观索引图 ·· 211

　　任务3-7　绘制园林景观竖向变化高程图 ··································· 214

　　任务3-8　绘制园林景观种植设计施工图 ··································· 221

任务 3-9　绘制园林景观建筑与小品施工图 ………………………………… 229

　　任务 3-10　绘制园林景观工程铺装施工图 ………………………………… 241

　　任务 3-11　绘制园林水景工程施工图 ……………………………………… 253

　　任务 3-12　绘制园林景观给排水施工图 …………………………………… 261

　　任务 3-13　绘制园林景观供电照明施工图 ………………………………… 264

项目 4　图纸打印与输出 ……………………………………………………… 266

　　任务 4-1　园林图纸的单张打印 ……………………………………………… 266

　　任务 4-2　园林图纸 PDF 格式输出 ………………………………………… 282

　　任务 4-3　园林图纸 EPS 格式打印 ………………………………………… 288

　　任务 4-4　园林图纸导入 SketchUP 和 3ds Max 等软件 ………………… 294

参考文献 ………………………………………………………………………… 300

AutoCAD 常用命令 …………………………………………………………… 301

项目 1　专业图纸定制

项目情景

图样被称作工程界的"技术语言",是工程人员之间进行思想交流的工具。为了做到工程图纸统一,提高制图效率,便于技术交流,满足设计、施工、管理等要求,制定了相关制图标准,涉及本专业的制图标准主要有《房屋建筑制图统一标准》(GB/T 50001—2017)、《风景园林制图标准》(CJJ/T 67—2015)。

一张图纸的内容包含图形、尺寸标注、文字注释、图框、标题栏、会签栏、指北针等,对于同一个专业来讲,每张图纸中除了图样的内容不同外,图纸中对于图纸的格式(图框线、标题栏、会签栏、指北针)、文字、尺寸标注、图层类型等要求是相同的,为了提高绘图的工作效率,可以将这些内容定义为模板文件。绘制一个新的图形时,直接调用模板文件,不但图纸标准、规范,更可以产生事半功倍的效果。

本项目以园林景观设计模板的定制为引领,结合软件的基本知识,完成"定制软件界面"和"定制图纸模板"两个任务。

学习目标

【知识目标】

认识软件,掌握软件基本操作,辅助绘图工具的使用,绘图环境的设置及专业图纸模板的定制。

【技能目标】

能够进行软件基本操作,会使用软件的辅助绘图工具,会定制软件的系统环境及图纸模板,并能熟练使用图纸模板。

【素质目标】

养成在图样绘制中遵循制图标准的习惯,培养严谨细致、精益求精的学习态度与工作作风,树立工匠意识,培养大国工匠精神。

任务 1-1　定制软件界面

工作任务

本次任务是设置 AutoCAD 2022 软件的系统环境,定制软件的经典界面。

首先认识软件,然后熟悉软件的界面和基本操作,掌握辅助绘图工具的使用。

📖 知识准备

1. 认识软件

AutoCAD 是 Autodesk 公司推出的计算机辅助设计绘图软件，自 1982 年推出至今已有 40 余年，它以强大的二维、三维矢量图的绘制和编辑功能及精确、高效的绘图特点成为应用较广的绘图软件。

2. 认识软件界面

1）快捷工具栏

AutoCAD 2022 的第一行内容为快捷工具栏，位于标题栏的前端，将常用的工具放在该工具栏中，如图 1-1-1 所示。

图 1-1-1　快捷工具栏

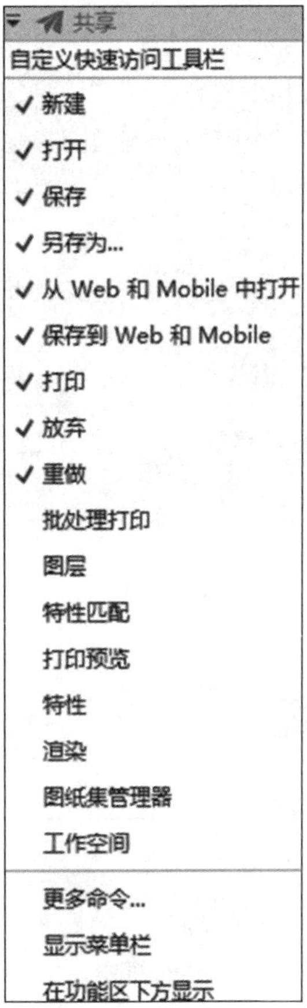

可通过单击快捷工具栏后方的下拉三角 打开"自定义快速访问工具栏"，添加和删减工具，如图 1-1-2 所示，前方有"√"符号的为已在快捷工具栏中显示的操作工具，此处可以勾选"显示菜单栏"，默认菜单栏是隐藏的。

> 【提示】
> 可以把常用的操作工具放置在快捷工具栏中。

2）菜单栏

AutoCAD 2022 的菜单栏中共有 13 个菜单：文件、编辑、视图、插入、格式、工具、绘图、标注、修改、参数、窗口、帮助、Express。这些菜单包含了 AutoCAD 2022 的主要命令和功能。单击菜单栏中的任一菜单，即可看到相应的功能选项。

文件菜单：主要针对文件的操作，如文件的新建、打开、修复、保存、输入、输出、查核、打印等。

编辑菜单：主要包含了剪贴板功能，进行复制、粘贴、剪切等编辑。

视图菜单：主要进行绘图区窗口的缩放、设置等操作，还可进行三维视图设置。

图 1-1-2　自定义快速访问工具栏

插入菜单：主要进行图块、文件的插入和链接。

格式菜单：可以设置绘图环境，包括图层管理、文字样式、颜色及标注样式等参数。

　　工具菜单：包含了块编辑、查询、选项等辅助工具。
　　绘图菜单：是 AutoCAD 中最重要的菜单，它包含了所有二维和三维的绘图命令。
　　标注菜单：该菜单包含所有的标注命令。
　　修改菜单：通过该菜单可对图形进行复制、旋转、移动、缩放、修剪等编辑操作。

> 【提示】
> 　　修改菜单与编辑菜单是有区别的，修改菜单是对视窗内图形实体进行编辑，而编辑菜单是对图形文件进行与剪贴板有关的操作编辑。

　　参数菜单：包含几何约束、标注约束等命令，可进行约束设置。
　　窗口菜单：可对多个窗口进行层叠、水平平铺、垂直平铺和排列图标等操作。
　　帮助菜单：其功能是获得所需的帮助信息。
　　Express 菜单：是一组用于提高工作效率的工具，可扩展 AutoCAD 的功能，仅提供英文版，不支持双字节字符。

> 【提示】
> 　　如果菜单栏无法显示，可以单击"快捷工具栏"的下拉三角▼，打开快捷菜单，选择"显示菜单栏"，菜单栏就被显示出来了。

3）选项卡功能区

　　选项卡功能区是设在菜单栏下面的图表型工具的合集，它为用户直观分类提供了调用命令和绘图操作的快捷执行方式。单击选项卡下方功能区中的某一图标，即可执行相应的命令；把光标移动至某个图标上停顿 2 秒，即在该图标的一侧显示相应的工具提示。

　　选项卡拥有若干面板，如默认选项卡包括"绘图""修改"等 10 个面板。在选项卡名称右键单击，可对选项卡选项和显示面板显示内容进行勾选，如图 1-1-3、图 1-1-4 所示。

图 1-1-3　选项卡

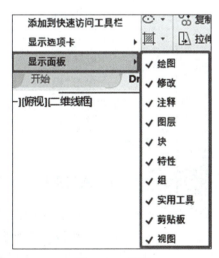

图 1-1-4　面板

【提示】
选项卡跟菜单栏的功能是相同的,通过选项卡可以完成菜单栏几乎所有操作。

4)绘图区

用户可以在绘图区进行 AutoCAD 的绘制和图形编辑。该区域中用户可以根据需要打开或关闭任务窗口,合理安排绘图区域,如图 1-1-5 所示。

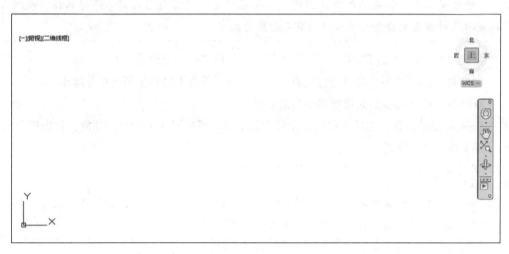

图 1-1-5　绘图区

绘图区的十字光标用来绘制图形和选择图形对象。十字光标的交叉点为光标的当前位置,十字光标的方向与当前用户所使用坐标的 X、Y 轴线方向一致。

绘图区左下坐标系的图标,表示当前所使用坐标系的形式和方向。

在 AutoCAD 中绘制图形可以采用以下两种坐标系。

世界坐标系(WCS):系统默认的坐标系,多数情况下绘图等操作都是在该坐标系下进行的。

用户坐标系(UCS):用户相对于世界坐标系重新定位、定向的坐标系。

默认情况下,这两个坐标系是重合的。

单击"模型/布局 1/布局 2…"选项卡,即可以在模型空间和图纸空间之间进行切换。

模型空间就是我们使用的绘图空间,布局空间是用于对图形进行打印的空间。

5)导航工具栏

导航工具栏是位于右侧区域的竖向工具栏,提供了"全导航控制盘""平移""范围缩放""动态观察"及"ShowMotion"等工具,为用户提供通用和专用导航工具的访问,如图 1-1-6 所示。

图 1-1-6　导航工具栏

6) 命令行窗口

命令行窗口是用户输入命令和显示命令提示信息的窗口。AutoCAD 2022 的命令行窗口默认处于悬浮状态，鼠标左键按住左侧的双虚线，拖到窗口的左下角，出现矩形提示时，松开鼠标左键，命令行窗口即被固定下来。用户可以用改变 Windows 窗口的方法来改变其大小，或按 F2 键来查看所执行的命令及相关的提示信息，如图 1-1-7 所示。

图 1-1-7 命令行窗口

【提示】
命令行窗口不小心被关掉时，按 Ctrl+9 快捷键，即可以打开命令行窗口。

7) 状态栏

状态栏位于屏幕的底部右侧，有"捕捉设置""追踪设置""等轴测平面""对象捕捉设置""外部参照比例设置""切换空间""注释监视器""隔离对象""全屏显示开关"等辅助绘图工具分类按钮，单击任一按钮，即可打开相应的辅助绘图工具。也可以单击分类区域后面的▼按钮，选择相应的辅助绘图工具，如图 1-1-8 所示。

图 1-1-8 状态栏

单击右侧的自定义按钮☰，打开自定义菜单，如图 1-1-9 所示。已勾选的表示已在状态栏中显示。根据绘图需要，勾选相关的功能，可便于进行图形的绘制、修改操作。

3. 软件的获取

软件的获取，可以通过官方网站获取教育版进行学习。

1) 找到 AutoCAD 软件

登录 AutoCAD 官网，在首页可以找到面向学生的免费软件，点击进入相关页面。

在教育版页面，提示有面向老师、学生和教育机构的免费版 AutoCAD 软件，另外，包括制图、渲染、建模的相关软件也提供了面向教育的免费版，需要时，可以登录公司官网，依据提示获取软件的使用。

2) 注册教育账号

选择需要的免费教育版软件，点击进入，注册一个教育账号。在注册页面按照提示注册，选择所在地区和群体（老师或者学生），注册完成后登录。

图 1-1-9 状态栏自定义菜单

3）下载、安装并激活

登录之后，进入需要下载的软件界面，选择计算机系统类型（32位或64位），选择要下载的软件版本（2008~2024版都可以下载），选择所在地区。完成后，系统会提供相应的序列号和产品密钥。按提示进行安装，安装后软件一般会提示激活，填入系统提供的序列号和密钥即可。

4. 软件基本操作

1）命令的输入与运行

（1）命令的输入方式

用AutoCAD交互绘图时必须输入必要的指令和参数。输入命令方式包括以下几种：

菜单栏方式：用鼠标在菜单中单击相应的菜单，在菜单下方的工具栏中选择对应的命令按钮单击，可以输入该按钮对应的命令。

选项卡面板方式：通过单击选项卡中的图标来完成相应的操作。例如，单击默认选项卡中绘图面板下的"直线"按钮，可以进行直线绘制。

工具栏或者快捷工具栏方式：AutoCAD 2022有若干工具栏，如绘图工具栏、修改工具栏等，可通过工具栏完成图样的绘制、修改及标注操作。

命令行窗口输入方式：所有的命令均可通过键盘输入（不分大小写）。如果熟悉使用菜单和按钮，对一些不常用的命令，在打开的工具栏中或在菜单中找不到，可以通过键盘直接输入命令。命令提示中必须输入的参数，也可以通过键盘输入。部分命令通过键盘输入时可以缩写，例如，直线"LINE"命令的缩写为"L"（不分大小写）。

右键快捷菜单方式：在不同的区域右击，可弹出不同的快捷菜单，用光标选择相应的菜单项即可。

（2）命令的执行

命令的执行过程可以通过Enter键或者空格键运行，比如修改操作，选择对象后要按Enter键确认，然后才能进入下一步操作。

> 【提示】
> 命令在形式上有两种，即普通命令与透明命令。
> 普通命令：不能在其他命令执行过程中运行的命令称为普通命令。如果在某一命令运行时输入一个普通命令，则前一个命令会自动终止而运行该普通命令；当运行完该普通命令后，前一个命令也不会再运行。
> 透明命令：可以在其他的命令执行过程中运行的命令称为透明命令。如在某一命令运行时输入一个透明命令，则前一个命令会自动暂时中断而运行该透明命令；当运行完该透明命令后，前一个命令会继续运行。透明命令一般用于辅助绘图，如平移命令、缩放命令均为透明命令。

（3）命令的结束

按Enter键或空格键：按Enter键或空格键即可结束命令的执行。

按 Esc 键：Esc 键为取消键，可终止正在执行的命令，如取消对话框，终止一些命令的执行。注意：取消命令，命令可能完成了部分，也可能没有完成。有些命令，如直线命令，已经绘制了连续的几条线的情况下，按 Esc 键，此时中断画线命令，不再继续，但已经绘制完成的线条并不会消失，属于部分完成；而有些命令则完全取消。

（4）命令的重复

按 Enter 键或空格键：一个命令执行完毕，再次执行该命令，可在命令行中的"命令"提示下按 Enter 键或空格键，快速重复执行上一条命令。

绘图区单击鼠标右键：单击鼠标右键，从弹出的快捷菜单中选择"重复××命令"，执行上一条命令。

命令行窗口单击鼠标右键：在弹出的快捷菜单中选择"近期使用的命令"，可选择最近执行的 6 条命令之一重复执行。

（5）撤销与重做

①撤销　使用放弃命令，可以撤销上一次执行的命令。放弃命令可以连续执行若干次，每执行一次放弃命令会使绘图过程后退一步，直到存盘或开始绘图时的状态，单击后面的下拉三角可以选择放弃的次数。命令的输入方式如下：

命令行：UNDO↙。

菜单栏：编辑→放弃。

快捷工具栏：⇐ 。

快捷键：Ctrl+Z。

【提示】

本书中涉及输入命令按 Enter 键时，均以"↙"代替。

---

②重做　已撤销的命令可以用重做命令进行恢复，但重做命令必须紧跟着放弃命令来使用。重做命令也可以连续执行多次，单击重做命令后面的下拉三角 ⇒ 可以选择重做的次数，命令的输入方式如下：

命令行：REDO↙。

菜单栏：编辑→重做。

快捷工具栏：⇒ 。

快捷键：Ctrl+Y。

【融会贯通】

绘制如图 1-1-10 所示直线图形。

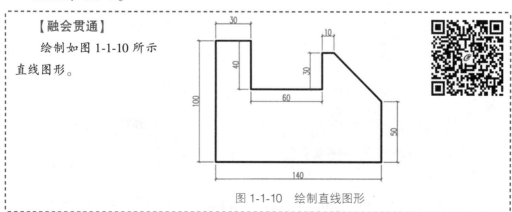

图 1-1-10　绘制直线图形

【提示】
动态输入、极轴追踪、对象捕捉均为开启状态。

2) 图形的显示与重生成

(1) 图形缩放

在绘制图纸时，经常以实际尺寸进行绘制，因此图形一般较大，经常需要调用图形缩放命令将图形的显示放大或缩小。

图形缩放命令的功能如同相机的变焦镜头，它能将镜头对准图纸上的任何部分，放大或缩小观察对象的视觉尺寸，而其实际尺寸保持不变。要注意的是图形缩放命令要与修改工具栏中的缩放命令相区别。"图形缩放"命令仅仅改变绘图区域中对象的视觉大小，对实际尺寸无影响。

①命令输入方式

命令行：ZOOM(Z)↙。

导航工具栏：。

菜单栏：视图→缩放。

标准工具栏：。

右键快捷菜单：实时缩放。

在窗口右侧导航工具栏的第三个图标为"图形缩放"工具，如图 1-1-11 所示。单击下方的下拉菜单显示如图 1-1-12 所示的"图形缩放"工具栏。

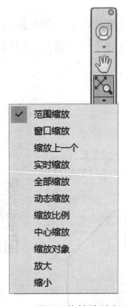

图 1-1-11 "视图"菜单缩放级联菜单

图 1-1-12 "图形缩放"工具栏

②选项说明

范围缩放：尽量大地显示图中的全部实体，不考虑图形界限的限制，其中不包含冻结图层上的对象。

窗口缩放：在屏幕上拉出一个选择框，把选择框内的图形放大到全屏。

缩放上一个：恢复上一次的缩放显示。

实时缩放：选择该按钮，光标变为实时缩放光标，将光标在绘图区上下拖动，图形就会放大和缩小显示。达到要求后按 Enter 键即可完成并退出该命令。

全部缩放：将所有图形全部显示在窗口中。

动态缩放：启动该功能后绘图窗口出现矩形视图框，将视图框移动至合适位置，按 Enter 键，即可以实现视图的动态缩放。

缩放比例：以屏幕中心为基准点，按照一定比例缩放。例如，用户要将原图放大一倍显示，选择该命令之后，在命令行输入"2"并按 Enter 键，即完成操作。

中心缩放：指定一点为中心点，在命令行输入缩放比例或高度缩放显示图形。

缩放对象：指定一个或多个对象全部显示在窗口中。

放大：可以将图形进行放大，单击一次相当于 2 倍的比例缩放。

缩小：可以将图形进行缩小，单击一次相当于 0.5 倍的比例缩放。

> 【提示】
> 三键鼠标，双击鼠标中键相当于范围缩放，前推滚轮放大图形显示，后推滚轮缩小图形显示。

（2）平移

该命令经常与缩放命令配合使用，可以在不改变图形显示缩放比例的情况下，沿屏幕方向平移视图。

命令行：PAN(P)↙。

导航工具栏：🖐。

菜单栏：视图→平移→实时。

标准工具栏：🖐。

> 【提示】
> 三键鼠标，按住鼠标中键，鼠标变成手状，可以快速实现图形的平移操作。

（3）重生成

在图形绘制过程中，会发现对象显示不准确的现象。例如，绘制一个尺寸较小的圆形时，用图形缩放将其放大后发现，该圆显示为多边形，放大倍数越大，这种现象越明显。虽然不会影响图形的打印，但会对屏幕读图产生影响，也会影响从屏幕向其他软件粘贴图形。

用重生成命令即可解决这个问题。该命令对当前视图的对象进行重新计算，从而优化屏幕显示，命令输入方式如下：

命令行：REGEN(RE)↙。

菜单栏：视图→重生成。

【提示】

1. 除了重生成命令可以刷新图形的显示，重画命令也可以刷新图形的显示。

2. 刷新所有视口中的所有对象重新生成整个图形，可以使用全部重生成命令。

以上命令均可在"视图"菜单中实现，如图 1-1-13 所示。

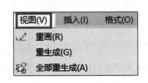

图 1-1-13 "视图"菜单

3）三键鼠标使用

正确使用鼠标，可以加快绘图速度，提高绘图效率。

（1）左键

用于拾取指定屏幕上的点，也可以用来选择 Windows 对象、AutoCAD 对象、工具按钮和菜单命令等。

（2）中键

用于缩放和平移图形，当滚轮前后滚动时图形以鼠标位置为基点放大或缩小。按住该键即可对图形进行平移。

（3）右键

鼠标右键，相当于 Enter 键，用于结束当前使用的命令，此时系统将根据当前绘图状态而弹出不同的快捷菜单；当使用 Shift 键和鼠标右键的组合时，系统将弹出一个快捷菜单，用于设置临时捕捉或打开"对象捕捉设置"。

4）对象选择

（1）单击选择

当命令行出现"选择对象"时，十字光标中间是一个空心的小方框，这个小方框叫作拾取框，如图 1-1-14 所示。移动拾取框将其放在欲选对象上时，对象高亮，左键单击，即选中该对象，被选中的对象上面有蓝色的夹点，夹点显示在该对象的特殊位置上，如圆心、象限点、端点、中点等，单击一次选中一个图元，也可以称为拾取，如图 1-1-15 所示。

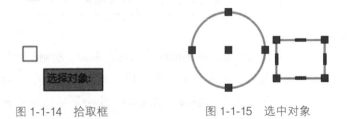

图 1-1-14 拾取框　　　　图 1-1-15 选中对象

（2）窗口选择

当执行选择时，可以用鼠标在欲选的图形上从左至右拉矩形选择框，矩形选择框为实线、蓝色，全部处于选择框内的图元被选中，这种选择方式称为窗口选择，如图 1-1-16 所示。

(3) 交叉窗口选择

与窗口选择方式类似，不同之处是，交叉窗口选择方式是从右至左在欲选图形上拉出虚线选择框，线框的颜色是绿色的，凡是与选择框相交的图元以及全部处于选择框中的图元都被选中。以上选择方式称为交叉窗口选择，如图 1-1-17 所示。

图 1-1-16　窗口选择　　　　　　　图 1-1-17　交叉窗口选择

(4) 全选

当选择模型空间或当前布局中除冻结图层或锁定图层上的对象之外的所有对象时，可以直接在功能区"实用工具"中单击 按钮来进行全选，或通过快捷键"Ctrl+A"，或命令行输入命令"AI_SELALL"来完成。

(5) 减选

在创建选择集（若干被选对象的集合）的过程中，有时会将不想选择的对象选中，这就需要使用减选方式将不想选择的对象从选择集中去除。减选的方法是：先按住 Shift 键不放，然后从选择集中单击要去除的对象，或者窗口选择，或者交叉窗口选择，最后放开 Shift 键。

(6) 快速选择

当窗口中图形内容较多时，可以按照对象共有的特性，快速选择创建一个选择集。可以直接在功能区"实用工具"中单击 按钮来进行快速选择。

以快速选择黄色的圆为例：当单击鼠标左键选择"快速选择"工具时，出现"快速选择"对话框，用户可以根据要求选择对象类型为"圆"，并在值选项中选择"口黄"，按"确定"按钮，整个图纸中黄色的圆就都被选择上了，如图 1-1-18 所示。

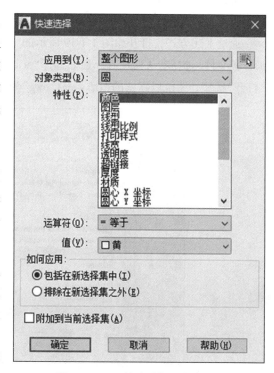

图 1-1-18　"快速选择"对话框

> 【提示】
> 1. 正确使用选择方式，当选择对象比较简单时，可以使用窗口、交叉窗口或者单击方式，当复杂的场景中选择对象时，可以使用窗口选择、单击选择及减选的组合方式，或者快速选择，最终完成对象的选择。
> 2. 当在"选项"的"选择集"中勾选"允许按住并拖动套索(L)"后，在选择时，一直按住鼠标左键选择对象时为套索选择，有窗口套索方式及交叉窗口套索方式。要完成窗口选择及交叉窗口选择方式，需要单击拾取窗口的一个角点，然后移动鼠标，在另一个角点上单击，完成选择。绘图时，一般可以取消勾选"允许按住并拖动套索(L)"，详见后文"设置选择集"部分。

5. 文件的操作

1) 文件的新建

命令行：NEW↙。

菜单栏：文件→新建。

工具栏：快捷工具栏或者标准工具栏的 ▯。

开始选项卡。

文件名右侧的"➕"。

文件名右键菜单。

快捷键：Ctrl+N。

通过上述方式，打开如图 1-1-19 所示的"选择样板"对话框，可从文件名中选择基础图形样板文件(选择默认样板时，最好选择"acadiso.dwt"文件，因其单位为公制)，然后单击"打开"按钮，系统以默认的"Drawing1.dwg"为文件名开始一幅新图的绘制。

图 1-1-19　"选择样板"对话框

2) 文件的保存

对文件进行有效编辑之后，为了保存已经编辑的文件，要通过保存文件命令对文件进行存盘，保存的方式与新建文件的方式类似。

命令行：SAVE↙。

菜单栏：文件→保存。

工具栏：快捷工具栏或者标准工具栏的 💾。

开始选项卡。

文件名右键菜单。

快捷键：Ctrl+S。

如果该图形文件已经保存过，则不进行任何提示，系统直接将图形以当前文件名保存在原来的位置。若该图形文件从未保存过，系统会弹出"图形另存为"对话框，让用户确认文件保存，操作过程可见"文件的另存为"。

3) 文件的打开

命令行：OPEN↙。

菜单栏：文件→打开。

工具栏：快捷工具栏中的 📂。

开始选项卡。

文件名右键菜单。

快捷键：Ctrl+O。

打开如图 1-1-20 所示"选择文件"对话框。在"文件类型"列表框中用户可选图形文件（.dwg、.dxf）、样板文件（.dwt）等。

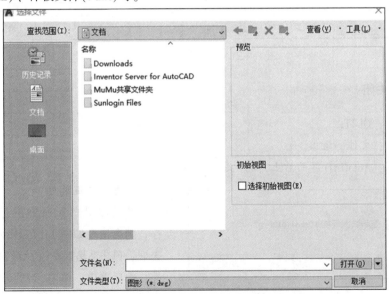

图 1-1-20 "选择文件"对话框

4）文件的另存为

命令行：SAVEAS↙。

菜单栏：文件→另存为。

工具栏：快捷工具栏中的 。

开始选项卡。

文件名右键菜单。

快捷键：Ctrl+Shift+S。

打开如图1-1-21所示"图形另存为"对话框。在"文件类型"列表框中用户可选欲保存的文件格式，文件另存的同时可将当前图形更名。

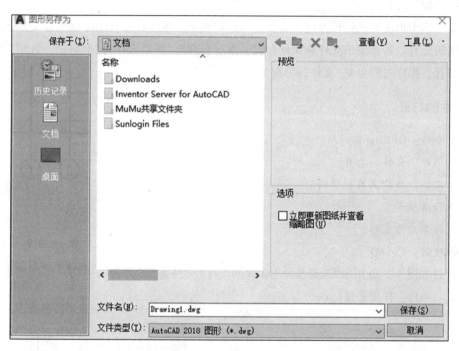

图1-1-21　"图形另存为"对话框

5）文件的关闭

命令行：QUIT↙。

菜单栏：文件→退出。

工具栏：AutoCAD界面右上角的"关闭"按钮 。

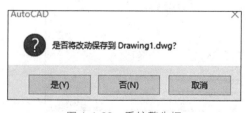

图1-1-22　系统警告框

文件名右键菜单。

若用户对图形所做的修改尚未保存，则会出现如图1-1-22所示的系统警告框。单击"是"按钮，系统将保存文件，然后退出；单击"否"按钮，系统将不保存文件。

6. 直线的绘制

1)直线的输入方式

命令行：LINE(L)↙。

功能区：默认→绘图→/。

菜单栏：绘图→直线。

工具栏：绘图工具栏→/。

2)直线的操作步骤

命令：LINE(L)↙

指定第一个点： 指定直线的第一个端点

指定下一点或[放弃(U)]： 指定直线的第二个端点

指定下一点或[放弃(U)]： 指定第二段直线的第二个端点或按Enter键结束命令

指定下一点或[闭合(C)/放弃(U)]： 单击闭合，形成闭合图形

【提示】

1. 本书中涉及命令的快捷键时，均以括号的形式书写在命令后面的括号内。

2. AutoCAD 2022版本，命令中的选项相当于按钮图标，输入命令中的选项既可以输入选项后面的字母，也可以单击按钮图标。

---

3)选项说明

指定第一个点：鼠标左键在绘图窗口上拾取一点或者输入直线第一点的坐标；或者结合对象捕捉及对象捕捉追踪，捕捉拾取一个特殊点或输入一段距离。

放弃(U)：在绘制过程中，输入"U"并按Enter键，或者单击按钮"放弃(U)"，表示放弃刚刚绘制的点，可以一直点击放弃，直到取消第一个点的绘制。

闭合(C)：直线当输入三点以后会出现选项"闭合(C)"，此时输入"C"并按Enter键，或者单击命令行按钮"闭合(C)"，形成闭合图形，命令同时结束。

【融会贯通】

绘制如图1-1-23所示图形。

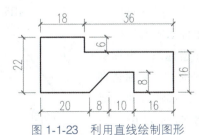

图1-1-23 利用直线绘制图形

7. 删除与放弃

1) 删除

其作用是删除指定的对象。

（1）命令输入方式

命令行：ERASE(E)↙。
功能区：修改面板→ 。
菜单栏：修改→删除。
工具栏：修改工具栏→ 。

（2）操作步骤

输入 ERASE 命令后，命令提示行会出现以下提示：

选择对象： 选择要删除的对象
选择对象： 继续选择对象或按 Enter 键结束选择

> 【提示】
> 删除命令属于修改操作，AutoCAD 的大部分修改操作也可以先选择对象，然后执行相应的修改操作。

2) 放弃命令

（1）命令输入方式

命令行：U↙。
菜单栏：编辑→放弃。
工具栏：标准工具栏或快捷工具栏中的 。
快捷键：Ctrl+Z。

（2）操作步骤

该命令只对上一次命令有效，例如，使用 ERASE 命令删除了图形中的某一对象，用"放弃"命令后，则恢复上一次 ERASE 命令删除的对象而并不影响其他命令操作的结果，如果想放弃再上一步的操作，则再一次输入放弃命令。

8. 坐标输入

在 AutoCAD 中，以点来定位对象的位置，而点的位置可以通过该点在坐标系中的坐标来确定。在 AutoCAD 中使用直角坐标系。坐标系默认的长度正方向为 X 轴水平向右、Y 轴竖直向上、Z 轴垂直屏幕向外。坐标系默认的角度正方向为逆时针方向，水平向右为 0°，如图 1-1-24 所示。

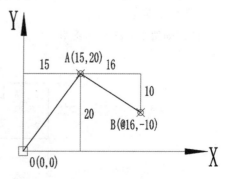

图 1-1-24　绝对直角坐标与相对直角坐标

1）直角坐标输入

（1）绝对直角坐标

绝对直角坐标的输入方法是以原点(0,0)点来定位其他点，其输入格式为(X, Y)，如图1-1-24中的A点(15,20)。

（2）相对直角坐标

以输入的上一个点的坐标来定位点，其输入格式为(@X, Y)，如图1-1-24中的B点。

【提示】

在动态输入打开时，对于第二个点或者后续的点，其坐标是相对直角坐标，故可以省略"@"符号，在该教材以后的操作中，动态输入都是打开的，输入相对坐标时，均是省略"@"的相对坐标，对于极坐标也是这样的。

【融会贯通】

绘制如图1-1-25所示图形。

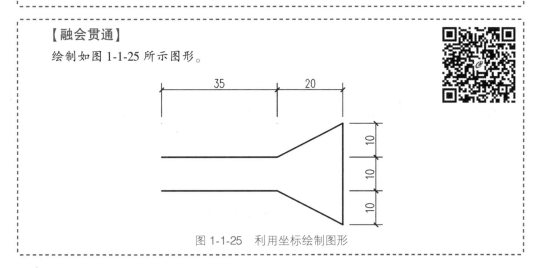

图1-1-25　利用坐标绘制图形

2）极坐标输入

（1）绝对极坐标

通过输入点到当前UCS原点(0,0)的距离P，以及该点与原点连线和X轴的夹角α来指定点的位置，其输入格式为(P<α)，如图1-1-26中的C点。

（2）相对极坐标

以输入点到上一点的距离P，以及该点与上一点连线和X轴平行线的夹角α来指定点的位置，其输入格式为(@P<α)，如图1-1-26中的D点。

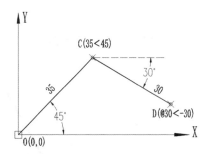

图1-1-26　绝对极坐标与相对极坐标

【提示】

在动态输入打开时，第二个极坐标是相对坐标，故可以省略@符号。

【融会贯通】

利用极坐标输入方式绘制如图 1-1-27 所示图形。

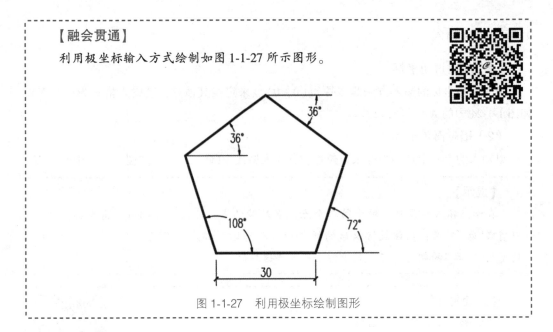

图 1-1-27　利用极坐标绘制图形

3) 极轴坐标输入

利用极轴追踪的辅助绘图工具，在极轴追踪的提示下，直接输入两点间的距离值，如图 1-1-28 所示。

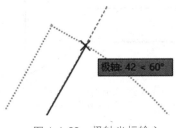

图 1-1-28　极轴坐标输入

【融会贯通】

利用极轴坐标输入方式绘制如图 1-1-29 所示图形。

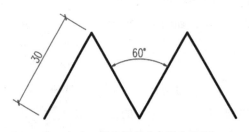

图 1-1-29　利用极轴坐标绘制图形

【提示】

可在状态栏中，将极轴追踪设置为 30° 的倍数。

4）动态坐标输入

在坐标输入中，无论采用直角坐标还是极坐标，一般都是相对坐标，绘图时打开动态输入，可以有效提高绘图速度。启用该功能可以在工具栏提示中输入坐标值或者长度，而不是必须在命令行输入命令，命令提示方式如图 1-1-30 至图 1-1-32 所示。

（1）命令输入方式

可以通过"F12"键来打开或关闭动态输入，或者打开状态栏上的 。

（2）动态输入设置

可在如图 1-1-33 所示"草图设置"对话框中的"动态输入"选项卡中进行设置。勾选"启用指针输入""可能时启用标注输入"则可启用该功能。

指针输入设置：采用默认即可。当动态输入打开时，对于第二个点或者后续点，坐标为相对坐标，且可以省略相对符号"@"，如图 1-1-34 所示。

标注输入设置：当对对象进行夹点拉伸时，显示两个字段的提示，标注输入两个字段，如图 1-1-35 所示。如图 1-1-36 所示，直线拉伸时，显示长度及延伸提示。

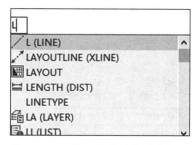

图 1-1-30 输入命令时的动态提示

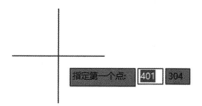

图 1-1-31 输入坐标时的动态提示

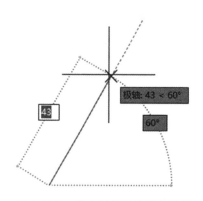

图 1-1-32 输入数据时的动态提示

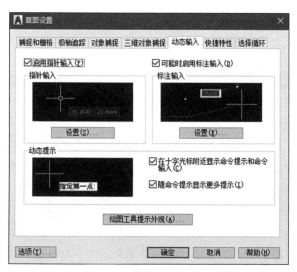

图 1-1-33 "动态输入"选项卡

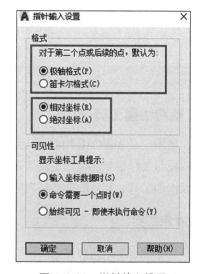

图 1-1-34 指针输入设置

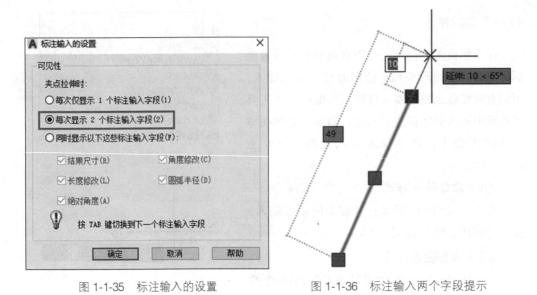

图 1-1-35 标注输入的设置   图 1-1-36 标注输入两个字段提示

【融会贯通】

绘制如图 1-1-37 所示图形。

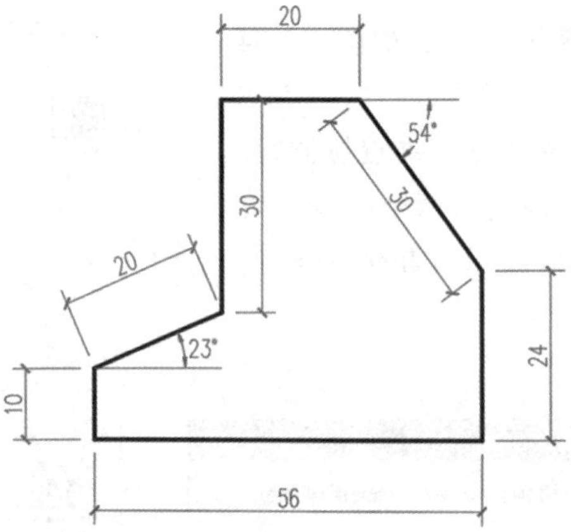

图 1-1-37 利用动态输入绘制图形

9. 辅助绘图工具

当用户在 AutoCAD 中绘制图形时,最快的定位点的方法是直接在屏幕上拾取点。但光靠双眼与光标很难准确地定位某一个特定的点。为了解决该问题,AutoCAD 提供了一些辅助绘图的工具,其目的就是提高绘图精度,加快绘图速度。

1) 对象捕捉

对象捕捉能迅速捕捉到图形对象的指定点,从而提高绘图精度和速度,简化设计、计算过程,是使用最方便和广泛的一种绘图辅助工具。

（1）命令启用方式

菜单栏：工具→草图设置[命令行输入方式：DSETTINGS(DS/OS)，也称绘图设置]。

状态栏：。

可在"草图设置"对话框中的"对象捕捉"选项卡中进行设置，选项卡中有"启用对象捕捉"和"启用对象捕捉追踪"项，勾选则启用该功能（图1-1-38）。在该选项组中，AutoCAD提供了14种特征点的捕捉。在每种特征点前都规定了相应的捕捉显示标记。同时，该选项中还设有"全部选择"和"全部清除"两个按钮，单击"全部选择"则选中所有捕捉模式；单击"全部清除"则清除所有捕捉模式。

单击状态栏的下拉三角，如图1-1-39所示，可以随时启用或者关闭某一对象捕捉类型。

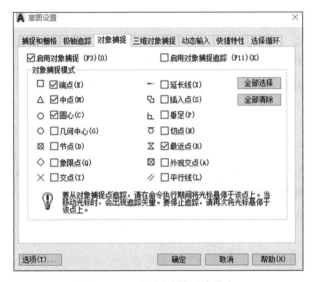
图1-1-38 "对象捕捉"选项卡

图1-1-39 对象捕捉选项

（2）选项说明

端点：自动捕捉到几何对象的最近端点或角点。

中点：捕捉到几何对象的中点，如直线的中点。

圆心：捕捉圆弧、圆或椭圆的圆心，靶框放在圆周上即可捕捉到圆心。

几何中心：捕捉到任意闭合多段线和样条曲线的质心，如矩形的中心。

节点：捕捉到点对象、标注定义点或标注文字原点。

象限点：捕捉圆、圆弧、椭圆、椭圆弧上的0°、90°、180°、270°这4个位置点。

交点：捕捉两线段的显示交点和延伸交点。

延长线：当靶框在一个图形对象的端点处移动时，AutoCAD显示该对象的延长线，可以捕捉到延长线上的点。

插入点：捕捉图块、图像、文本等的插入点作为输入点。

垂足：捕捉图形上的垂足作为输入点，也可以捕捉到对象的外观延伸垂足。

切点：当向一对象画切线时，把靶框放在对象上，可捕捉到对象上的切点位置。

最近点：当靶框在对象附近时，捕捉到对象上离靶框中心最近的点。

外观交点：当两个对象在空间交叉，而在一个平面上的投影相交时，可以从投影交点捕捉到某一对象上的点，或者捕捉两投影延伸相交时的交点。

平行线：捕捉与指定直线平行的线上的点，可绘制该直线的平行线。

2) 极轴追踪

在制图过程中，启用极轴追踪功能后，当指定完第一点接着指定第二点时，移动光标到所设置的角度增量的倍数时，系统会自动显示相应的追踪矢量提示。命令启用方式如下：

状态栏：单击状态栏中的 按钮，单击后方的 选择可追踪的角度。

功能键：按 F10 键可以开启/关闭对象追踪。

3) 对象捕捉追踪

对象捕捉追踪功能与对象捕捉及极轴追踪功能相关，启用对象追踪功能之前必须先启用这两项功能。利用对象追踪可产生基于对象捕捉点的辅助线。命令启用方式如下：

状态栏：单击状态栏中的 按钮。

功能键：按 F11 键可以开启/关闭对象追踪。

4) 正交

正交是用来画水平线和铅垂线的一种辅助绘图功能，打开该功能后限定只能画水平线和铅垂线，移动十字光标选择好线段的绘制方向，在命令行输入长度就可以画出水平或铅垂方向的直线段，大大提高了作图效率。

命令启用方式如下。

命令行：ORTHO↙。

状态栏：单击状态栏中的 。

功能键：按 F8 键可以开启/关闭正交。

【提示】

1. "正交"和"极轴追踪"不能同时打开，打开"正交"将关闭"极轴追踪"。
2. 绘图时，状态栏中打开常用的辅助绘图工具：。
3. 极轴追踪角度为 30° 或 45° 的倍数。

【融会贯通】

1. 利用对象捕捉及对象捕捉追踪绘制如图 1-1-40 所示图形。

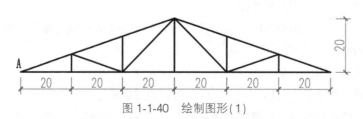

图 1-1-40　绘制图形(1)

2. 绘制如图 1-1-41 所示台阶图形。

3. 绘制如图 1-1-42 所示对称符号图形。

4. 绘制如图 1-1-43 所示左右对称图形。

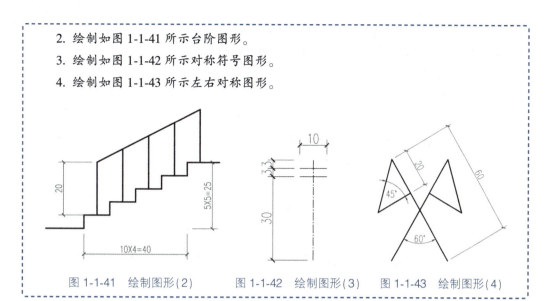

图 1-1-41　绘制图形(2)　　　图 1-1-42　绘制图形(3)　　　图 1-1-43　绘制图形(4)

辅助绘图工具的使用大大地提高了绘图速度，由于每个人的思维方式不同，所以绘图的顺序和步骤都可以有变化，用户应将所学的知识灵活运用并创新。绘图过程中，用户的思路应当占据主导，同时与辅助绘图工具相结合。

10. 查询工具

当使用 AutoCAD 软件绘制图纸，需要了解图形的点坐标、距离、面积等几何属性时，可以应用软件的查询工具，下面介绍 3 种常见的查询方法。

1) 点的坐标查询

（1）命令输入方式

命令行：ID↙。

功能区：实用工具→ 点坐标 。

菜单栏：工具→查询→ 点坐标 。

执行上述命令后，根据提示拾取要查询的点，命令行窗口给出点的坐标。

（2）操作步骤

命令：ID↙

指定点：　拾取点

指定点：X = 46　Y = -893　Z = 0　给出了点 X、Y、Z 的坐标

2) 距离查询

（1）命令输入方式

命令行：DIST(DI)↙。

功能区：实用工具→测量→ 距离 。

菜单栏：工具→查询→距离查询。

执行上述命令后，根据系统提示指定要查询的第一点和第二点，动态提示打开状态

下,指针所在位置及命令行窗口都有距离提示。

如果选择选项"多个点",将计算各个点之间的总距离。

(2)操作步骤

命令:DIST(DI)↙

指定第一点: 拾取第一个点

指定第二个点或[多个点(M)]: 拾取第二个点

距离=350,XY平面中的倾角=0,与XY平面的夹角=0

X增量=350,Y增量=0,Z增量=0

测得距离为350以及X方向、Y方向的增量。

【提示】
通过功能区或者菜单栏输入的距离查询,可以查询多次,而命令输入方式只能查询一次,但是结果是相同的。

3)面积查询

(1)命令输入方式

命令行:MEASUREGOM(AA)↙。

功能区:实用工具→测量→面积。

菜单栏:工具→查询→面积查询。

(2)操作步骤

命令:_MEASUREGEOM

输入一个选项[距离(D)/半径(R)/角度(A)/面积(AR)/体积(V)/快速(Q)/模式(M)/退出(X)]<距离>:_area

指定第一个角点或[对象(O)/增加面积(A)/减少面积(S)/退出(X)]<对象(O)>: 拾取第一个点

指定下一个点或[圆弧(A)/长度(L)/放弃(U)]: 拾取第二个点

指定下一个点或[圆弧(A)/长度(L)/放弃(U)]: 拾取第三个点

指定下一个点或[圆弧(A)/长度(L)/放弃(U)/总计(T)]<总计>: 拾取第四个点

指定下一个点或[圆弧(A)/长度(L)/放弃(U)/总计(T)]<总计>:↙ 按Enter键,出现面积的提示,如图1-1-44所示

区域 = 31309,周长 = 754

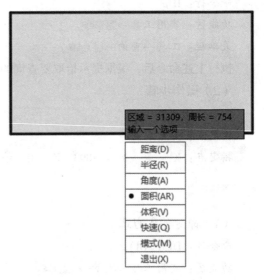

图1-1-44 面积查询

（3）选项说明

指定角点：计算由指定点所定义的面积和周长。

对象(O)：选择封闭的对象作为面积统计的对象，如圆、多边形、面域等。

增加面积(A)：打开"加"模式，并在定义区域时实时显示最新总面积，统计多个面积之和。

减少面积(S)：从总面积中减去指定的面积。

任务实施

1. 设置软件的系统环境

所谓的系统环境就是对 AutoCAD 绘图时显示、系统、文件自动保存位置、绘图、选择集等进行的设置，以便加快绘图速度，提高工作效率，定制个性化的系统环境。

1) 设置文件自动保存位置

单击"工具"菜单→"选项"，或者输入 OP 并按 Enter 键打开"选项"对话框，或者单击鼠标右键菜单中的"选项"，即可以打开"选项"面板。

在"文件"选项中可设置搜索路径、文件名和文件位置等。在该选项中设置文件自动保存位置的操作步骤如图 1-1-45 所示。

①找到并单击"自动保存文件位置"前面的加号；

②双击下方的文件位置或右侧的"浏览"按钮，确定文件自动保存位置，再单击"确定"按钮，即可完成设置。

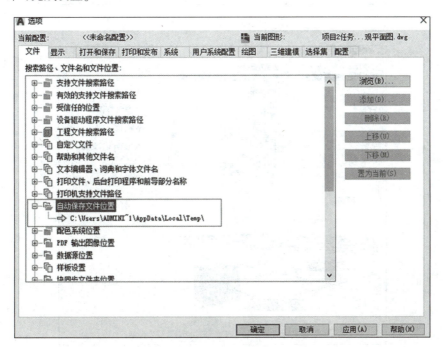

图 1-1-45　设置文件自动保存位置

2) 设置系统显示选项

可在"显示"选项中设置窗口元素、布局元素、显示精度、显示性能、十字光标大小等。一般主要对窗口元素进行设置，其他的根据实际绘图需要设置，此处不再介绍。窗口元素设置操作步骤如下：

（1）**设置绘图区等的颜色**

单击"显示"选项中的"颜色"按钮（图 1-1-46 中的按钮 1），打开如图 1-1-47 所示的"图形窗口颜色"对话框，可以对模型空间的背景颜色、十字光标颜色等进行设置，下面以二维模型空间背景颜色为例进行说明。

图 1-1-46 "选项"对话框

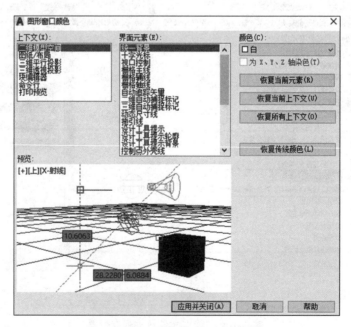

图 1-1-47 "图形窗口颜色"对话框

如图 1-1-47 所示，在"二维模型空间"下的"界面元素"中选"统一背景"，打开"颜色"下拉箭头，将背景颜色设置为白色。

用户可以根据自己的绘图习惯，继续设置其他界面元素的颜色，结束设置后单击"应用并关闭"按钮，结束颜色设置。

（2）设置命令行窗口字体

单击"窗口元素"中的"字体"按钮（图 1-1-46 中的按钮 2），打开"命令行窗口字体"对话框，选择字体、字形及字号。此处将字体设置为楷体、常规、四号，如图 1-1-48 所示，单击"应用并关闭"按钮，窗口字体就设置好了。其他选项默认即可。

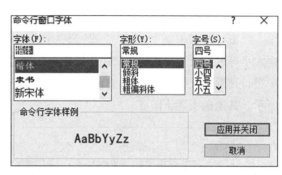

图 1-1-48 "命令行窗口字体"对话框

3) 设置文件的保存版本

单击"选项"对话框中的"打开和保存"选项卡，可以对文件保存、文件安全措施、文件打开等进行设置。

（1）保存文件

为了实现 AutoCAD 2022 版本与其他软件的有效交流，文件另存为的版本设置应尽量低，此处将其设置为 2007 版本（图 1-1-49）。

图 1-1-49 "打开和保存"选项卡

（2）设置文件的安全措施

设置文件的安全性措施，能够有效避免由于系统死机或者停电造成的文件损失，此处勾选"自动保存"按钮，并将"保存间隔分钟数"设置为 10 分钟。其他选项默认即可。

4) 设置绘图选项

单击"选项"对话框中的"绘图"选项卡，可以对自动捕捉设置、自动捕捉标记大小、靶框大小等进行设置，其中自动捕捉设置中的颜色，也可以在"显示"选项卡中的"窗口元素"中进行设置，此处重点设置"自动捕捉标记大小"，一般将其设置为 50% 左右，如图 1-1-50 所示。其他选项默认即可。

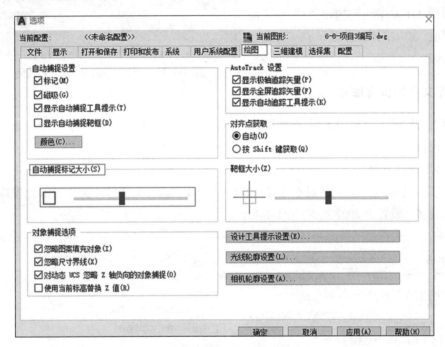

图 1-1-50 "绘图"选项卡

5) 设置选择集

所有编辑都是对选中的对象进行的，所以对象的选择很重要。选择对象的拾取框要足够大，便于对象选择，同时，为便于对选中的对象进行夹点编辑，夹点的大小也要适中。

（1）设置拾取框大小

一般将拾取框大小设置为 50%，如图 1-1-51 所示。

（2）设置夹点大小

夹点尺寸一般设置为 50%，如图 1-1-51 所示。

（3）设置选择集模式

选择集的选择有很多种模式，考虑到一些老用户的操作习惯，同时精简软件的选择模式，可以不勾选默认的"允许按住并拖动套索"，其他选项默认即可，如图 1-1-51 所示。

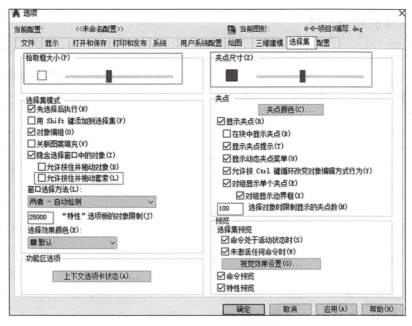

图 1-1-51　设置选择集模式

6) 设置并保存配置

在"配置"选项中，可以将选项中的各项设置保存为配置文件，以便于用户之间的界面共享，具体操作步骤为：单击"配置"选项卡中的"输出"按钮，选择合适的路径，对配置进行保存，扩展名为".arg"。用户需要时，可以单击"配置"选项卡中的"输入"按钮，输入设置好的配置文件，如图 1-1-52 所示。

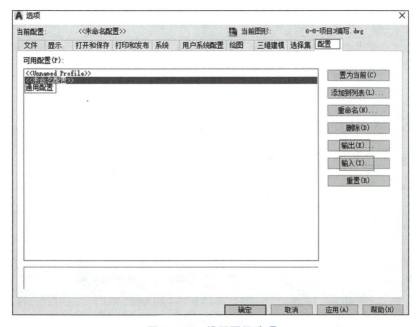

图 1-1-52　设置配置选项

2. 定制软件的经典界面

高版本的 AutoCAD 界面有别于低版本的工作界面，老用户可能习惯性地使用经典界面，新学者可以尝试先使用经典界面，熟悉软件后再采用默认的草图与注释界面，但是 AutoCAD 2013 以后的版本不再提供经典界面。下面给出经典界面的定制步骤。

1）调出菜单栏

单击"快捷工具栏"右侧的下拉三角，勾选"显示菜单栏"按钮，调出菜单栏。

2）关闭功能区

经典界面中可以关闭功能区。单击"工具"菜单→"选项板"→"功能区"，关闭功能区。

3）调出常用工具栏

单击"工具"菜单→"工具栏"→"AutoCAD"，分别勾选以下工具栏：标准、样式、图层、特性、绘图、修改等，并调整好各个工具的位置。

4）保存界面

单击状态栏中的切换空间按钮，单击"将当前工作空间另存为"选项，打开"保存工作空间"对话框，将名称修改为"经典模式"，单击"保存"按钮，如图 1-1-53 所示。这样就保存并定制了软件经典的界面，如图 1-1-54 所示。通过切换空间按钮，可在草图与注释模式及经典模式中自由切换。

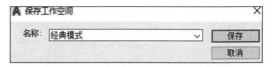

图 1-1-53 "保存工作空间"对话框

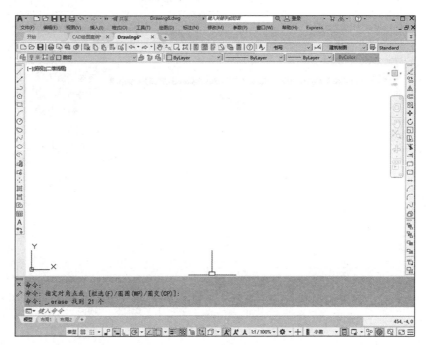

图 1-1-54 经典界面

用户可以根据需求对 AutoCAD 软件的"系统"和"界面"进行个性化设置。设置及其名称会随着产品而变化。对 AutoCAD 而言，进行个性化设置的主要目的是使绘图符合用户习惯，方便简洁，便于操作。

任务 1-2　定制图纸模板

🍃 工作任务

本任务是定制 AutoCAD 2022 A2 图纸模板。

首先熟悉文字样式、标注样式、图层的设置及使用，然后熟悉图纸及图框线的绘制，掌握多段线、矩形、圆及圆弧等绘图命令。

🍃 知识准备

1. 图层

每个图层就像一张透明的纸，可以单独设置线宽、线型、颜色等特性，设计者可以根据所绘图纸的内容和要求，将不同的内容绘制在不同的图层上，绘制的图形看起来是一个整体，但是由于分别位于不同的图层上，相互之间是独立的，可以单独进行编辑，而不改变其他图层上元素的特性。

1) 命令输入方式

命令行：LAYER(LA)↙。

功能区：图层面板→图层特性。

菜单栏：格式→图层。

工具栏：图层工具栏→。

2) 操作步骤

输入"新建图层"命令，可创建新的图层。新图层的特性将继承 0 层或已选择的某一个图层的特性。新图层的默认名称为"图层××"，显示在中间的图层列表中，也可以根据自己的绘图需求对图层进行命名；图层名可以使用中文，也可以使用英文；单击"颜色"按钮可更改颜色；单击"线型"按钮可更改线型；单击"线宽"按钮可更改线宽。

列表中被勾选的图层为当前图层，所绘制的图形对象位于当前图层，可以通过图层面板中的下拉三角切换某一个图层置为当前图层。

3) 选项含义

名称：图层名称列表中，0 层为缺省图层，不能被删除；图层名称可以按照所绘制的

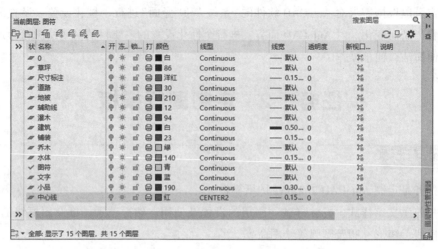

图 1-2-1 "图层特性管理器"对话框

内容来命名，如道路、建筑、小品、水体、乔木、灌木等，也可以按照图形对象特征命名，如粗实线、中实线、细实线、点画线等(图1-2-1)。

开关：显示为一个灯泡样式图标。单击该图标，灯泡发光(黄色)，说明该图层已打开；变暗(蓝色)说明图层已关闭。

图 1-2-2 "选择颜色"对话框

图 1-2-3 "选择线型"对话框

冻结：显示为一个太阳/雪花形状图标。单击该图标显示为太阳☀，说明图层解冻；显示为雪花❄说明图层已冻结。

锁定：显示为一个锁形图标。该图标显示为打开的锁🔓，说明图层处于解锁状态；显示为闭合的锁🔒，说明该图层已锁定。

打印：显示为一个打印机样式图标。图标为打印机🖨，说明该图层内容处于可以打印状态，带红色标志🚫，说明该图层内容无法打印。

颜色：显示为一个方形图标。单击该图标出现"选择颜色"对话框，可以根据需要修改该图层的颜色(图1-2-2)。注意，颜色以索引颜色为主，否则打印时可能会出现问题。

线型：列出图层对应的线型名。单击线型名弹出"选择线型"对话框(图1-2-3)，可从列表中选择一种线型，来代替该图层线型。如果该对话框中线型种类不满足要求，则单击底部"加载"按钮，调出"加载或重载线型"对话框，选择需要的线型进行加载,如图 1-2-4 所示。

线宽:列出图层对应的线宽。单击线宽值,出现"线宽"对话框,如图 1-2-5 所示,可修改图层的线宽。

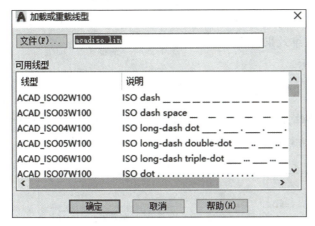

图 1-2-4 "加载或重载线型"对话框

图 1-2-5 "线宽"对话框

透明度:可更改该图层的图形透明度。

新视口冻结或解冻:在新视口中自动冻结图层(显示为),则创建视口后,该图层对象不被打印;反之(显示为),则被打印。

说明:更改图层中的说明。

2. 图形特性的修改

图形特性包含图形对象的颜色、线型、线宽等常规特性,以及对象本身的几何属性。可以修改图形特性的工具有"特性(Ctrl+1)""快捷特性""特性匹配"。

1) 特性

(1) 命令输入方式

命令行:PROPERTIES(PR)↙。

功能区:默认选项卡→特性。

菜单栏:修改菜单→特性。

快捷键:Ctrl+1。

(2) 操作步骤

选择对象,打开"特性"面板,可以修改对象的常规属性及几何属性,如图 1-2-6 所示。

2) 快捷特性

(1) 命令输入方式

状态栏:单击状态栏中的"快捷特性"按钮 。

图 1-2-6 "特性"面板

（2）操作步骤

选择对象，打开"快捷特性"面板，可以修改对象的常规属性及几何属性，如图 1-2-7 所示。单击"快捷特性"中的自定义按钮，可以对所选择对象类型的特性进行设置，对常规、三维效果、几何图形的属性进行设置，如图 1-2-8 所示。

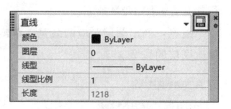

图 1-2-7　"快捷特性"面板

【提示】

"快捷特性"工具只设置常用属性，复杂的可以通过"特性"工具来实现。左键双击对象，可以调出快捷特性工具，或者选中对象后输入 Q，也可以打开快捷特性工具。

图 1-2-8　修改对象类型特性

3）特性匹配

（1）命令输入方式

命令行：MATCHPROP（MA）↙。

功能区：默认选项卡→特性面板→特性匹配。

菜单栏：修改菜单→特性匹配。

工具栏：标准工具栏→。

快捷工具栏：。

（2）操作步骤

命令：_MATCHPROP

选择源对象： 选择作为源的对象

当前活动设置：颜色 图层 线型 线型比例 线宽 透明度 厚度 打印样式 标注 文字 图案填充 多段线 视口 表格 材质 多重引线 中心对象

选择目标对象或[设置(S)]： 选择目标对象，将目标对象的默认设置（颜色、图层、线型、线型比例、线宽、透明度、厚度、打印样式、标注、文字、图案填充、多段线、视口、表格、材质、多重引线、中心对象）更改为与源对象一致

选择目标对象或[设置(S)]：✓ 按 Enter 键结束

（3）选项说明

设置(S)：单击"设置"按钮，打开"特性设置"对话框，可以对对象的基本特性及特殊特性进行选择。已勾选的，表明是可以将目标对象与源对象的特性匹配的类型，如图 1-2-9 所示。

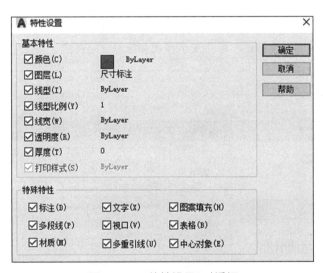

图 1-2-9 "特性设置"对话框

4）"特性"面板或者"特性"工具栏

图形对象的线型、颜色、线宽还可以通过"特性"面板或者"特性"工具栏来修改（图 1-2-10、图 1-2-11）。

选中对象后，可以修改对象的颜色、线型、线宽，默认的是"ByLayer"，即随层。

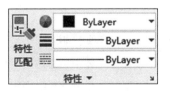

图 1-2-10 "特性"面板

图 1-2-11 "特性"工具栏

3. 文字样式设置与文字输入

1）文字样式设置

（1）命令输入

命令行：STYLE(ST)↙。

功能区：注释选项卡→文字样式，或者默认选项卡→注释面板→A。

菜单栏：格式→文字样式。

工具栏：特性工具栏→A。

（2）操作步骤

输入文字样式命令，打开"文字样式"对话框。

单击"新建"按钮，打开"新建文字样式"对话框，对文字样式进行命名，单击"确定"按钮，关闭该对话框。

在"字体"选项组的"字体名"下拉列表中选择相应的字体，对字体样式、高度、效果等进行设置。

依次单击"应用"和"关闭"按钮，关闭对话框。

图 1-2-12 至图 1-2-14 为根据《房屋建筑制图统一标准》（GB/T 50001—2017）（以下简称制图标准）建立的说明文字样式、标注文字样式和标题文字样式。

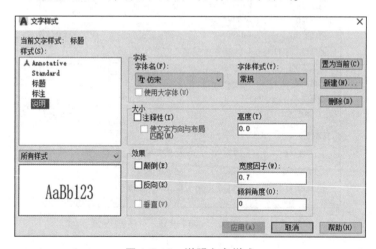

图 1-2-12 说明文字样式

（3）选项说明

字体：字体中包含两套字体，一个是操作系统字体，另一个是软件自带的字体。一般在书写汉字时，尽量选择汉字字体。按照制图标准要求，说明字体选择宋体或者仿宋，标题选择黑体，而尺寸标注中涉及很多符号，所以标注字体尽量选择软件自带字体，图 1-2-13 选择的是"simplex.shx"，配套的大字体样式选择的"gbcbig.shx"，这是能够识别汉字的中文字体。

图 1-2-13 标注文字样式

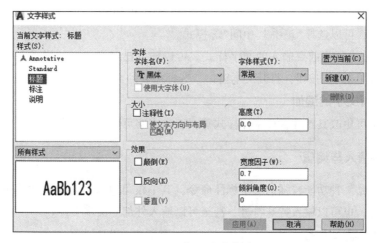

图 1-2-14 标题文字样式

大小:即文字的高度。"注释性"在任务 4-1 中有详细介绍,此处暂时不做介绍。不勾选"注释性",字高设置为 0,这样将来在书写文字的时候,可以任意更改文字的字高。

宽度因子:即文字字宽与字高的比值。制图标准规定的中文字体的字高与字宽的比值为 $\sqrt{2}$,所以此处宽度因子,即宽度与高度的比值取 0.7。

【提示】
标注文字样式可以选择 romans.shx、simplex 或 txt.shx,大字体都选择 gbcbig.shx,这个大字体又称为中文字体。

2) 单行文字输入与编辑

(1) 命令输入方式

命令行:TEXT 或 DTEXT(DT)↙。

菜单栏:绘图→文字→单行文字。

功能区:注释面板→单行文字 **A**。

使用此命令可以在图形中输入文字，每行文字是一个单独的对象，可以单独编辑。要结束一行并开始新的一行，可以在输入后按 Enter 键。要结束文字输入，可以在"输入文字"提示下不输入任何字符，直接按 Enter 键。

（2）操作步骤

命令：DT✓

当前文字样式："说明" 文字高度：5 注释性：否 对正：左

指定文字的起点或[对正(J)样式(S)]： 拾取文字起点

指定高度<2.5000>：10✓ 输入文字高度值或按 Enter 键接受当前值

指定文字的旋转角度<0>： ✓ 指定文字的旋转角度，一般不旋转，直接按 Enter 键

输入文字：中国梦✓ 输入文字"中国梦"，按 Enter 键

输入文字：✓✓ 按两次 Enter 键结束命令

（3）选项说明

对正(J)：指定文字的对正方式。一共有 15 种，单纯输入文字，采用默认即可。例如，输入轴号，可以选择"正中""中间"等模式。

样式(S)：选择当前要输入的文字样式。可以输入已经设置好的样式名称；如果不记得名称，可以单击"?"按钮，打开文本窗口，选择需要的文字样式。

（4）单行文字的编辑

选中文字可更改其特性，如字体样式等，双击文字可修改其内容。

3) 多行文字输入与编辑

多行文字是一种功能较强的文字标注命令，其不仅可以选择文字样式，还可以随时改变字体、字高，也可以输入特殊符号，甚至可以输入外部的文本文件。

（1）命令输入方式

命令行：MTEXT(T/MT)✓。

功能区：注释面板→**A**。

菜单栏：绘图→文字→多行文字。

工具栏：绘图工具栏→**A**。

（2）操作步骤

输入多行文字命令 MT 并按 Enter 键，命令行提示如下：

命令：MTEXT

当前文字样式："说明" 文字高度：5 注释性：否

指定第一角点： 拾取多行文字的输入窗口的一个角点

指定对角点或[高度(H)/对正(J)/行距(L)/旋转(R)/样式(S)/宽度(W)/栏(C)]： 拾取另一个角点

打开如图 1-2-15 所示的多行文字编辑器，以及如图 1-2-16 所示多行文本窗口，其中的①处为制表位，光标放置在②处，可以调节窗口的宽度，在③处可以调节整个窗口的长度与宽度。

图 1-2-15　多行文字编辑器

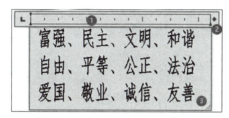

图 1-2-16　多行文本窗口

（3）多行文字编辑器选项说明

样式面板：选择将某个文字样式置为当前，列出了文件中所有的文字样式，选中文字后可以更改文字的高度。

格式面板：设置输入文字的格式、图层、颜色及字体，此处可以设置分数文字、下划线文字、上下角标文字等。

段落面板：可以像编辑 Word 文档一样，设置段落文字样式。

插入面板：可以插入符号、字段等，单击符号 @ 符号 的下拉三角，打开符号下拉列表，如图 1-2-17 所示。列表中列出了制图中常用的符号，这些符号既可以在多行文字编辑器中这样输入，也可以输入其代码，如度数为"％％D"、正负号为"％％P"、直径符号为"％％C"等。

图 1-2-17　插入面板

（4）多行文字的编辑

单击多行文字可修改其特性，双击多行文字可修改其内容。

【融会贯通】

输入一段设计说明文字。

4. 矩形命令

1）命令输入方式

命令行：RECTANG（REC）↙。

功能区：绘图面板→▭。

菜单栏：绘图菜单→矩形。

工具：绘图工具栏→▭。

2) 操作步骤

以绘制 A2 图纸为例(图 1-2-18)，命令提示及操作如下：

命令：RECTANG

指定第一个角点或[倒角(C)标高(E)圆角(F)厚度(T)宽度(W)]：0，0↙ 输入坐标原点并按 Enter 键，即以图纸的左下角点的坐标为坐标原点

指定另一个角点或[面积(A)尺寸(D)旋转(R)]：594，420↙ 输入矩形对角点的坐标(594，420)并按 Enter 键，图纸的右上角点坐标为(594，420)

命令：RECTANG

指定第一个角点或[倒角(C)标高(E)圆角(F)厚度(T)宽度(W)]：25，10↙ 输入图框线的左下角点坐标(25，10)

指定另一个角点或[面积(A)尺寸(D)旋转(R)]：559，400↙ 输入图框线右上角点坐标(559，400)并按 Enter 键

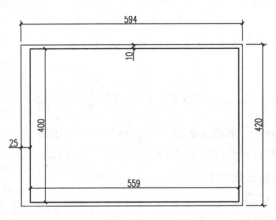

图 1-2-18　A2 图纸

【提示】

此时，动态输入是打开的，输入的坐标(559，400)为相对于点(25，10)的相对坐标。

3) 选项说明

指定第一个角点：以指定矩形两个角点的方式绘制矩形，如图 1-2-19A 所示。

倒角(C)：指定倒角距离，绘制带倒角的矩形，如图 1-2-19B 所示，两个倒角距离均为 10。

圆角(F)：指定圆角半径，绘制带圆角的矩形，如图 1-2-19C 所示，圆角半径为 10。

宽度(W)：指定矩形的宽度，绘制矩形，如图 1-2-19D 所示。

面积(A)：以指定矩形面积数值的方式绘制矩形。

尺寸(D)：用于指定矩形长度和宽度的数值。

旋转(R)：用于指定矩形的旋转角度及方向的数值。

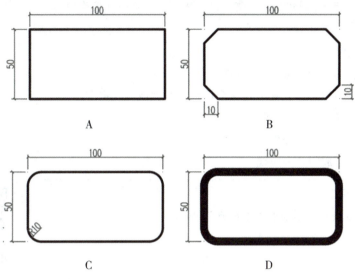

图 1-2-19　矩形绘制

【提示】

1. 绘制倒角或圆角矩形后，若再次输入矩形命令，会以上次的设置进行绘制。此时若想绘制普通矩形，需要回到倒角或圆角项，将设置值重置为零。

2. 矩形对象属于多段线对象，为单一对象，矩形的 4 个边是一个整体。双击矩形，可以对矩形的线宽等进行编辑。

5. 多段线命令

1) 多段线绘制

可以绘制直线和圆弧的组合图形，所绘制的是单一对象，可以用来绘制箭头或圆弧箭头，或者其他带有宽度的线条，多段线可以设置自己的线宽，通过闭合(CL)的方式可以绘制带有宽度的圆。

（1）命令输入方式

命令行：PLINE(PL)↵。

功能区：绘图面板→多段线。

菜单栏：绘图→多段线(P)。

工具栏：绘图工具栏→。

（2）操作步骤

输入命令后，命令行提示如下：

命令：PLINE↵

指定起点：　拾取多段线的起点

当前线宽为 0.0000

指定下一个点或[圆弧(A)半宽(H)长度(L)放弃(U)宽度(W)]：指定下一点或输入选项字母，或者单击相应的选项

（3）选项说明

圆弧(A)：输入圆弧选项，绘制圆弧。

半宽(H)或宽度(W)：用来定义多段线的半宽或者线宽。

长度(L)：确定直线段长度。

放弃(U)：放弃一次操作。

闭合(C)：形成闭合多段线。

【融会贯通】
1. 利用多段线绘制如图 1-2-20 所示图形。
2. 绘制如图 1-2-21 所示图形。

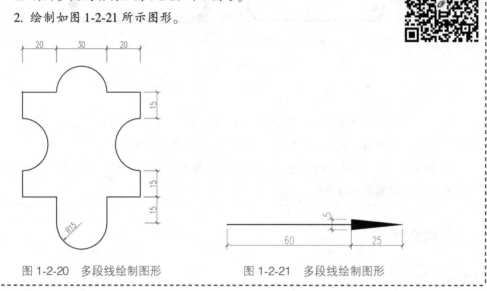

图 1-2-20　多段线绘制图形　　图 1-2-21　多段线绘制图形

2）多段线编辑命令

（1）命令输入方式

命令行：PEDIT(PE)↵。

功能区：修改面板→ 。

菜单栏：修改→对象→多段线。

鼠标：左键双击多段线。

【提示】
绘图时开启动态输入、极轴追踪、对象捕捉。

（2）操作步骤

输入命令后，命令行提示如下：

命令：PEDIT↵

选择多段线或[多条(M)]：选一条多段线或输入"M"，然后选择多条多段线或者直线

输入选项[闭合(C)合并(J)宽度(W)编辑顶点(E)拟合(F)样条曲线(S)非曲线化(D)线型生成(L)反转(R)放弃(U)]：选择一个选项

（3）选项说明

闭合(C)：将一条多段线的终点、起点用与终点同类型的线连成闭合图形。

合并(J)：将端点相连的若干条多段线或者直线合并为一条，能合并的条件是各段端点首尾相连，如图 1-2-22 所示。

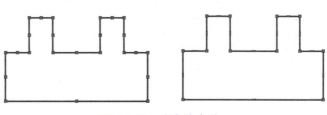

图 1-2-22　多段线合并

宽度(W)：修改一条多段线的共同宽度。

编辑顶点(E)：在多段线的顶点出现"×"符号，该符号为当前顶点标记，按提示可以对其进行下一步编辑。

拟合(F)：生成圆弧拟合曲线，其是由圆弧段组成。

样条曲线(S)：将多段线修改为光滑曲线，图 1-2-23 为折线多段线样条曲线编辑前（图 1-2-23A）及编辑后（图 1-2-23B）。

非曲线化(D)：用直线代替指定的多段线中的圆弧。

线型生成(L)：控制多段线的线型生成方式。

放弃(U)：取消编辑选择的操作。

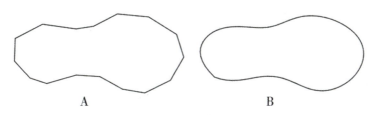

图 1-2-23　多段线的样条曲线编辑

6. 圆命令

圆是由圆心与半径或者直径所确定的，AutoCAD 2022 提供了多种绘制圆的方式，可以根据所绘制圆的要求而选择不同的绘制方式。

1) 命令输入方式

命令行：CIRCLE(C)。

功能区：绘图面板→ ，打开按钮的下拉三角，可以选择要绘制的圆的方式，如图 1-2-24 所示。

菜单栏：绘图→圆，选择一种绘制圆的方式，如图 1-2-25 所示。

工具栏：绘图工具栏→ 。

图 1-2-24　"圆"面板

2) 操作步骤

输入命令后,命令行提示如下:

CIRCLE(C)

指定圆的圆心或[三点(3P)/两点(2P)/切点、切点、半径(T)]: 拾取圆的圆心或者选择中括号中的选项

指定圆的半径或[直径(D)] <500.0000>: ↙ 输入圆的半径或者直径,按 Enter 键结束

3) 选项说明

圆心、半径:基于圆心和半径创建圆。半径可以输入半径数值或者指定点,如图 1-2-26 所示。

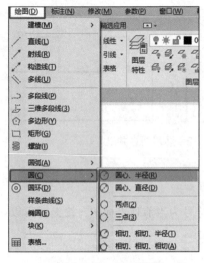

图 1-2-25 "圆"选项

圆心、直径:拾取圆心,输入直径数值,或指定第二个点,如图 1-2-27 所示。

两点(2P):基于直径上的两个端点创建圆,如图 1-2-28 所示。

三点(3P):基于圆周上的 3 点创建圆,如图 1-2-29 所示。

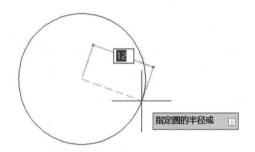

图 1-2-26 圆心、半径

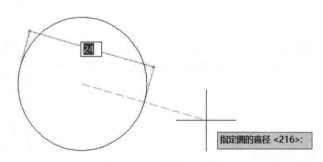

图 1-2-27 圆心、直径

 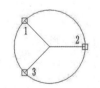

图 1-2-28 两端点创建圆　　图 1-2-29 三点创建圆

相切、相切、相切：创建相切于 3 个对象的圆，如图 1-2-30 所示。

切点、切点、半径：基于指定半径和两个相切对象创建圆。

有时会有多个圆符合指定的条件，此时程序将绘制具有指定半径的圆，使其切点与选定点的距离最近，如图 1-2-31 所示。

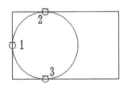   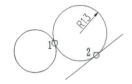

图 1-2-30　相切于 3 个对象的圆　　图 1-2-31　切点、切点、半径

【融会贯通】

1. 绘制三角形外接圆及内接圆（图 1-2-32）。
2. 绘制如图 1-2-33 所示 3 个圆。

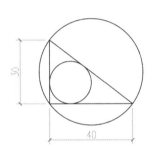   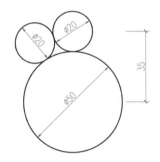

图 1-2-32　绘制三角形外接圆及内切圆　　图 1-2-33　绘制 3 个圆

【提示】

1. 命令执行中，< > 中的数值，直接按 Enter 键即可执行。如上述"指定圆的半径 <10.0000>:"，要输入的圆的半径也是 10，此时不用输入 10，直接按 Enter 键即可。

2. AutoCAD 软件在绘图过程具有记忆功能，上步输入的数据，下一步输入相同内容时，会有相同的数据提示，并出现在 < > 内。

7. 圆弧命令

AutoCAD 2022 提供了多种绘制圆弧的方式，可以根据所绘制圆弧的要求而选择不同的绘制方式。

1) 命令输入方式

命令行：ARC(A)↙。

功能区：绘图面板→ [圆弧] ，打开按钮的下拉三角，可以选择绘制圆弧的方式，如图 1-2-34 所示。

图 1-2-34　圆弧面板

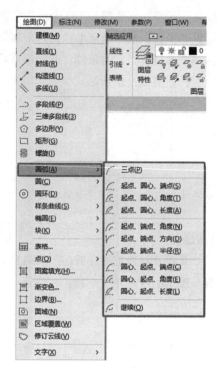

图 1-2-35　圆弧选项

菜单栏：绘图→圆弧，选择一种绘制圆弧的方式，如图 1-2-35 所示。

工具栏：绘图工具栏→。

2）操作步骤

输入命令后，命令行提示如下：

ARC(A)↙

指定圆弧的起点或[圆心(C)]：　拾取端点

指定圆弧的第二个点或[圆心(C)端点(E)]：　拾取第二点

指定圆弧的端点：　拾取端点

3）选项说明

（1）三点

以三点方式绘制圆弧，如图 1-2-36 所示。第一个点为起点；第二个点是圆弧周线上的一个点；第三个点指圆弧的端点。

（2）**起点、圆心、端点**

圆心：圆弧所在圆的圆心。

端点：默认从起点向端点逆时针绘制圆弧，按住 Ctrl 键可使圆弧的绘制方向相反。端点将落在从第三点到圆心的一条假想射线上。如图 1-2-37 所示，1 为起点，2 为圆心，3 为端点。

(3) 起点、圆心、角度

拾取起点、圆心后,从起点按指定包含角逆时针绘制圆弧。如果角度为负,将顺时针绘制圆弧。如图 1-2-38 所示,1 为起点,2 为圆心。

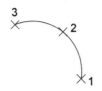
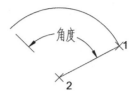

图 1-2-36 三点方式绘制圆弧　　图 1-2-37 起点、圆心、端点圆弧　　图 1-2-38 起点、圆心、角度圆弧

(4) 起点、圆心、长度

长度指弦长,此法是基于起点和端点之间的直线距离绘制劣弧或优弧。

如果弦长为正值,将从起点逆时针绘制劣弧;如果弦长为负值,将逆时针绘制优弧。如图 1-2-39 所示,1 为起点,2 为圆心,弦长为正值;如图 1-2-40 所示,1 为起点,2 为圆心,弦长为负值。

(5) 起点、端点、角度

以度为单位输入角度,或通过逆时针移动定点设备来指定角度。如图 1-2-41 所示,1 为起点,2 为端点。

图 1-2-39 弦长为正值的圆弧　　图 1-2-40 弦长为负值的圆弧　　图 1-2-41 起点向端点逆时针绘制圆弧

(6) 起点、端点、方向

绘制的圆弧在起点处与指定方向相切。如图 1-2-42 所示,1 为起点,2 为端点,起点切线方向为 103°。

(7) 起点、端点、半径

半径:从起点 1 向端点 2 逆时针绘制一条劣弧。如果半径为负,将绘制一条优弧。如图 1-2-43 所示,1 为起点,2 为端点。

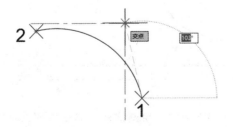
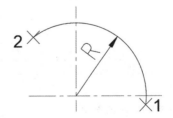

图 1-2-42 起点处与指定方向相切绘制圆弧　　图 1-2-43 逆时针绘制圆弧

（8）圆心、起点、端点

如图 1-2-44 所示，1 为圆心，2 为起点，3 为端点。

（9）圆心、起点、角度

与起点、圆心、角度方式绘制圆弧相似，如图 1-2-45 所示，1 为圆心，2 为起点。

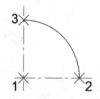 

图 1-2-44　起点向端点逆时针绘制圆弧　　图 1-2-45　按指定包含角逆时针绘制圆弧

（10）圆心、起点、长度

与"起点、圆心、长度"方式绘制圆弧相似。如图 1-2-46 所示，1 为圆心，2 为起点。按住 Ctrl 键，圆弧为反方向，同时，弦长为负值。

（11）连续

当直线、圆弧或多段线绘制完毕，输入该命令后，会绘制与这些圆弧或者直线相切的圆弧。如图 1-2-47 所示，连接 1 和 2 的圆弧为刚刚绘制完成的圆弧，输入该命令后，新绘制的连接 2 和 3 的圆弧与之相切。

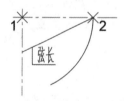 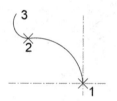

图 1-2-46　直线距离方式绘制劣弧或优弧　　图 1-2-47　绘制相切的圆弧

【融会贯通】

利用"圆弧"命令绘制如图 1-2-48 所示图形。

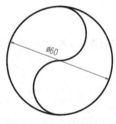

图 1-2-48　绘制圆弧

【提示】

绘制半径为 30 的圆，以起点、圆心、端点的方式绘制圆弧，以连续方式绘制另一个圆弧。

8. 尺寸标注样式设置及尺寸标注

1）尺寸标注样式设置——基础样式标注

（1）命令输入方式

命令行：DIMSTYLE(D)✓。

功能区：注释选项卡→标注面板→ ，或者默认选项卡→注释面板→ ，如图 1-2-49、图 1-2-50 所示。

菜单栏：格式→ 标注样式(S)...。

工具栏：样式工具栏或者标注工具栏→ 。

图 1-2-49 注释选项卡标注

（2）操作步骤

输入命令后，打开"标注样式管理器"对话框，如图 1-2-51 所示。对话框中"样式"一栏列出图形中的标注样式。在列表中单击鼠标右键可显示快捷菜单及选项，用于设定当前标注样式、重命名样式和删除样式。当前样式或当前图形使用的样式不能删除。

点击"新建"按钮，打开创建"新标注样式"对话框，将新样式命名为"尺寸标注"，点击"继续"按钮，打开"新建标注样式：尺寸标注"对话框，分别对"线"

图 1-2-50 默认选项卡注释面板

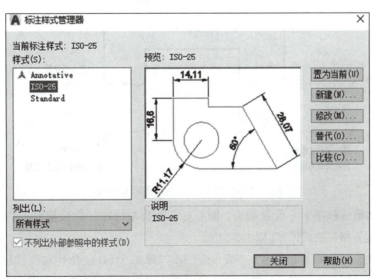

图 1-2-51 "标注样式管理器"对话框

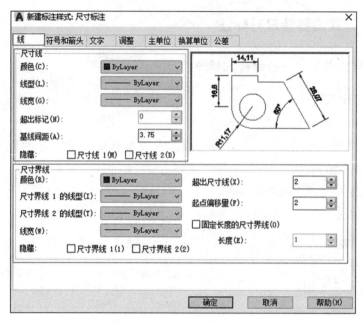

图 1-2-52 "新建标注样式：尺寸标注"对话框

选项、"符号和箭头"选项、"文字"选项、"调整"选项及"主单位"选项进行设置（图 1-2-52）。

（3）选项说明

①线选项卡　设置尺寸线、尺寸界线的特性，尺寸界线超出起点偏移量及尺寸界线超出尺寸线的距离。

绘图时一般单独建立尺寸标注图层，所以尺寸线及尺寸界线可全部设置为"ByLayer"，即随层——随所在图层的特性。

超出尺寸线及起点偏移量，按制图标准要求，全部设置为 2，如图 1-2-52、图 1-2-53 所示。

尺寸界线长度是固定时，可以在数值栏输入相应数值，一般不启用。

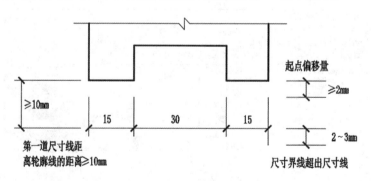

图 1-2-53　超出尺寸线及起点偏移量

②符号和箭头选项卡　设置箭头、圆心标记、折断标注、弧长符号、半径折弯标注、线性折弯标注等相关格式尺寸（图 1-2-54）。

箭头：设置标注的起止符号。"第一个（T）""第二个（D）"是针对线性标注、直径标注、角度标注。打开下拉列表，可以设置起止符号的类型，如果列表中没有符合条件的箭头,还可以引进"用户箭头",以块的方式调入使用。"引线(L)"用于设定引线的箭头形式。"箭头大小(I)"指箭头的长度。在基础标注样式中,箭头大小设置为默认的 2.5。

圆心标记:是否启用圆心标记,以及标记采用何种形式。

弧长符号:是否启用弧长标注及弧长符号的标注位置。本例勾选"标注文字的上方(A)",指的是弧长符号在文字的上方。

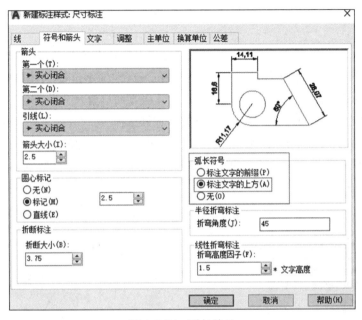

图 1-2-54　弧长符号

半径折弯标注:指定当半径采用折弯标注时,尺寸线的折弯角度。

③文字选项卡　设置文字外观、文字位置、文字对齐等格式,如图 1-2-55 所示。

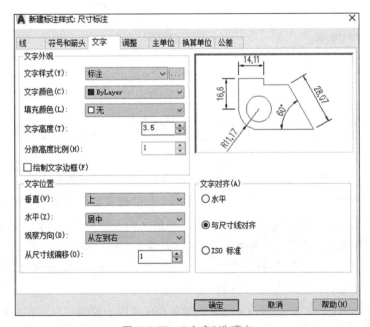

图 1-2-55　"文字"选项卡

文字外观："文字样式"下拉列表，用于选择当前尺寸标注采用何种文本类型，可以打开下拉列表选择"标注"样式文字，也可以点击后面的 ... 按钮，重新设置文字样式；"文字颜色"一般设置为"ByLayer"；"填充颜色"一般选择"无"；"文字高度"默认为2.5，一般在图纸中可以设置为3.5。

文字位置：根据制图标准规定，尺寸数字应依据其方向注写在靠近尺寸线的上方中部，文字的位置一般默认即可。"从尺寸线偏移"是指尺寸数字距离尺寸线的距离，一般默认即可。

文字对齐：尺寸数字的对齐方式。"水平"是指无论什么情况下，尺寸数字都为水平；"与尺寸线对齐"是指尺寸数字沿尺寸线方向布置，符合"文字位置"选项的设置；"ISO标准"是指当尺寸数字在尺寸界线之间时，会沿尺寸线方向放置尺寸数字，当尺寸数字不在尺寸界线之间时，会沿水平方向放置尺寸数字。此处选择"与尺寸线对齐"选项。

④调整　如果尺寸界线之间没有足够的空间来放置文字和箭头，可通过该选项对文字、箭头的位置，以及对标注特征的比例设置等进行调整，如图1-2-56所示。

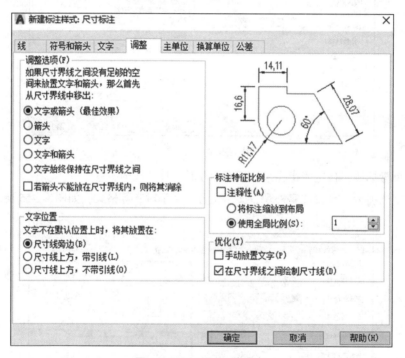

图 1-2-56　"调整"选项卡

调整选项：其前提是"如果尺寸界线之间没有足够的空间来放置文字和箭头，那么首先从尺寸界线中移出"。其中"文字或箭头（最后效果）"选项是指使文字或者箭头取得最佳效果。根据尺寸界线之间的距离，能够放下尺寸数字时，箭头放在外侧；能放下箭头时，尺寸数字放在外侧；二者都不能放下时，均放在外侧。"文字和箭头"选项，同样是根据尺寸界线之间的距离，距离不够时，会把文字和箭头均放置在尺寸界线外侧。

文字位置：文字不在默认位置时的放置位置。

标注特征比例："注释性"标注，注释性对象和样式用于控制注释对象在模型空间或布局中显示的尺寸和比例。"将标注缩放到布局"是指根据当前模型空间视口和图纸空间之间的比例确定比例因子；"使用全局比例"是为所有标注样式设置一个比例，这些设置指定了大小、距离或间距，包括文字和箭头大小，该比例并不更改标注的测量值。

【提示】
如果不采用注释性尺寸标注样式，建议采用"使用全局比例"，根据出图比例大小确定此数值的大小。例如，出图比例为1：200，此数值可以设置为200，即将文字和箭头大小等放大200倍。

⑤主单位　设置标注的单位和精度，如图1-2-57所示。

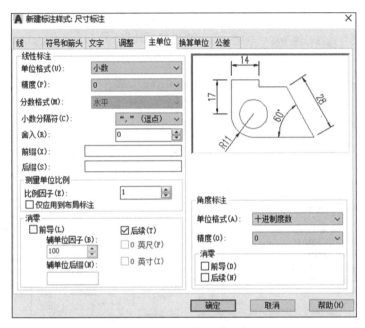

图1-2-57　主单位选项卡

线性标注：设定线性标注的格式和精度。在"单位格式"下拉列表中选择尺寸标注采用的单位制，应该选择"小数"；当以毫米为单位时，"精度"一般选择"0"；当"单位格式"选择"小数"时，"分数格式"不能设置。前缀、后缀指为尺寸数字加上前缀、后缀。

测量单位比例："比例因子"设置线性标注测量值的比例因子；勾选"仅应用到布局标注"是指仅将测量比例因子应用于在布局视口中创建的标注，与模型空间无关。

角度标注：显示和设定角度标注的单位格式。

⑥换算单位　设置标注的换算单位及格式。

⑦公差　设置公差的格式及精度，主要应用于机械制图等领域。

2) 建立子标注样式

标注类型有线性标注、直径半径标注、角度标注、坐标标注等，单一的标注样式不能满足所有的标注要求，所以，要建立子标注样式。子标注样式是在基础标注样式的基础上，从制图标准的角度出发，分别建立符合线性标注及角度标注的子样式，直径及半径标注样式继承基础样式的规定。

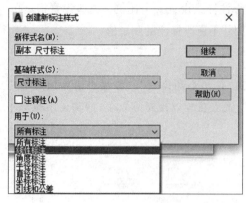

（1）线性标注子样式建立

打开标注样式管理器，选中已建立的"尺寸标注"样式，单击右侧的"新建"按钮，打开"创建新标注样式"对话框，在"用于"的下拉列表中选择"线性标注"，如图 1-2-58 所示，然后点击"继续"按钮，打开如图 1-2-59 所示对话框，根据制图标准，将箭头的"第一个"与"第二个"均改为"建筑标记"，箭头大小为"1.5"，其他选项为默认设置，与基础样式"尺寸标注"一致。

图 1-2-58　线性标注子样式创建

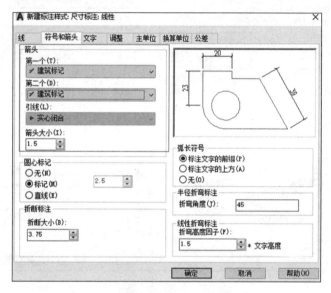

图 1-2-59　线性标注子样式设置

（2）角度标注子样式建立

打开标注样式管理器，选中"尺寸标注"样式，单击右侧的"新建"按钮，打开"创建新标注样式"对话框，在"用于"下拉列表中选择"角度标注"，点击"继续"按钮，打开如图 1-2-60 所示对话框，再单击"文字"选项卡，将文字对齐改为"水平"。

3）线性标注

一个完整的尺寸标注由尺寸界线、尺寸线、箭头和尺寸文字 4 个部分组成。AutoCAD 提供的标注方式是属于半自动标注的方法，用户只需制定一个尺寸标注的关键数据，剩下的参数由预先设定好的样式和标注系统变量来提供。AutoCAD 2022 提供了多种类型的尺寸标注，下面介绍常见的标注类型：线性标注、对齐标注、角度标注、半径标注、直径标注等，如图 1-2-61 所示。下面介绍线性标注。

（1）命令输入方式

命令行：DIMLINEAR（DLI）↙。

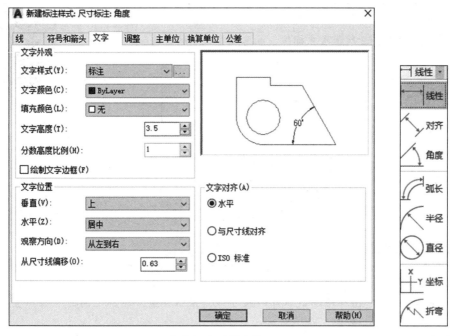

图 1-2-60　角度标注子样式设置　　　图 1-2-61　标注类型

菜单栏：标注→ 线性(L)。

功能区：默认选项卡→注释面板→ 线性，或者注释选项卡→标注面板→ 线性。

工具栏：标注工具栏→ 。

用户在选择对象之后，确定第一条和第二条尺寸界线的原点，AutoCAD 软件会自动判别标出水平尺寸或垂直尺寸，尺寸数据按软件自动测量值标出，或者由用户手动给出。

（2）操作步骤

输入命令后，命令行提示如下：

DIMLINEAR↙

指定第一条尺寸界线原点或<选择对象>：　拾取第一条尺寸界线的起点

指定第二条尺寸界线原点：　拾取第二条尺寸界线的起点

[多行文字(M)文字(T)角度(A)水平(H)垂直(V)旋转(R)]：　指定尺寸线的位置

（3）选项说明

多行文字(M)：系统弹出多行文字编辑器，用户可以输入复杂的标注文字。

文字(T)：系统命令行显示尺寸的自动测量值，用户可以修改尺寸值。

角度(A)：可指定尺寸文字的倾斜角度，使尺寸数字倾斜标注。

水平(H)：取消自动判断并限定标注水平尺寸。

垂直(V)：取消自动判断并限定标注垂直尺寸。

旋转(R)：取消自动判断，尺寸线按用户输入的倾斜角标注斜向尺寸。

【融会贯通】

绘制如图1-2-62所示尺寸标注，注意尺寸数字的修改。

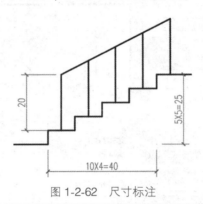

图1-2-62　尺寸标注

【提示】

制图标注规定"图样轮廓线以外的尺寸线，距图样最外轮廓之间的距离不宜小于10mm"，如图1-2-53所示。

尺寸数字的修改也可以标注完成之后进行。双击尺寸数字，此时尺寸数字变为多行文字，打开文字编辑器，在窗口中输入相应的内容，修改之后，点击"关闭文字编辑器"或者在空白处点击鼠标左键；或者利用特性或者快捷特性修改。

（4）尺寸编辑

如图1-2-63所示，选中尺寸标注，将拾取框放置在尺寸数字上，出现尺寸数字位置更改的快捷菜单，将拾取框移至"仅移动文字"，即可进行单独移动尺寸数字的操作。如果选择"随引线移动"会出现一条引线，尺寸数字可以以引出标注的方式放置在图中适当位置。

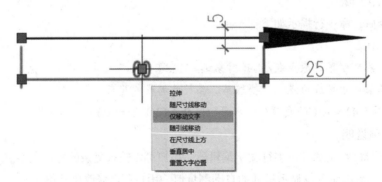

图1-2-63　尺寸数字位置修改

4）对齐标注

对齐标注也是线性标注，但是所标注的轮廓线是倾斜的，如图1-2-64所示。

（1）命令输入方式

命令行：DIMALIGNED（DAL）↙。

菜单栏：标注→ 对齐(G)；

功能区：默认选项卡→注释面板或者注释选项卡→标注面板→对齐。

工具栏：标注工具栏→。

（2）操作步骤

输入命令后，命令行提示如下：

DIMALIGNED↙

指定第一条尺寸界线原点或<选择对象>： 拾取第一条尺寸界线的起点

指定第二条尺寸界线原点： 拾取第二条尺寸界线的起点

[多行文字(M)文字(T)角度(A)]： 指定尺寸线的位置，注意离开轮廓线的距离要大于等于10

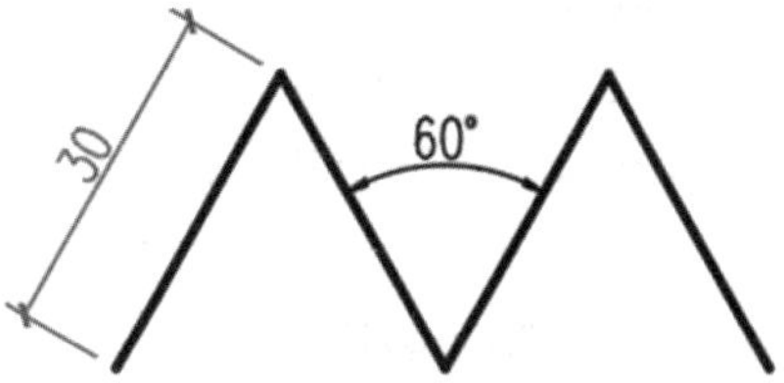

选项的含义以及尺寸数字在尺寸线上位置的更改，与线性标注相同。

图1-2-64　对齐标注

【提示】
标注对齐尺寸标注时，要注意结合极轴追踪及对象捕捉进行。

5）连续标注

连续标注又称为链式标注，是端对端放置的多个标注，前后两个尺寸共用一条尺寸界线，这种标注可以用于线性标注、对齐标注、角度标注、坐标标注。在使用连续标注之前，必须首先创建线性标注、角度标注或坐标标注等基准标注，然后进行连续标注，如图1-2-65所示。

（1）命令输入方式

命令行：DIMCONTINUE(DCO)↙。

菜单栏：标注→连续(C)。

功能区：注释选项卡→标注面板→连续。

工具栏：标注工具栏→。

（2）操作步骤

以图1-2-65为例，介绍具体操作步骤。输入命令后，命令行提示如下：

图1-2-65　连续标注

命令：_DIMCONTINUE

指定第二个尺寸界线原点或[选择(S)/放弃(U)]<选择>：↙ 选择基准标注

选择连续标注： 选择标记为①的尺寸标注的右侧尺寸界线

指定第二个尺寸界线原点或[选择(S)/放弃(U)]<选择>： 拾取②点

标注文字 = 20

同法拾取③④⑤⑥点。

指定第二个尺寸界线原点或[选择(S)/放弃(U)]<选择>：✓

选择连续标注：✓ 结束

（3）选项说明

指定第二个尺寸界线原点：以刚刚结束的尺寸标注为基准，直接指定另一个尺寸的第二条尺寸界线原点。

选择(S)：选择连续尺寸标注的基准。

（4）尺寸数字在尺寸线上位置的更改

同线性标注。

6) 半径标注

测量选定圆或圆弧的半径，并显示前面带有半径符号的标注文字，如图1-2-66所示。

（1）命令输入方式

命令行：DIMRADIUS(DRA)✓。

菜单栏：标注→ 半径(R)。

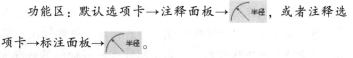

功能区：默认选项卡→注释面板→ 半径 ，或者注释选项卡→标注面板→ 半径 。

工具栏：标注工具栏→ 。

（2）操作步骤

命令：_DIMRADIUS

选择圆弧或圆： 拾取要标注的圆弧

标注文字 = 15

指定尺寸线位置或[多行文字(M)/文字(T)/角度(A)]：拾取位置

选项说明及尺寸数字位置的更改同线性标注。

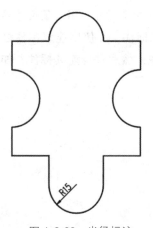

图1-2-66 半径标注

7) 直径标注

测量选定圆或圆弧的直径，并显示前面带有直径符号的标注文字。

直径标注可以使用夹点轻松地重新定位生成的直径标注，如图1-2-67所示。

（1）命令执行方式

命令行：DIMDIAMETER(DDI)✓。

菜单栏：标注→ 直径(D) 。

功能区：默认选项卡→注释面板→ 直径 ，或者注释选

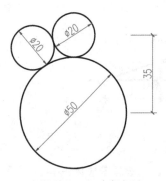

图1-2-67 直径标注

项卡→标注面板→⊘ 直径。

工具栏：标注工具栏→⊘。

（2）操作步骤

输入命令后，命令行提示如下：

DIMDIAMETER↙

命令：_DIMDIAMETER

选择圆弧或圆： 拾取圆弧或圆

标注文字 = 50

指定尺寸线位置或[多行文字(M)/文字(T)/角度(A)]： 单击左键确定尺寸线的位置

"多行文字(M)、文字(T)、角度(A)"选项的含义，以及尺寸数字在尺寸线上位置的更改，同线性标注。

8) 角度标注

测量选定的几何对象或3个点之间的角度，如图1-2-68所示。

（1）命令输入方式

命令行：DIMANGULAR(DAN)↙。

菜单栏：标注→△ 角度(A)。

功能区：默认选项卡→注释面板→△ 角度，或者注释选项卡→标注面板→△ 角度。

工具栏：标注工具栏→△。

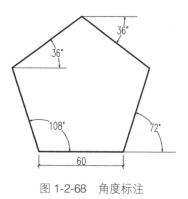

图1-2-68 角度标注

（2）操作步骤

输入命令后，命令行提示如下：

DIMANGULAR↙

选择圆弧、圆、直线或<指定顶点>： 选择一条直线

选择第二条直线： 选择角的第二条边

指定标注弧线位置或[多行文字(M)文字(T)角度(A)象限点(Q)]： 确定尺寸弧线的位置

标注文字 = 108

（3）选项含义

选择圆弧：标注圆弧的中心角。

选择圆：标注圆周上某段圆弧的中心角。标注的尺寸可以限定在一个圆上，也可以在不同的圆周上，具有不确定性。

选择直线：比较常用，标注两条直线之间的夹角。

指定定点：拾取角的定点模式标注角度，然后分别指定角的一个端点和另一个端点。

(4) 尺寸数字在尺寸线上的位置的更改

同线性标注。

9) 弧长标注

弧长标注用于测量圆弧或多段线圆弧上的距离。弧长标注的尺寸界线可以正交或径向。在标注文字的上方或前面将显示圆弧符号,如图 1-2-69 所示。

(1) 命令输入方式

命令行：DIMARC(DAR)↙。

菜单栏：标注→ 弧长(H)。

功能区：默认选项卡→注释面板→ 弧长，或者注释选项卡→标注面板→ 弧长。

工具栏：标注工具栏→ 弧长。

(2) 操作步骤

以图 1-2-69 为例,输入弧长标注命令,命令行提示及操作如下：

命令：_DIMARC

选择弧线段或多段线圆弧段：

指定弧长标注位置或[多行文字(M)/文字(T)/角度(A)/部分(P)/引线(L)]： 选择圆弧

标注文字 = 47

> 【提示】
> 当设置了线性标注子样式后,默认的弧长标注的起止符号与线性标注子样式一致。制图标准中规定弧长起止符号为箭头,此时可以选中弧长标注,打开"特性"对话框,在"直线和箭头"选项中,将"建筑标记"更改为"实心闭合",并且可以更改箭头的大小,如图 1-2-70 所示。

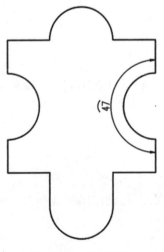

图 1-2-69 弧长标注

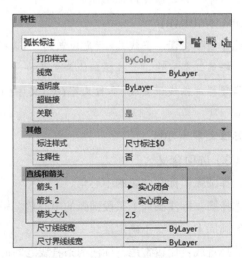

图 1-2-70 标注样式修改

选项说明以及尺寸数字在尺寸线上位置的更改同线性标注。

10) 坐标标注

坐标标注用于测量从原点(称为基准点)到要素的水平或垂直距离。这些标注通过保持与基准点之间的精确偏移量，来避免误差增大。

(1) 命令输入方式

命令行：DIMORDINATE(DOR)↙。

菜单栏：标注→ 坐标(O)。

功能区：默认选项卡→注释面板→ 坐标，或者注释选项卡→标注面板→ 坐标。

工具栏：标注工具栏→ 。

(2) 操作步骤

输入命令后，命令行提示如下：

DIMORDINATE↙

指定点坐标： 拾取需要标注的点

指定引线端点或[X基准(X)Y基准(Y)多行文字(M)文字(T)角度(A)]： 确定尺寸线的位置

(3) 选项含义

X基准(X)：测量X坐标并确定引线和标注文字的方向。

Y基准(Y)：测量Y坐标并确定引线和标注文字的方向。

其他选项的含义与线性标注相同。

尺寸数字在尺寸线上位置的更改，同线性标注。

11) 折弯半径标注

折弯半径标注也称缩放半径标注，测量选定对象的半径，并显示前面带有一个半径符号的标注文字(图1-2-71)。可以在任意合适的位置指定尺寸线的原点。

(1) 命令输入方式

命令行：DIMJOGGED(DJO)↙。

菜单栏：标注→ 折弯(J)。

功能区：默认选项卡→注释面板→ 折弯，或者注释选项→标注面板→ 折弯。

图 1-2-71 折弯标注

工具栏：标注工具栏→ 。

(2) 操作步骤

输入命令后，命令行提示如下：

DIMJOGGED↙

选择圆弧或圆： 选择圆弧

指定图示中心位置： 适当位置拾取，确定尺寸线的始点位置

指定尺寸线位置或[多行文字(M)文字(T)角度(A)]：　确定尺寸线的位置，尺寸线应尽量使其延长线通过圆心

指定折弯位置：　适当位置拾取，给定尺寸线折弯点的位置

选项的含义以及尺寸数字在尺寸线上位置的更改，同线性标注。

12）智能标注

为提高尺寸标注的速度和效率，AutoCAD 引入了智能标注命令（DIM），无须单独输入直径标注、半径标注、线性标注、对齐标注、连续标注及基线标注等，可以通过命令中的选项或者选择方式，在这些标注方式间快速切换。

（1）命令输入方式

命令行：DIM↙。

功能区：默认选项卡→注释面板→ ，或者注释选项卡→标注面板→ 。

（2）操作步骤

以图 1-2-72 为例，输入智能标注命令后，命令行提示及操作如下：

命令：_DIM

指定第一个尺寸界线原点或[角度(A)/基线(B)/继续(C)/坐标(O)/对齐(G)/分发(D)/图层(L)/放弃(U)]：　拾取第一个尺寸界线原点

指定第二个尺寸界线原点或[放弃(U)]：　拾取第二个尺寸界线原点

指定尺寸界线位置或第二条线的角度[多行文字(M)/文字(T)/文字角度(N)/放弃(U)]：10↙　将尺寸放置在距离最外轮廓线为 10 的位置

同法完成所有的线性或者对齐标注

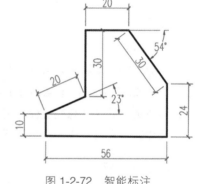

图 1-2-72　智能标注

选择对象或指定第一个尺寸界线原点或[角度(A)/基线(B)/连续(C)/坐标(O)/对齐(G)/分发(D)/图层(L)/放弃(U)]：　A 拾取"角度(A)"按钮

选择圆弧、圆、直线或[顶点(V)]：　选择角的一个边

选择直线以指定角度的第二条边：　选择角的另一个边

指定角度标注位置或[多行文字(M)/文字(T)/文字角度(N)/放弃(U)]：　指定角度放置位置

选择对象或指定第一个尺寸界线原点或[角度(A)/基线(B)/连续(C)/坐标(O)/对齐(G)/分发(D)/图层(L)/放弃(U)]：↙　按 Enter 键结束

（3）选项说明

角度(A)：进行角度标注。

基线(B)：选择基线，以进行基线标注。

连续(C)：选择连续标注基准，进行连续标注。

坐标(O)：进行坐标标注。

对齐(G)：进行对齐标注。

分发(D)："相等"是指将选中的3条以上的标注线进行等距离分布，即尺寸线间距相等；"偏移"是使尺寸线的间距以指定的距离进行分布，此时需要选择基准标注。

图层(L)：更改图层。

13) 多重引线标注

采用多重引线可以对图形对象进行引出注释。

（1）命令输入方式

命令行：MLEADER↙。

菜单栏：标注菜单→ 多重引线(E)。

功能区：默认选项卡→注释面板或者注释选项卡→引线面板→ ，如图1-2-73所示。

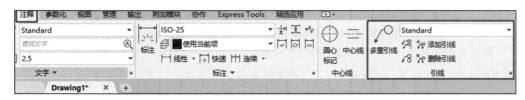

图 1-2-73 引线面板

（2）操作步骤

输入标注命令后，命令行提示及操作如下：

命令：_MLEADER

指定引线箭头的位置或[引线基线优先(L)/内容优先(C)/选项(O)]： 指定标注对象引线箭头的位置

指定引线基线的位置： 指定引线基线的位置

注释文字内容输入完毕，在空白处单击结束标注。

（3）选项说明

引线基线优先(L)：优先标注基线。

内容优先(C)：优先输入标注内容。

选项(O)：从引线样式中选取一个样式，如图1-2-74所示。

可通过单击 ，增加标注引线；通过单击 ，删除多余的标注引线；通过单击 ，将选定多重引线对象对齐并按一定距离排列；通过单击 ，将选定的包含块的多重引线组织到行或列中，并使用单引线显示结果。

图 1-2-74 引线标注选项

【提示】

引线标注的具体操作，请参见任务3-4中的"11. 标注"。

14) 快速标注

该功能可一次选择多个对象，同时标注多个相同类型的尺寸，极大地提高工作效率。

（1）命令输入方式

命令行：QDIM（QD）↙。

菜单栏：标注菜单→ 快速标注(Q) 。

工具栏：标注工具栏→ 。

（2）操作步骤

以图1-2-76为例，输入快速标注命令后，命令行提示及操作如下：

命令：_QDIM

关联标注优先级=端点

选择要标注的几何图形： 指定对角点，找到12个

选择要标注的几何图形： 空白处右键单击确定

指定尺寸线位置或[连续(C)/并列(S)/基线(B)/坐标(O)/半径(R)/直径(D)/基准点(P)/编辑(E)/设置(T)]<连续>： 指定标注对象尺寸线的位置

（3）选项说明

连续(C)：对所选择的多个对象快速生成连续尺寸标注，如图1-2-75所示。

并列(S)：对所选择的多个对象快速生成并列尺寸标注，如图1-2-76所示。

基线(B)：对所选择的多个对象快速生成基线尺寸标注，如图1-2-77所示。

坐标(O)：对所选择的多个对象快速生成坐标尺寸标注。

半径(R)：对所选择的多个对象快速生成半径尺寸标注。

直径(D)：对所选择的多个对象快速生成直径尺寸标注。

基准点(P)：为基线标注和连续标注确定一个新的基准点。

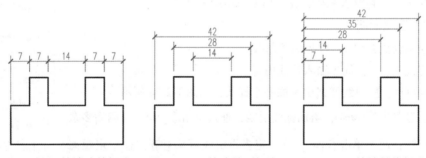

图1-2-75 快速连续标注　　图1-2-76 快速并列标注　　图1-2-77 快速基线标注

9. 图形界限设置

1) 命令输入方式

命令行：LIMITS↙。

菜单栏：格式→图形界限。

2)操作步骤

输入命令后,命令行提示如下:

指定左下角点或[开(ON)关(OFF)]<0.0000>: 按 Enter 键接受当前值或输入左下角点的新坐标

指定右上角点<420.0000,297.0000>: 按 Enter 键接受当前值或输入右上角点的新坐标

3)选项说明

开(ON):打开界限检查,将无法输入栅格界线外的点。因为界限检查只测试输入点,所以对象(如圆)的某些部分可能会延伸出栅格界限。

关(OFF):关闭界限检查,但是保持当前的值用于下一次打开界限检查。

【提示】
当将所有的图形绘制在同一个文件中时,可以不用设置图形界限。

10. 图形单位设置

为了标准统一,AutoCAD 提供了图形统一单位。

1)命令输入方式

命令行:UNITS(UN)↙。
菜单栏:格式→单位。
快捷菜单:图形实用工具→单位,如图 1-2-78 所示。

2)操作步骤

输入图形单位设置命令,打开图形单位设置对话框,如图 1-2-79 所示。

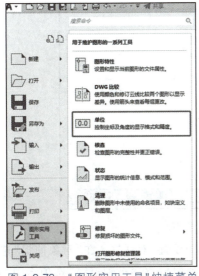

图 1-2-78 "图形实用工具"快捷菜单

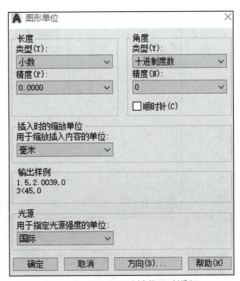

图 1-2-79 "图形单位"对话框

3）选项说明

长度：设置测量单位的当前显示格式。该值包括"建筑""小数""工程""分数"和"科学"。其中，"工程"和"建筑"格式提供英尺和英寸单位显示。其他格式可表示任何真实世界单位。具体作图时，对于建筑大类图样，一般选择"小数"，精度根据绘图需要设置。

角度：指定当前角度格式和当前角度显示的精度。

任务实施

1. 新建文件

输入"新建"命令，打开"选择样板"对话框，选择"acadiso.dwt"样板文件，并单击"打开"按钮。

2. 设置系统环境

参见任务 1-1 中的"1. 设置软件的系统环境"进行系统环境的设置。

3. 设置草图

草图设置，主要是设置软件的辅助绘图工具，可以单击状态栏上的相应工具进行设置，或者通过"草图设置"对话框进行设置（图 1-2-80）。

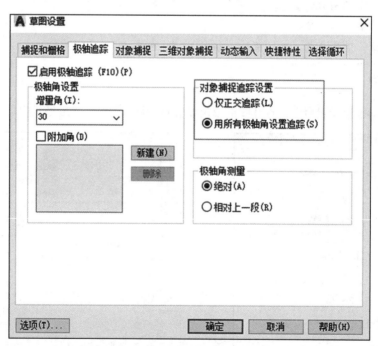

图 1-2-80 "草图设置"对话框

在"工具"下拉菜单中点击"绘图设置"，打开"草图设置"对话框，在"对象捕捉"选项卡中勾选常用的捕捉点（端点、中点、圆心、交点、延伸）；在"极轴追踪"选项卡中，将

"对象捕捉追踪设置"改为"用所有极轴角设置追踪(S)",其他选项采用默认设置,根据绘图需要,随时通过状态栏进行设置。

> 【提示】
> "草图设置"在"工具"菜单中被翻译为"绘图设置",两者内容相同。

4. 设置单位

将系统单位设置为毫米(mm)。以 1∶1 的比例绘制。单击"格式"菜单中的"单位",打开"图形单位"对话框,进行如图 1-2-81 所示的设置,然后单击"确定"按钮,完成单位设置。

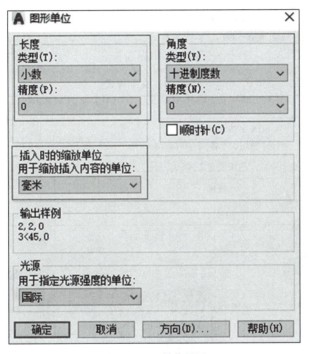

图 1-2-81 单位设置

> 【提示】
> 在定制模板文件和新建文件时,选择 acdiso.dwt 样板文件,因为这个样板文件的单位是公制毫米。

5. 创建图层

图层包括图框、图符、文字层,根据岗位需要,图层可以随时进行创建和修改,本任务根据园林总平面图绘制需要设置如图 1-2-82 所示图层。

6. 设置文字样式

分别建立"标注""说明"及"标题"文字样式,详见表 1-2-1、图 1-2-83。

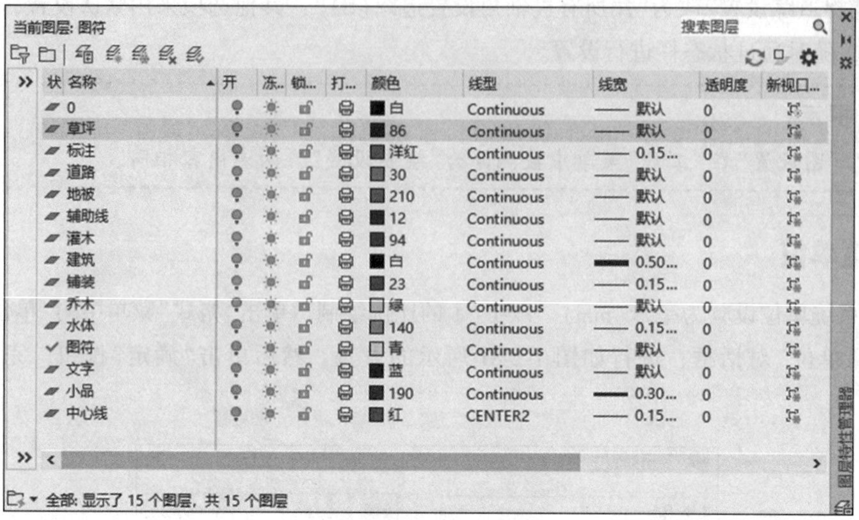

图 1-2-82　设置图层

表 1-2-1　文字样式

样式名称	字体	高度	宽度因子	旋转角度
标　注	SHX 字体：simplex.shx； 勾选"使用大字体"：gbcbig.shx	0	0.7	0
说　明	仿宋或者宋体	0	0.7	0
标　题	黑体	0	1	0

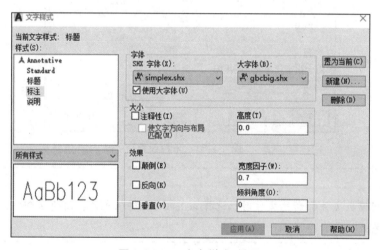

图 1-2-83　"文字样式"设置

7. 设置标注样式

1）基础样式建立

单击"标注"面板的"标注样式管理器"，打开"标注样式管理器"对话框，单击"新建"按钮，打开如图 1-2-84 所示的新建"创建新标注样式"对话框，在"新样式名（N）"处输入

"园林景观制图",单击"继续"按钮,分别进行"线""符号和箭头""文字""调整""主单位"选项卡的设置,基础标注样式设置见表1-2-2所列。

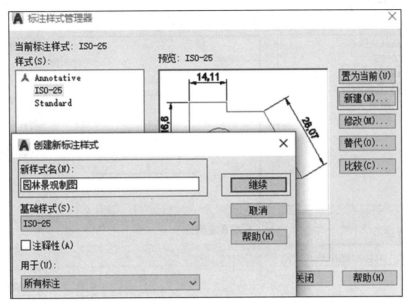

图 1-2-84 "标注样式管理器"对话框

表 1-2-2 基础标注样式设置

选项名称	选项设置
线	尺寸线:颜色、线型、线宽均为随层;尺寸界线:颜色、尺寸界线1的线型、尺寸界线2的线型、线宽全部为"随层";超出尺寸线2,起点偏移量2;其他为默认设置
符号和箭头	弧长符号:勾选"标注文字的上方";其他为默认设置。
文 字	文字外观:文字样式为"标注"样式,文字高度3.5;其他为默认设置
调 整	调整选项:勾选"文字始终保持在尺寸界线之间";其他为默认设置
主单位	线性标注:单位格式设置为"小数","精度"为0;其他为默认

2) 子样式建立

以"园林景观制图"为基础样式,分别建立"线性标注"子样式和"角度标注"子样式。具体设置见表1-2-3子样式设置。结果如图1-2-85所示。

表 1-2-3 子样式设置

子样式名称	设 置
线性标注	在"符号和箭头"选项中,将"箭头"选项中的"第一个(T)"及"第二个(T)"更改为"建筑标记","箭头大小"为1.5;其他为默认设置
角度标注	在"文字"选项中,将"文字对齐"设置为"水平";其他为默认设置

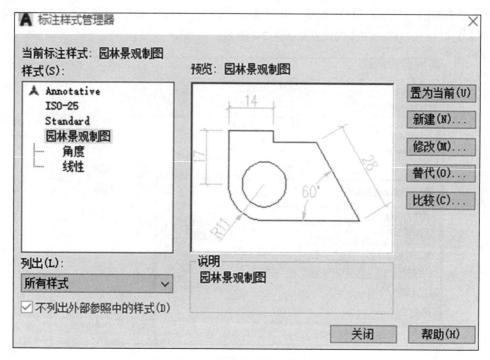

图 1-2-85 "标注样式管理器"对话框

8. 绘制 A2 图纸、图框线、标题栏及书写标题栏文字

1) 绘制 A2 纸

将"0"层置为当前图层，单击功能区绘图选项卡中的 ▭ ▾，或在命令行中输入 REC，命令行提示及操作如下：

指定第一个角点或[倒角(C)/标高(E)/圆角(F)/厚度(T)/宽度(W)]：0, 0↙

指定另一个角点或[面积(A)/尺寸(D)/旋转(R)]：594, 420↙

2) 绘制图框线

将"图符"层置为当前图层，单击功能区绘图选项卡中的 ▭ ▾，或在命令行中输入 REC，命令行提示及操作如下：

指定第一个角点或[倒角(C)/标高(E)/圆角(F)/厚度(T)/宽度(W)]：W↙

指定矩形的线宽 <0.0000>：1↙

指定第一个角点或[倒角(C)/标高(E)/圆角(F)/厚度(T)/宽度(W)]：25, 10↙

指定另一个角点或[面积(A)/尺寸(D)/旋转(R)]：559, 400↙ 输入另一个角点的相对坐标(559, 400)

【提示】
切换图层属于透明命令，直接按 Enter 或者空格键，可以重复上一个命令。

3) 绘制标题栏

将"图符"图层置为当前图层，单击功能区绘图选项卡中的  多段线，或在命令行输入"PLINE(PL)"并按 Enter 键，具体执行过程如下：

指定起点：50↙ 捕捉图框线的右下角点，并向上竖直追踪，在 90°极轴追踪提示下输入 50 并按 Enter 键

当前线宽为 0

指定下一个点或[圆弧(A)/半宽(H)/长度(L)/放弃(U)/宽度(W)]：W↙

指定起点宽度 <0>：0.7↙

指定端点宽度 <1>：0.7↙

指定下一个点或[圆弧(A)/半宽(H)/长度(L)/放弃(U)/宽度(W)]：240↙ 在 180°极轴追踪提示下输入 240 并按 Enter 键

指定下一个点或[圆弧(A)/半宽(H)/长度(L)/放弃(U)/宽度(W)]： 拾取 270°极轴追踪线与图框线的交点

指定下一个点或[圆弧(A)/半宽(H)/长度(L)/放弃(U)/宽度(W)]：↙ 按 Enter 键结束

按 Enter 键，重复绘制多段线，将多段线的宽度设置为 0.35，按照如图 1-2-86 所示尺寸，绘制内部的分隔线。

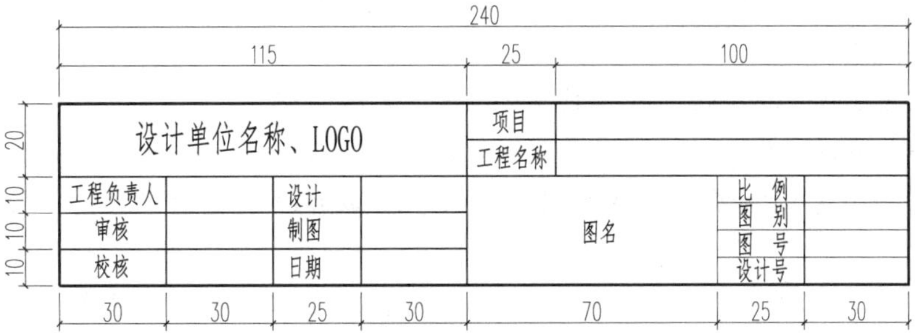

图 1-2-86 标题栏的尺寸及内容

【提示】
图纸标题栏的格式不是固定的，可以根据内容不同，自行设计。一般的设计单位都有自己的标题栏格式，标题栏的位置一般位于图框的右下角。

4) 填写标题栏文字

将"文字"层置为当前层图层，"说明"文字样式置为当前文字样式，输入单行文字命令 DT 按照提示分别输入标题栏中的文字。

命令：_TEXT

当前文字样式："说明" 文字高度：3.5 注释性：否 对正：左

指定文字的起点或[对正(J)/样式(S)]： 适当位置拾取文字的起点

指定高度 <3.5>：5✓　输入文字的高度为 5 并按 Enter 键

指定文字的旋转角度 <0>：✓　确认角度为 0

依次输入标题栏中的文字，每输完一行，按 Enter 键进入下一行，最后按两次 Enter 键结束。

修改文字的高度，将"设计单位名称、LOGO"的高度修改为 7。

9. 绘制指北针

1）绘制圆

命令：_CIRCLE

指定圆的圆心或[三点(3P)/两点(2P)/切点、切点、半径(T)]：　适当位置拾取圆心

指定圆的半径或[直径(D)] <1>：12✓　输入半径 12 并按 Enter 键

2）绘制箭头

输入多段线命令，命令行及操作如下：

命令：_PLINE

指定起点：　拾取圆的下象限点

当前线宽为 0

指定下一个点或[圆弧(A)/半宽(H)/长度(L)/放弃(U)/宽度(W)]：W✓　设置线宽

指定起点宽度 <0>：3✓　起点的宽度为 3 并按 Enter 键

指定端点宽度 <3>：0✓　端点的宽度为 0 并按 Enter 键

指定下一个点或[圆弧(A)/半宽(H)/长度(L)/放弃(U)/宽度(W)]：　拾取圆的上象限点

指定下一点或[圆弧(A)/闭合(C)/半宽(H)/长度(L)/放弃(U)/宽度(W)]：✓　按 Enter 键结束

3）输入文字 N

输入单行文字命令，命令行及操作如下：

命令：_TEXT✓

当前文字样式："说明"　文字高度：5　注释性：否　对正：左

指定文字的起点或[对正(J)/样式(S)]：　拾取文字的起点

指定高度 <5>：✓　直接按 Enter 键，确认文字的高度为 5

指定文字的旋转角度 <0>：✓　直接确认

输入"N"并按两次 Enter 键，结束文字的输入，结果如图 1-2-87 所示。

图 1-2-87　指北针

10. 定义模板文件

输入图形另存为命令 SAVEAS，打开"图形另存为"对话框，在"文件类型"下拉列表中选择"AutoCAD 图形样板（*.dwt）"选项，在"文件名"文本框中输入文件名称"A2 园林样板"。

在"保存于"下拉菜单中选择保存路径，单击"保存"按钮，打开"样板选项"对话框，如图 1-2-88 所示。

至此，A2 样板文件创建完成（图 1-2-89）。

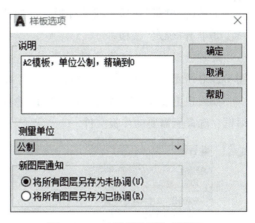

图 1-2-88　"样板选项"对话框

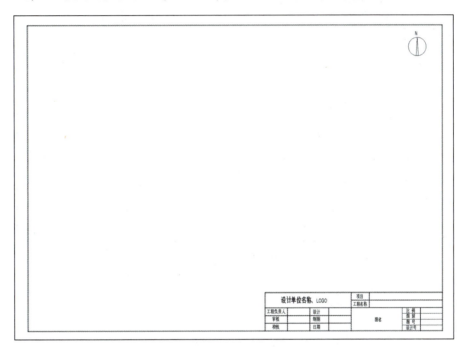

图 1-2-89　A2 图纸模板

11. 使用模板文件

1) 新建文件，选择定义好的园林样板文件

在"开始"界面打开"新建文件"下拉列表，单击"浏览模板"，打开"选择模板"对话框，在"查找范围"中找到文件的位置，左键双击"A2 园林样板"。

2) 设置模板

在绘图窗口单击鼠标右键，点击"选项"，打开"选项"对话框。
①依次选择"文件""样板设置""快速新建的默认样板文件名""无"。

②单击"浏览"按钮，找到样板文件的位置并打开文件。

③单击"确定"按钮。

此时可以看到"快速新建的默认样板文件名"已经变成我们设置的样板文件，如图 1-2-90 所示。这时，新建文件不用选择样板，默认的样板文件即上一步设置好的文件。

如果想更改这个默认的样板，可以输入新建文件命令 NEW，打开"选择样板文件"对话框，选择所需要的样板文件。

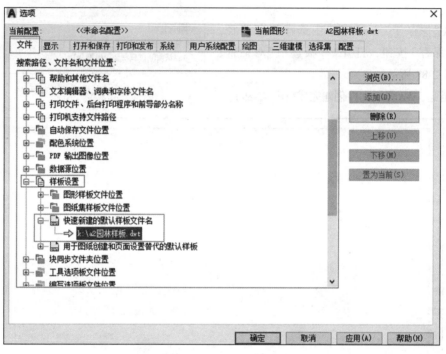

图 1-2-90　快速新建的默认样板

项目 2　园林构成要素绘制

项目情景

园林表现的对象有山岳奇石、水域风景等自然景观和名胜古迹等历史人文景观,以及园林建筑、地形、水体、道路广场、园林小品等为素材的人工程景观,园林图纸是依据投影的原理,遵照国家颁布的有关制图标准、规范绘制的专业图纸,它是园林工程行业进行技术交流的语言,是园林工程施工的重要依据,使园林设计最终得以准确实现。

园林图纸表现对象种类繁多,从类型上看可以分成四大类,即园林建筑及小品、园林道路与广场、园林地形与水体、园林植物,又称为园林的四大要素。本项目以园林典型图样——园林景观总平面图的绘制为典型项目进行介绍。

学习目标

【知识目标】

掌握软件的绘图与修改操作,掌握园林广场与道路的平面表达方法,掌握园林建筑与小品的绘制方法,掌握园林地形、水体、置石的绘制方法,掌握园林植物的表现方法。

【技能目标】

能够熟练使用 AutoCAD 软件的绘图与修改操作绘制园林道路与广场、园林建筑及小品,园林地形与水体及园林植物。

【素质目标】

培养生态文明意识,爱岗敬业、团结协作的职业精神,树匠心、铸匠艺,逐步树立大国工匠意识。

任务 2-1　绘制园林道路与广场

工作任务

本任务用 AutoCAD 2022 软件绘制园林道路及广场的平面图,包括园林景观平面图中放线网格、用地范围、入口广场、园路、中心广场及其铺装的绘制。绘制中需要使用构造线、修剪与延伸、角部修饰,以及移动、缩放、旋转、复制等操作。

知识准备

1. 构造线

构造线是两端无限延伸的直线。构造线是不能测量长度的,往往作为辅助线使用。可以绘制水平构造线、垂直构造线、角的角平分线,以及进行任意直线段的偏移复制。

1) **命令输入方式**

命令行:XLINE(XL)↙。

功能区：默认选项卡→绘图→ ✎ 。
菜单栏：绘图→ ✎ 。
工具栏：绘图→ ✎ 。

2）操作步骤

输入构造线命令后，命令提示及操作如下：

命令：XL↙

XLINE

指定点或[水平(H)/垂直(V)/角度(A)/二等分(B)/偏移(O)]： 默认以指定点的方式绘制构造线

指定通过点： 拾取构造线的第一点

指定通过点： 拾取构造线的第二点，按 Enter 键结束

3）选项说明

水平(H)：绘制水平方向构造线。

垂直(V)：绘制垂直方向构造线。

角度(A)：绘制带有角度的构造线。

二等分(B)：绘制平分角或线的构造线。

偏移(O)：指定距离，绘制与某条直线或者多段线平行的构造线。

【融会贯通】

利用构造线命令绘制如图 2-1-1 所示 A2 图框线的辅助线。

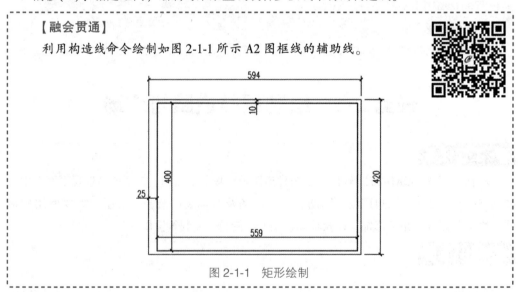

图 2-1-1　矩形绘制

2. 修剪与延伸

以指定的对象为剪切边界或者延伸边界（可以作为边界的对象有直线类对象、曲线类对象），将某个对象延伸到指定边界或者沿指定的边界进行修剪。AutoCAD 2021 以上版本增加了"快速模式"，软件会根据要修剪与延伸的对象搜索最近的边界；经典模式与过去的版本相同，选择边界，以指定的边界去延长与修剪选择对象。

1) 修剪

（1）命令输入方式

命令行：TRIM(TR)↙。

功能区：默认→修改→ 修剪 。

菜单栏：修改→ 修剪 。

工具栏：修改→ 。

（2）操作步骤

①标准模式

命令：_TRIM↙

当前设置：投影=UCS，边=延伸，模式=标准

选择剪切边…

选择对象或[模式(O)]<全部选择>：↙ 找到2个 交叉窗口选择1、2两条直线，并按Enter键，结束边界选取，如图2-1-2所示

选择对象：↙ 依次拾取直线3、4，并按Enter键结束修剪操作，如图2-1-3、图2-1-4所示

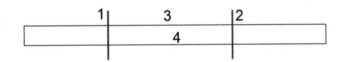

图2-1-2　选择剪切边

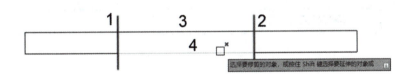

图2-1-3　拾取修剪对象

图2-1-4　标准模式修剪对象

【提示】
被修剪的对象会以灰色显示，光标变成方块，方块右上角有一个红色的"×"。

②快速模式

命令：_TRIM

当前设置：投影=UCS，边=无，模式=快速

选择要修剪的对象，或按住 Shift 键选择要延伸的对象或[剪切边(T)/窗交(C)/模式(O)/投影(P)/删除(R)/放弃(U)]：拾取要修剪的对象 3、4，系统会自动以直线 1、2 为边界修剪对象 3、4，按 Enter 键结束命令，结果如图 2-1-5 所示

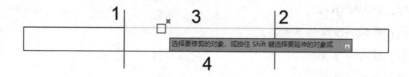

图 2-1-5　快速模式修剪对象

（3）选项说明

模式：包括标准模式与快速模式。快速模式为 AutoCAD 2021 新增加的功能，选择剪切边时以指定边界修剪对象，不选择剪切边时以最近的边界修剪对象。

标准模式：首先选择剪切边，并按 Enter 键，然后以选择的剪切边为边界，选择要修剪的对象。标准模式的选项有选择剪切边、栏选、窗交、模式、投影、边、删除、放弃等。

快速模式：不用选择剪切边，直接选择要修剪的对象。快速模式的选项有剪切边、窗交、模式、投影、删除等。

选择剪切边：选择一个或者多个对象作为修剪的边界线。在快速模式下，选择不与边界相交的对象会删除该对象。

要修剪的对象：指定修剪对象。可以拾取两个空位置，以栏选的方式，增加修剪速度，如图 2-1-6、图 2-1-7 所示。

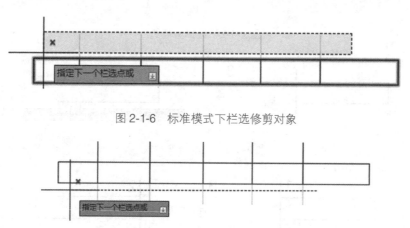

图 2-1-6　标准模式下栏选修剪对象

图 2-1-7　快速模式下栏选修剪对象

按住 Shift 键选择要延伸的对象：按住 Shift 键时，切换为延伸操作，将选定对象延伸到指定边界(选择剪切边时)，或者最近的边界(没有选择剪切边时)。

删除(R)：删除选择对象，不用退出修剪命令，直接选择要删除的对象。

边(E)：标准模式下的选项。拾取该选项后，有"延伸(E)"与"不延伸(N)"两种模式，默认为延伸模式。图 2-1-8 为延伸模式(1 为剪切边，2 为要修剪对象)，图 2-1-9 为不延伸模式，提示"不与剪切边相交"，对象 2 不能被修剪。此时，如果是快速模式，2 会被直接删除，如图 2-1-10 所示。

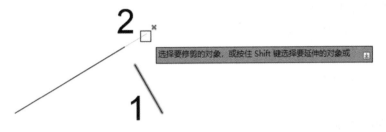

图 2-1-8　延伸模式下的修剪

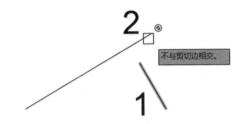

图 2-1-9　不延伸模式下的修剪

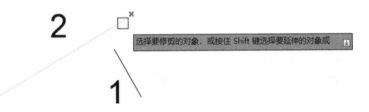

图 2-1-10　快速模式下修剪未与边相交对象

其他选项不常用，此处不再赘述。

【融会贯通】

绘制如图 2-1-11 所示的五角星。

图 2-1-11　绘制五角星

2) 延伸

将对象延伸到指定的边界或者最近的边界。

（1）命令输入方式

命令行：EXTEND(EX)↵。

功能区：默认选项卡→修改→ 延伸。

菜单栏：修改→ 延伸(D)。

工具栏：修改→ 。

（2）操作步骤

输入延伸命令 EX 并按 Enter 键，提示及操作如下：

EXTEND

当前设置：投影=UCS，边=无，模式=快速

选择要延伸的对象，或按住 Shift 键选择要修剪的对象或[边界边(B)/窗交(C)/模式(O)/投影(P)]：选择要延伸的对象，如图 2-1-12 至图 2-1-14 所示

选择要延伸的对象，或按住 Shift 键选择要修剪的对象或[边界边(B)/窗交(C)/模式(O)/投影(P)/放弃(U)]：↵ 按 Enter 键结束

图 2-1-12　未进行延伸操作时

图 2-1-13　延伸提示　　　　图 2-1-14　延伸结果

（3）选项说明

模式：与修剪命令相似，有两种模式，即标准模式与快速模式。

标准模式：在延伸对象前，先选择延伸边界，按 Enter 键结束边界选取，然后选择要延伸的对象。

快速模式：分别选择要延伸的对象，对象会延伸到最近边界，可以一直执行延伸操作，按 Enter 键结束。

选择边界边：选择延伸对象要延伸到的边界，使对象延伸到指定边界。

选择要延伸对象：指定要延伸的对象。

按住 Shift 键并选择以修剪：将选定对象修剪到最近的边界而不是将其延伸。这是在修剪和延伸之间进行切换的简便方法。

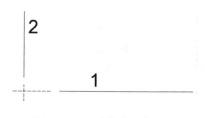

图 2-1-15　延伸边界未与
延伸对象相交

边：与修剪命令相似，标准模式下的选项。拾取该选项后，有"延伸(E)"与"不延伸(N)"两种模式，默认为不延伸模式。如图 2-1-15 所示，在不延伸模式下，选择边界为直线 2 以后，不能延伸直线 1。

其他选项不常用，此处不再赘述。

【融会贯通】

绘制如图 2-1-16 所示的圆的中心线。

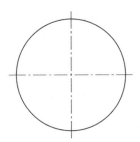

图 2-1-16　圆的中心线

3. 角部修饰——圆角、倒角、光顺曲线

1) 圆角

圆角可以在两个相同或不同类型的对象(二维多段线、圆弧、圆、椭圆、椭圆弧、线、射线、样条曲线和构造线)之间创建。

（1）命令输入方式

命令行：FILLET(F)↙。

功能区：默认选项卡→修改→。

菜单栏：修改→⌒。

工具栏：修改→⌒。

（2）操作步骤

输入圆角命令后，命令提示及操作如下：

命令：_FILLET

当前设置：模式=修剪，半径=12　模式为修剪，圆角半径为12

选择第一个对象或[放弃(U)/多段线(P)/半径(R)/修剪(T)/多个(M)]：选择第一条直线

选择第二个对象，或按住 Shift 键选择对象以应用角点或[半径(R)]：选择第二条直线

（3）选项说明

第一条直线：选择两个圆角对象中的第一个对象。

第二条直线：选择两个圆角对象中的第二个对象。

修剪(T)：将圆角后的对象进行修剪，如图 2-1-17 所示。

不修剪模式：圆角后对象不进行修剪，如图 2-1-18 所示。

多段线(P)：对多段线对象一次性进行圆角。多段线对象包含矩形、正多边形及由多段线命令绘制的多段线，如图 2-1-19 所示。

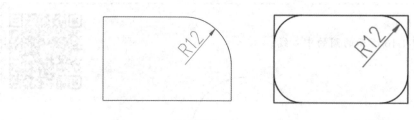

图 2-1-17　圆角操作　　　　图 2-1-18　不修剪模式

半径(R)：圆角半径。如图 2-1-17 所示，圆角半径为 12；当圆角半径为 0，且为修剪模式时，可直接将两条相交线段或者不相交线段进行连接，如图 2-1-20、图 2-1-21 所示；当两条直线平行时，会将两条直线以 180°圆弧连接，如图 2-1-22 所示。

多个(M)：可以为多个对象进行圆角。如图 2-1-23 为多个对象圆角，且圆角距离为 0。

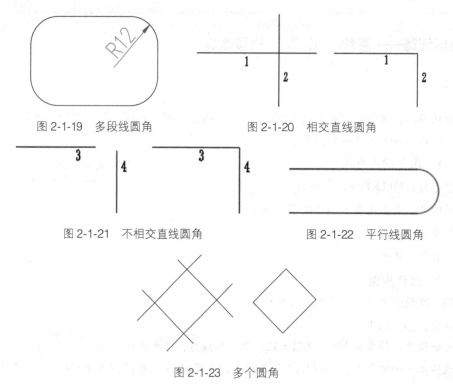

图 2-1-19　多段线圆角　　　　图 2-1-20　相交直线圆角

图 2-1-21　不相交直线圆角　　　　图 2-1-22　平行线圆角

图 2-1-23　多个圆角

【融会贯通】

对如图 2-1-24 所示的园路进行圆角操作。

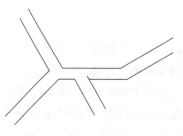

图 2-1-24　园路

2) 倒角

为两个二维对象的边或三维实体的相邻面创建斜角或者倒角。

（1）命令输入方式

命令行：CHAMFER(CHA)↙。

功能区：默认选项卡→修改→ 倒角 。

菜单栏：修改→ 倒角(C) 。

工具栏：修改→ 倒角 。

（2）操作步骤

输入倒角命令 CHA 后，命令行提示及操作如下：

命令：_ CHAMFER

("修剪"模式)当前倒角距离 1 = 20，距离 2 = 10

选择第一条直线或[放弃(U)/多段线(P)/距离(D)/角度(A)/修剪(T)/方式(E)/多个(M)]：选择第一条直线，如图 2-1-25 中的直线 1

选择第二条直线，或按住 Shift 键选择直线以应用角点或[距离(D)/角度(A)/方法(M)]：选择第二条直线，如图 2-1-25 中的直线 2

（3）选项说明

第一条直线：选择两个倒角对象中的第一个对象。

第二条直线：选择两个倒角对象中的第二个对象。

距离：设置第一个对象和第二个对象的倒角距离，如图 2-1-25 中的距离 20 及 10(虚线表示被修剪掉)。

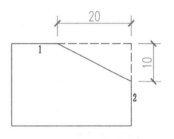

图 2-1-25　倒角操作

角度：倒角是由一个距离和一个角度定义的，如图 2-1-26 所示(虚线表示被修剪掉)，倒角距离 1 长度为 20，夹角为 27°。

多个：允许为多组对象创建倒角，与圆角操作类似。

多段线：对多段线对象一次性进行倒角，与圆角操作类似。

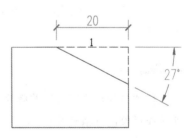

图 2-1-26　角度倒角

修剪：倒角操作中，选定的对象或线段将被修剪，此时，如果选定的对象或线段不与倒角线相交，倒角操作后对倒角对象进行延伸或者修剪，如图 2-1-25 所示。

不修剪模式：同圆角的不修剪模式相同，倒角后，对原对象不进行修剪。

【提示】

当倒角距离为 0 时，与圆角操作类似，在修剪模式下直接连接两条不相交的直线或对角部进行修剪，如图 2-1-20、图 2-1-21 所示。

3)光顺曲线

在两条选定直线或曲线之间的间隙中创建样条曲线。可以进行光顺曲线连接的对象包括直线、圆弧、椭圆弧、开放的多段线和开放的样条曲线。

（1）命令输入方式

命令行：BLEND(BL)✓。

功能区：默认选项卡→修改→∿。

菜单栏：修改→∿ 光顺曲线。

工具栏：修改→∿。

（2）操作步骤

输入光顺曲线命令 BL 并按 Enter 键，命令提示及操作如下：

命令：_BLEND

连续性=相切 当前模式为相切模式连接两个对象

选择第一个对象或[连续性(CON)]： 选择第一个对象，如图 2-1-27 中的直线 1

选择第二个点： 选择第二个对象，如图 2-1-27 中的圆弧 2，可以对连接的光顺曲线进行夹点编辑，以更好地符合要求

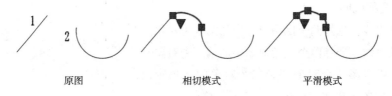

原图　　　　　相切模式　　　　　平滑模式

图 2-1-27　光顺曲线

（3）选项说明

连续性=相切模式：在两个对象之间创建的为三阶样条曲线，连接点处具有相切的连续性。

连续性=平滑模式：在两个对象之间创建的为五阶样条曲线，连接的端点处具有曲率的连续性。

4. 移动

移动命令是比较常用的修改操作，可以借助于对象捕捉、极轴追踪或者坐标输入，对所选择对象进行精确移动。

1) 命令输入方式

命令行：MOVE(M)✓。

功能区：默认选项卡→修改→✥ 移动。

菜单栏：修改→✥ 移动(V)。

工具栏：修改→✥。

右键快捷菜单：选中对象后，右键快捷菜单→✥ 移动。

2) 操作步骤

输入移动命令的快捷方式"M"并按 Enter 键,命令提示及操作如下:

命令:M✓

MOVE

选择对象:找到 1 个　选择如图 2-1-28 所示的圆

选择对象:✓　按 Enter 键结束对象选择

指定基点或[位移(D)]<位移>:　拾取圆心

指定第二个点或<使用第一个点作为位移>:　拾取矩形的中心

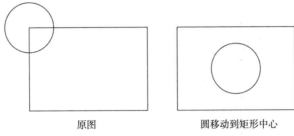

原图　　　　　　　　圆移动到矩形中心

图 2-1-28　移动命令

3) 选项说明

选择对象:选择要移动的对象。

基点:指定移动的基准点。

指定第二个点:拾取第二个点,或者输入第二个点的坐标,将基点放置在第二个点上。

使用第一个点作为位移:结合极轴追踪(方向),从基点追踪一段距离。

5. 缩放

放大或缩小选定对象,使缩放后对象的比例保持不变。

1) 命令输入方式

命令行:SCALE(SC)✓。

功能区:默认选项卡→修改→ 🔲 。

菜单栏:修改→ 🔲 缩放(L) 。

工具栏:修改→ 🔲 。

右键快捷菜单:选中对象后,右键快捷菜单→ 🔲 缩放(L) 。

2) 操作步骤

输入缩放命令,命令提示及操作如下:

命令:SC✓

SCALE

选择对象：指定对角点：找到6个 以交叉窗口或者窗口方式等选择对象
指定基点 拾取缩放基点，缩放时基点不动
指定比例因子或[复制(C)/参照(R)]：0.5↵ 输入比例因子0.5，如图2-1-29所示

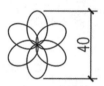
原图

输入缩放因子0.5

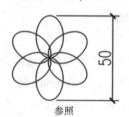
参照

图 2-1-29　缩放对象

3) 选项说明

选择对象：指定要缩放的对象。

基点：指定缩放操作的基点。基点在缩放时，位置保持不动。

比例因子：按指定的比例缩放选定对象的尺寸。大于1的比例因子使对象放大，介于0和1之间的比例因子使对象缩小，还可以拖动光标使对象变大或变小。

复制：创建要缩放的选定对象的副本对象。

参照：按参照长度和指定的新长度缩放所选对象。

点P：拾取点方式。确定参照长度，输入点P后，提示指定第一点，指定第二点，两点之间的距离即为新的长度。

【融会贯通】

对图2-1-29的原图进行参照缩放。

6. 旋转

将选定的对象绕着基点旋转一个角度，其中系统默认角度逆时针角度为正值，顺时针角度为负值。

1) 命令输入方式

命令行：ROTATE(RO)↵。

功能区：默认→修改→🔄。

菜单栏：修改→🔄 旋转(R)。

工具栏：修改→🔄。

右键快捷菜单：选中对象后，右键快捷菜单→🔄 旋转(R)。

2) 操作步骤

输入旋转命令RO并按Enter键，命令行提示及操作如下：

命令：RO↵

ROTATE

UCS 当前的正角方向：ANGDIR = 逆时针　ANGBASE = 0　默认逆时针旋转角度为正值，顺时针旋转角度为负值。

选择对象：指定对角点：找到 1 个　选择对象

选择对象：✓　按 Enter 键结束对象选择

指定基点：　结合对象捕捉，拾取旋转的基点 1

指定旋转角度，或[复制(C)/参照(R)]<0>：20✓　输入角度 20 并按 Enter 键，如图 2-1-30 所示(1 为基点)

图 2-1-30　旋转对象

3) 选项

复制：对象旋转时保留源对象。对象一边旋转一边复制，在提示输入角度时，输入"复制(C)"，然后输入旋转角度，如图 2-1-31 所示(虚线为复制对象)。

参照：采用参照的方式，将对象从指定的角度旋转到新的角度。提示输入角度时，输入"参照(R)"，如图 2-1-32 所示，参照角度输入 0°，新的角度输入 22°。

点 P：拾取点方式。确定参照角度，输入点 P 后，提示指定第一点，指定第二点，两点之间的连线与 X 轴正向的夹角减去参照角度为旋转角度。

图 2-1-31　旋转复制　　图 2-1-32　参照旋转过程

【融会贯通】

在如图 2-1-33 所示图样的基础上，利用旋转复制绘制奥运雪花。

图 2-1-33　奥运雪花

7. 复制

AutoCAD 软件提供了多种复制操作，包括偏移复制、多重复制、阵列复制、镜像复制等。

1）偏移复制

指定距离或者通过点方式复制选定对象。可以偏移复制的对象包括直线、多段线、构造线、圆、圆弧、椭圆等，复制对象与源对象是相互平行的。

（1）命令输入方式

命令行：OFFSET(O)↙。

功能区：默认选项卡→修改→⊂。

菜单栏：修改→⊂ 偏移(S)。

工具栏：修改→⊂。

（2）操作步骤

输入偏移复制命令 O 并按 Enter 键，命令提示及操作如下：

命令：OFFSET

当前设置：删除源=否　图层=源　OFFSETGAPTYPE=0

指定偏移距离或[通过(T)删除(E)图层(L)]<通过>：　　指定距离或者通过点方式

选择偏移对象，或[退出(E)放弃(U)]<退出>：　　选择偏移对象，按 Enter 键确定

指定要偏移的那一侧上的点，或[退出(E)/多个(M)/放弃(U)]<退出>：　　指定偏移方向

指定要偏移的那一侧上的点，或[退出(E)/多个(M)/放弃(U)]<退出>：　　按 Enter 键结束

（3）选项说明

指定偏移距离：输入偏移距离，或按 Enter 键使用当前距离值，即"<数值>"。

通过(T)：指定偏移通过点。

多个(M)：输入这种模式后，将使用当前偏移距离重复进行偏移操作。

删除(E)：打开该选项后，有两个操作"是(Y)"和"否(N)"。"是(Y)"表示偏移复制后将源对象删除，"否(N)"表示不删除。

图层(L)：其选项有"当前(C)"和"源(S)"，表示将偏移复制对象放置在当前层，或是放置在源对象所在的图层。

【融会贯通】

绘制某建筑平面图的轴网（图 2-1-34）。

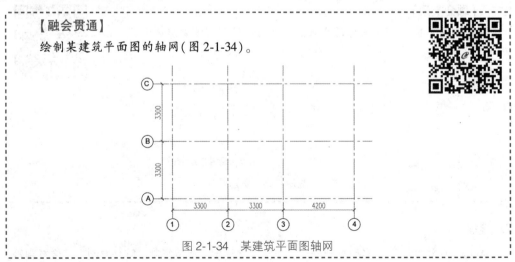

图 2-1-34　某建筑平面图轴网

【提示】

在偏移复制操作过程中，打开动态输入方式，可以根据偏移距离不同，直接输入偏移距离，不用结束命令后重新输入偏移命令。

2) 多重复制

对源对象拾取基点，在指定方向上，通过指定距离或者通过点，进行多重复制。

（1）命令输入方式

命令行：COPY(CO)↵。

功能区：默认选项卡→修改→ 。

菜单栏：修改→ 复制(Y)。

工具栏：修改→ 。

右键快捷菜单：选中对象后，右键快捷菜单→ 复制选择(Y)。

（2）操作步骤

输入多重复制命令 CO 并按 Enter 键，命令提示及操作：

命令：CO↵

COPY

选择对象：指定对角点：找到 2 个

选择对象： 结束对象选择

当前设置：复制模式=多个

指定基点或[位移(D)/模式(O)]<位移>： 结合对象捕捉，拾取复制粘贴的基点

指定第二个点或[阵列(A)]<使用第一个点作为位移>： 拾取粘贴点或者坐标，或输入距离，或结合极轴追踪输入与基点的距离

指定第二个点或[阵列(A)/退出(E)/放弃(U)]<退出>： 按 Enter 键结束复制操作

（3）选项说明

位移(D)：拾取基点后，结合极轴追踪输入第二个对象的距离及方向。

模式(O)：模式有"单个(S)"和"多个(M)"，默认模式为"多个(M)"，实现多重复制。

阵列(A)：选择"阵列(A)"后，提示"阵列的项目数"即复制的副本数（包含源对象），接下来的"指定第二个点"为相邻两个副本的间距，可结合极轴追踪指定角度；选择"布满(F)"后，提示"指定第二个点"，指定间距后，在基点和第二点之间有指定数量的副本对象均匀布满在线性阵列中。如图 2-1-35 所示，横向的为采用默认的阵列，两个对象的间距均为"第二点距离"，阵列数目为 4；纵向的为布满线性阵列，数目为 4，在"第二点距离"间布满 4 个副本。

【融会贯通】

利用多重复制绘制如图 2-1-34 所示的轴号。

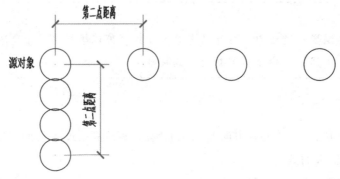

图 2-1-35 阵列复制

【提示】
文字样式为宋体、常规，宽高比为 0.7。

3) 阵列复制

阵列复制包括矩形阵列、环形阵列及路径阵列。

（1）命令输入方式

命令行：ARRAY(AR)↙。

功能区：默认选项卡→修改面板→ 囧 或者 ⚬⚬ 或者 ⚬⚬⚬ 。

菜单栏：修改→阵列→ 囧 矩形阵列 或者 ⚬⚬ 路径阵列 或者 ⚬⚬⚬ 环形阵列 。

工具栏：修改→ 囧 或者 ⚬⚬ 或者 ⚬⚬⚬ 。

（2）操作步骤

① 矩形阵列　如图 2-1-36 所示，输入相应的行数、列数及行间距与列间距，单击"关闭阵列"按钮，完成矩形阵列创建。

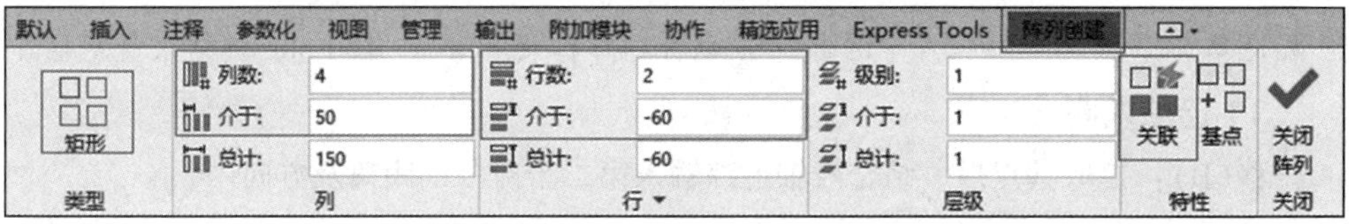

图 2-1-36 矩形阵列创建面板

【提示】
图 2-1-36 中的"介于"分别为行间距及列间距。行间距为正值时，向上阵列复制，列间距为正值时，向右阵列复制；反之，分别向下或者向左阵列复制。

② 环形阵列(极轴阵列)　拾取阵列的中心点，打开环形阵列创建面板，如图 2-1-37 所示，输入项目数、介于及填充角度，完成环形阵列创建。

③ 路径阵列　选择路径曲线，打开路径阵列创建面板，如图 2-1-38 所示，输入介于，或者项目数及介于，完成路径阵列创建。

图 2-1-37　环形阵列创建面板

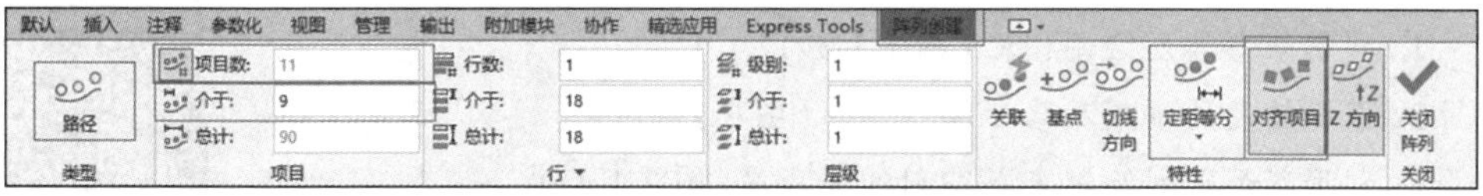

图 2-1-38　路径阵列创建面板

（3）选项说明

①矩形阵列　上下为行，左右为列。

列数与行数：输入相应的行数与列数。

介于：行距或者列距，相邻两行或者两列对象上相应两点之间的距离。

总计：行数乘以行距，或者列数乘以列距，为行总计和列总计。

关联：表示阵列后的所有对象是关联的还是非关联的。"关联"按钮按下表示关联，阵列后的对象是一个整体，否则为非关联。

基点：矩形阵列中的基点选择不会产生影响，默认为对象的特殊点，如圆心、块的插入点等。

②环形阵列

项目数：围绕中心点排列的项目总数。

阵列的中心点：环形阵列所有项目围绕的中心位置。

填充：填充的角度，即第一个和最后一个阵列对象的基点间的夹角。逆时针填充时角度为正值，顺时针填充时角度为负值，默认为360°。

介于：项目间角度，即相邻两个对象之间的夹角。逆时针旋转时为正值，顺时针旋转时为负值。

是否旋转阵列中的对象：在阵列项目时，是否旋转项目，默认为旋转。

③路径阵列

路径曲线：阵列对象分布的路径。可以作为路径曲线的对象有直线、多段线、样条曲线、圆弧、圆、椭圆等。

项目数：阵列的总项目数，按钮 ![按钮] 按下去，表示根据项目间距离(介于)及路径大小，自动计算项目数。

介于：当在特性面板中选中 ![图标] (定距等分)后，项目间距离功能启用，这个是常用选项。选中 ![图标] (定数等分)选项后，"介于"为灰色，不能启用，输入项目数即可。

对齐项目：随着对象在路径的位置不同，对象总是保持与路径法线方向对齐。

定数等分 ![图标]：复制对象在整个路径曲线上均匀地分布。

定距等分 ![图标]：阵列对象以指定距离均匀分布在路径曲线上。

【提示】

使用 ARRAYCLASSIC 命令，回到传统阵列对话框模式，这种模式不支持阵列关联性及路径阵列。

【融会贯通】

1. 利用矩形阵列绘制树池(图 2-1-39)。
2. 根据给定的步石及路径绘制步石(图 2-1-40)。
3. 利用环形阵列绘制光芒四射的五角星(图 2-1-41)。

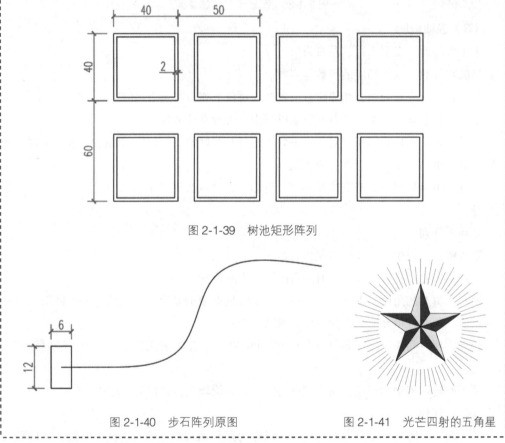

图 2-1-39　树池矩形阵列

图 2-1-40　步石阵列原图　　　　图 2-1-41　光芒四射的五角星

4）镜像复制

复制对象与源对象关于某条直线对称。

（1）命令输入方式

命令行：MIRROR(MI)↙。

功能区：默认选项卡→修改→△。

菜单栏：修改→△ 镜像(I)。

工具栏：修改→△。

（2）操作步骤

输入镜像命令的快捷方式 MI 并按 Enter 键，命令提示及操作如下：

命令：MI

MIRROR

选择对象：指定对角点：找到 3 个　　选择镜像对象

选择对象：　按 Enter 键结束对象选择

指定镜像线的第一点：　拾取对称轴的第一点

指定镜像线的第二点：　拾取对称轴的第二点

要删除源对象吗？[是(Y)/否(N)]<否>：　直接按 Enter 键，不删除源对象

（3）选项说明

指定镜像线的第一点：拾取对称轴上的一个点。

指定镜像线的第二点：拾取对称轴上的第二个点。

删除源对象：镜像复制后，删除源对象选择"是(Y)"，默认为不删除源对象，直接按 Enter 键即可。

【融会贯通】

绘制如图 2-1-42 所示篮球场。

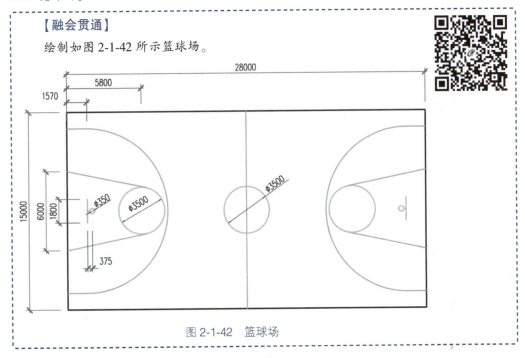

图 2-1-42　篮球场

🍃 任务实施

1. 绘制绿地范围放线

1) 新建文件

单击 AutoCAD 2022 开始界面的新建，选择"浏览模板"，找到项目 1 中制作的 A2 园林样板文件，或者以其他方式新建文件。样板同样选择在项目 1 中定制的 A2 样板文件。

2)保存文件

对当前建立的文件进行保存,可以单击快捷工具栏中的"保存"按钮,或者在文件名上单击鼠标右键,单击"另存为"按钮,将当前文件以"园林景观平面图"为名进行保存。注意,此处保存为2007版本,如图2-1-43所示。

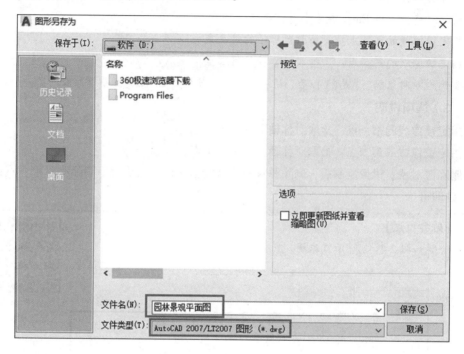

图2-1-43　保存文件

3)填写标题栏

将文字层或者图符层置为当前图层。

输入单行文字命令DT并按Enter键,文字高度为3.5,在图名处输入文字"办公楼前绿化设计"。

4)缩放图纸

图样是按照1∶1比例绘制的,本图出图比例为1∶200,所以将整张图纸放大200倍。输入缩放命令SC并按Enter键,命令提示及操作如下：

命令：SC↙

SCALE

选择对象：指定对角点：找到34个　　窗口选择所有对象

选择对象：↙　　按Enter键结束对象选择

指定基点：　拾取图纸的左下角点

指定比例因子或[复制(C)/参照(R)]：200↙　　输入比例因子为200并按Enter键

双击鼠标中键,将全部图纸显示在绘图窗口。

5）绘制网格及园界

将"网格"层置为当前图层，输入直线命令，在适当位置绘制一条水平线，长度为84000，作为轴线 A；重复绘制直线，在适当位置绘制一条竖直线，长度为43000，作为轴线 1。

对水平直线进行矩形阵列，行数为 9，列数为 1，行间距为 5000，关掉"关联性"，关闭"阵列"对话框。

对竖直直线进行矩形阵列，行数为 1，列数为 17，列间距为 5000，关掉"关联性"，关闭"阵列"对话框。

绘制园界，输入矩形命令，矩形的尺寸为 80000×40000，线宽设置为 100，操作步骤略，结果如图 2-1-44 所示。

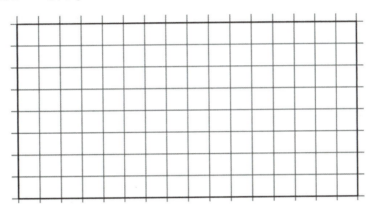

图 2-1-44　绿地边界

6）标注网格

将"标注"层置为当前图层，绘制轴号。

（1）绘制轴号的圆圈

输入圆命令，在适当位置拾取圆心，半径为 1000。

（2）绘制轴线编号

将"说明"文字样式置为当前文字样式，输入单行文字，将文字的对正方式设置为"中间"，以圆心为文字的对正中心，文字的高度为 1000。

对轴号进行多重复制，水平轴号，基准点选取圆的上象限点；竖直轴号，基准点为圆的右象限点。

修改轴号，完成绿地网格绘制，如图 2-1-45 所示。

2. 绘制广场

1）标记广场中心位置

将当前图层切换为"辅助线"层，利用构造线，结合尺寸标注，标记各个广场的位置，如图 2-1-46 所示。

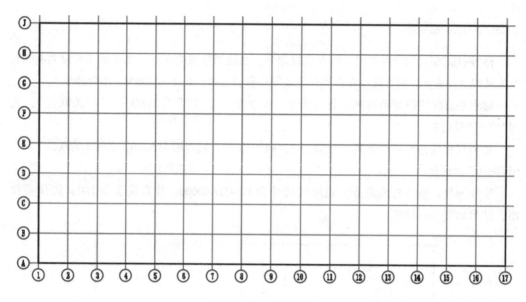

图 2-1-45　标注网格

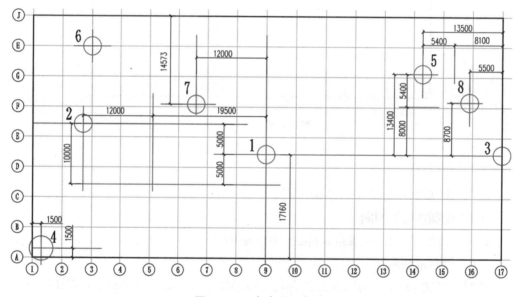

图 2-1-46　各个广场位置

（1）标记中心广场位置

绘制构造线，在轴号 9 与园界的交点处绘制一条水平构造线和一条垂直构造线，将水平构造线向上偏移 17160，在水平构造线与垂直构造线交点处绘制标记圆，圆的半径为 2000，可以标记为 1，如图 2-1-47 所示。

（2）标记树阵广场中心位置

将步骤(1)的竖直构造线向左偏移 19500，再继续向左偏移 12000，将水平构造线上、下各偏移 5000，树阵广场的左上角点处绘制半径为 2000 的圆，标记为 2，如图 2-1-47 所示。

（3）标记游园东侧入口广场位置

入口广场与中心广场在一条水平中轴线上。游园的东侧，在轴线 17 与经过游园中心广

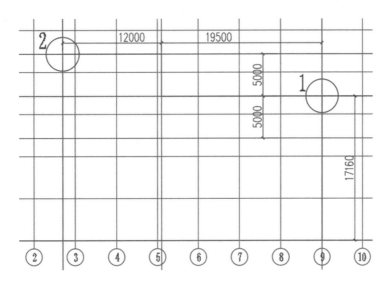

图 2-1-47 中心广场及树阵广场中心位置

场的水平辅助线的交点处绘制半径为 2000 的圆，标记为 3，如图 2-1-46 所示。

（4）标记健身广场位置

轴线 1 与轴线 A 交点的右上方（水平距离、垂直距离均为 1500）的位置，定位为健身广场的左下角点，如图 2-1-46 所示。

（5）标记四角亭中心广场位置

将通过中心广场的水平构造线向上偏移复制 8000，并在 8000 的基础上再次偏移 5400。经过入口广场中心绘制垂直构造线，并将其分别向左偏移 8100、5400。

在四角亭中心广场的左上角点绘制定位圆，标记为 5，如图 2-1-46 所示。

（6）标记景墙广场位置

景墙广场位于轴线 3 与轴线 H 的交点处，在此处绘制半径为 2000 的圆，并输入标记点为 6。

（7）标记八角亭广场中心点

将经过中心广场的中心线向左偏移 12000，输入圆命令，圆的中心从刚刚绘制的辅助线与园界的交点向下追踪 14573，并标记为 7。

（8）标记停车场位置

根据图 2-1-46 所示尺寸，找到停车场的定位点，标记为 8。

2）绘制中心广场

（1）绘制中心广场台阶

将当前图层切换为"道路"层，输入圆命令，绘制半径为 2600 的圆，然后分 4 次向外侧偏移，每次偏移 300。

输入直线命令，拾取圆心，极轴增量角设置为 30°角的倍数，从圆心开始，依次绘制 30°、−30°、150°、−150°直线，并与外侧圆周相交，然后修剪。

（2）绘制广场外圆

输入圆命令，绘制半径为 8000 的圆，并向内偏移 200，结果如图 2-1-48 所示。

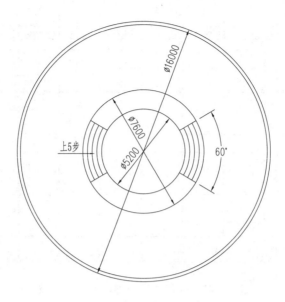

图 2-1-48 中心广场

3）绘制树阵广场

输入矩形命令 REC 并按 Enter 键，命令行提示及操作如下：

命令：REC✓

RECTANG

指定第一个角点或[倒角(C)/标高(E)/圆角(F)/厚度(T)/宽度(W)]：F　拾取"圆角"按钮

指定矩形的圆角半径<0.0000>：1300✓　输入圆角半径 1300 并按 Enter 键

指定第一个角点或[倒角(C)/标高(E)/圆角(F)/厚度(T)/宽度(W)]：　拾取定位点

指定另一个角点或[面积(A)/尺寸(D)/旋转(R)]：　拾取两个辅助线的交点，或者输入坐标(12000，-10000)

将上部绘制的矩形向内偏移 200，树阵广场绘制完毕，如图 2-1-49 所示。

4）绘制入口广场

绘制半径为 6000 的半圆，并将其向内偏移 200，如图 2-1-49 所示。

5）绘制健身广场

输入多段线命令 PL 并按 Enter 键，命令行提示及操作如下：

命令：PL✓

PLINE

指定起点：　拾取定位点

当前线宽为 0.0000

指定下一个点或[圆弧(A)/半宽(H)/长度(L)/放弃(U)/宽度(W)]：10000　竖直向

上输入 10000

　　指定下一点或[圆弧(A)/闭合(C)/半宽(H)/长度(L)/放弃(U)/宽度(W)]：5000　水平向右输入 5000

　　指定下一点或[圆弧(A)/闭合(C)/半宽(H)/长度(L)/放弃(U)/宽度(W)]：A　拾取圆弧按钮

　　指定圆弧的端点(按住 Ctrl 键以切换方向)或[角度(A)/圆心(CE)/闭合(CL)/方向(D)/半宽(H)/直线(L)/半径(R)/第二个点(S)/放弃(U)/宽度(W)]：CE　拾取圆心

　　指定圆弧的圆心：3000　水平向右输入 3000

　　指定圆弧的端点(按住 Ctrl 键以切换方向)或[角度(A)/长度(L)]：　竖直向下拾取一点

　　[角度(A)/圆心(CE)/闭合(CL)/方向(D)/半宽(H)/直线(L)/半径(R)/第二个点(S)/放弃(U)/宽度(W)]：L　拾取"直线"按钮

　　指定下一点或[圆弧(A)/闭合(C)/半宽(H)/长度(L)/放弃(U)/宽度(W)]：7000　竖直向下输入 7000

　　指定下一点或[圆弧(A)/闭合(C)/半宽(H)/长度(L)/放弃(U)/宽度(W)]：C　拾取"闭合"按钮，结束多段线绘制

将上步绘制的多段线向内偏移 200，健身广场绘制完毕，如图 2-1-49 所示。

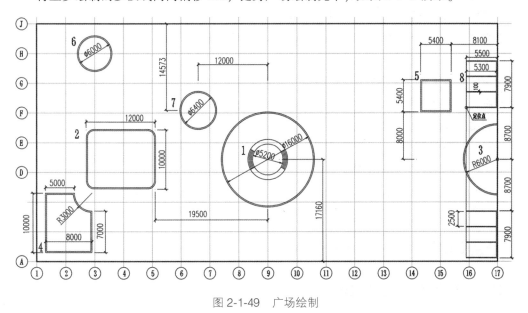

图 2-1-49　广场绘制

6) 绘制四角亭广场

输入矩形命令，拾取四角亭广场的定位点，输入矩形的尺寸为(5400,-5400)，注意圆角半径为 0，然后将其向内偏移 200，如图 2-1-49 所示。

7) 绘制景墙广场

输入圆命令，拾取景墙广场的定位点，圆的半径为 3000，然后将其向内偏移 200，如

图 2-1-49 所示。

8) 绘制八角亭广场

输入圆命令，拾取八角亭广场的定位点，半径为 3200，并将其向内偏移 200，如图 2-1-49 所示。

9) 绘制停车场

（1）绘制入口广场北侧停车场

输入直线命令，从定位点向右追踪与园界的交点，拾取定位点，向上输入 100。

输入矩形命令，拾取矩形的第一个角点为上步长度 100 直线的端点，另一个角点的坐标为(5300，2500)。

输入多重复制命令 CO 并按 Enter 键，其操作步骤如下：

命令：CO↵

COPY

选择对象：找到 1 个　拾取矩形

选择对象：↵　按 Enter 键结束对象选择

当前设置：复制模式=多个

指定基点或[位移(D)/模式(O)]<位移>：　拾取矩形的左下角点为基点

指定第二个点或[阵列(A)]<使用第一个点作为位移>：A　拾取阵列按钮

输入要进行阵列的项目数：3　输入阵列数量 3

指定第二个点或[布满(F)]：2600　竖直向上输入 2600，作为项目间距

指定第二个点或[阵列(A)/退出(E)/放弃(U)]<退出>：↵　按 Enter 键结束

利用直线命令绘制最后一个停车位的车位线，补绘停车位与入口广场间距为 100 的直线(详见操作视频讲解)。

（2）绘制入口广场南侧停车场

南北两侧的停车位是对称的，输入镜像命令，选择北侧的停车场，之后操作步骤略。

至此，游园的广场绘制完毕(图 2-1-49)。

3. 绘制道路

1) 绘制主要道路和次要道路辅助线

（1）绘制通向中心广场的东西道路辅助线

输入构造线命令，通过中心广场绘制一条水平构造线及一条垂直构造线，并将构造线向两侧各偏移 1500，如图 2-1-50 所示。

（2）以 A 为圆心的环形道路圆弧定位

环形道路圆心点 A 位于八角亭广场北侧 7430 的位置。输入直线命令，拾取八角亭广场的圆心，竖直向上输入 7430。

用直线将圆心 A 与中心广场的圆心 E 相连，得到相应圆弧形道路的连接点位置。

（3）以 B 为圆心的环形道路圆弧定位

将上一步绘制的竖直直线向左偏移复制，距离为 8506，距离八角亭广场的中心向下 2875 的位置绘制一条水平直线，找到圆弧的圆心 B。

利用直线将圆心 A 与圆心 B 连接，得到相应圆弧形道路的连接点位置，如图 2-1-50 所示。

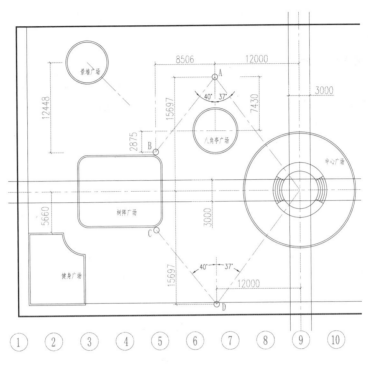

图 2-1-50 道路定位

（4）以 C、D 为圆心的环形道路圆弧定位

将圆弧中心 B、圆弧中心 A 沿着中心广场的水平中轴线镜像复制，得到环形道路圆弧的圆心 C、D，如图 2-1-50 所示。

利用直线将圆心 C 与圆心 D 连接，圆心 D 与圆心 E 连接，得到相应圆弧形道路的连接点位置，如图 2-1-50 所示。

（5）绘制景墙广场与环形道路连接的道路中心线

将极轴增量角设置为 45°角倍数，输入直线命令，拾取景墙广场的圆心，在 315°追踪角度下，适当位置拾取一点，如图 2-1-50 所示。

（6）绘制健身广场与树阵广场之间步石辅助线

输入直线命令，命令行提示及操作如下：

命令：L↙

LINE

指定第一个点：1900　从健身广场的右上角点水平向右追踪 1900

指定下一点或[放弃(U)]：5660↙　竖直向上输入 5660 并按 Enter 键

指定下一点或[放弃(U)]：↙　按 Enter 键，如图 2-1-50 所示

（7）绘制人行道辅助线

通过健身广场的左下角点绘制水平构造线及垂直构造线，结果如图 2-1-50 所示。

2）绘制人行道及中心广场入口道路

（1）绘制周边人行道

通过人行道辅助线绘制游园南侧及西侧人行道，并将人行道向游园内部偏移 200，如图 2-1-50 所示。

（2）绘制入口道路

将"道路"层置为当前图层，结合道路辅助线位置，结合对象捕捉，输入直线命令，在中心广场与园界间绘制直线，并向内偏移 200，多余部分修剪，同时修剪掉道路内部的人行道直线，如图 2-1-51 所示。

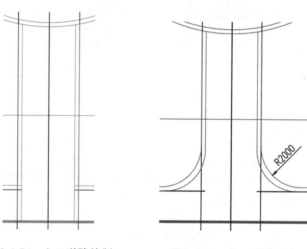

图 2-1-51　入口道路绘制　　　图 2-1-52　入口道路圆角

（3）绘制入口圆角

输入圆角命令，命令行提示及操作如下：

命令：F✓

FILLET

当前设置：模式 = 修剪，半径 = 0.0000

选择第一个对象或[放弃(U)/多段线(P)/半径(R)/修剪(T)/多个(M)]：R　拾取半径 R

指定圆角半径<0.0000>：2000✓　输入半径 2000 并按 Enter 键

选择第一个对象或[放弃(U)/多段线(P)/半径(R)/修剪(T)/多个(M)]：M　拾取"多个"按钮，进行多个角部的修饰

选择第一个对象或[放弃(U)/多段线(P)/半径(R)/修剪(T)/多个(M)]：　拾取一条直线

选择第二个对象，或按住 Shift 键选择对象以应用角点或[半径(R)]：　拾取角部的另一条直线

将圆角向内偏移200，多余部分修剪，结果如图2-1-52所示。

3) 绘制中心主轴道路

输入直线命令，结合对象捕捉，通过辅助线，绘制3个广场间的道路，并向内偏移200(操作步骤略)。

4) 绘制环形道路

（1）绘制中心广场外侧的园路

输入圆命令，绘制半径为11250的圆，依次向外偏移200、1500、200，结果如图2-1-53所示。

（2）绘制以B点为圆心的圆

输入圆命令，以B点为圆心，绘制半径为6754的圆，并依次向内偏移200、1500、200。

（3）绘制八角亭广场两侧的圆弧

以"起点、圆心、端点"方式绘制，单击绘图面板上的 起点,圆心,端点 按钮，命令提示及操作如下：

命令：_ARC

指定圆弧的起点或[圆心(C)]： 拾取连心线AB与B圆弧的交点1

指定圆弧的第二个点或[圆心(C)/端点(E)]：C

指定圆弧的圆心： 拾取圆弧的圆心A

指定圆弧的端点(按住Ctrl键以切换方向)或[角度(A)/弦长(L)]： 拾取连心线AE与半径为13150的圆的交点

将绘制的以A为圆心的圆弧依次向下偏移复制200、1500、200，结果如图2-1-53所示。

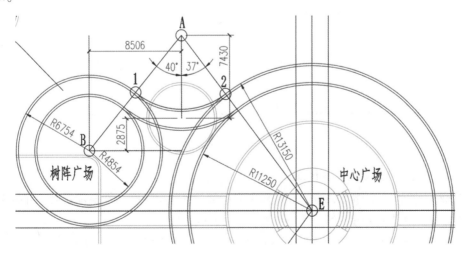

图2-1-53 环形道路绘制

对环形道路进行修剪，输入修剪命令并按 Enter 键，命令行提示及操作如下：

命令：TR✓

TRIM

当前设置：投影=UCS，边=无，模式=快速

选择要修剪的对象，或按住 Shift 键选择要延伸的对象或 TRIM[剪切边(T)//窗交(C)/模式(O)/投影(P)/删除(R)]：T✓　输入 T 或者单击"剪切边(T)"按钮

当前设置：投影=无，边=无，模式=快速

选择剪切边…

选择对象或<全部选择>：　选择树阵广场外边线，八角亭广场外圆，连心线 AB、AE、ED

选择对象：✓　结束剪切边选择

选择要修剪的对象，或按住 Shift 键选择要延伸的对象或[剪切边(T)/栏选(F)/窗交(C)/模式(O)/投影(P)/边(E)/删除(R)]：　依次选择要修剪或者删除的圆弧

按 Enter 键结束修剪，修剪的结果如图 2-1-54 所示，完成中轴线北侧环形道路的绘制。

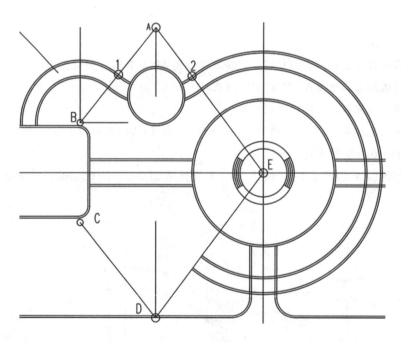

图 2-1-54　环形道路修剪

（4）绘制中轴线南侧环形道路

选择中轴线北侧的弧形道路，以通过中心广场的水平中轴线为轴镜像复制，并将 1、2 两点断开的圆弧进行连接，或者重新绘制 1、2 两处的圆弧。

利用修剪命令修剪环形道路的多余部分，环形道路绘制结果如图 2-1-55 所示。

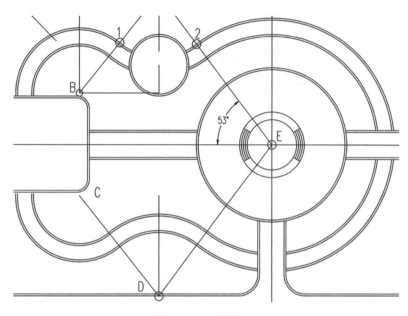

图 2-1-55　环形道路

5) 绘制景墙广场与环形道路之间的道路

将"道路"层置为当前图层，输入偏移复制命令，操作步骤如下：

命令：O↙

OFFSET

当前设置：删除源=否　图层=源　OFFSETGAPTYPE=0

指定偏移距离或[通过(T)/删除(E)/图层(L)]<200>：L　设置图层

输入偏移对象的图层选项[当前(C)/源(S)]<源>：C　设置图层为当前图层

指定偏移距离或[通过(T)/删除(E)/图层(L)]<200>：750↙　输入偏移距离并按Enter键

选择要偏移的对象，或[退出(E)/放弃(U)]<退出>：　拾取中线

指定要偏移的那一侧上的点，或[退出(E)/多个(M)/放弃(U)]<退出>：　分别向两侧偏移

指定要偏移的那一侧上的点，或[退出(E)/多个(M)/放弃(U)]<退出>：100　将偏移距离改为100，绘制道牙

选择要偏移的对象，或[退出(E)/放弃(U)]<退出>：
在道路外侧拾取点

指定要偏移的那一侧上的点，或[退出(E)/多个(M)/放弃(U)]<退出>：100

选择要偏移的对象，或[退出(E)/放弃(U)]<退出>：
在道路外侧拾取点

对偏移对象进行修剪，如图 2-1-56 所示。

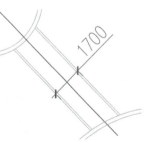

图 2-1-56　景墙广场道路

6）绘制步石

（1）绘制健身广场与树阵广场之间的步石

单个步石：使用矩形命令绘制尺寸为 1200×500 的矩形，矩形的左下角点位于辅助线与健身广场的交点。

竖直方向步石的多重复制：选中步石，输入多重复制命令 CO 并按 Enterl 键，命令提示及操作如下：

命令：CO↙

COPY 找到 1 个

当前设置：复制模式=多个

指定基点或[位移(D)/模式(O)]<位移>：　拾取矩形的左下角点

指定第二个点或[阵列(A)]<使用第一个点作为位移>：A　以阵列方式复制

输入要进行阵列的项目数：8

指定第二个点或[布满(F)]：600　竖直向上输入600（每两个对象间距600）

指定第二个点或[阵列(A)/退出(E)/放弃(U)]<退出>：↙　按 Enterl 键结束

水平方向步石的绘制方法类似，不再赘述。

【提示】
阵列复制的数量包含源对象本身。

绘制角点步石，输入矩形命令，拾取辅助线的点 E，输入矩形的坐标(1500，−1460)，如图 2-1-57 所示。

（2）绘制健身广场与环形道路之间的步石

输入圆弧命令，绘制健身广场至环形道路之间的圆弧，即路径曲线（圆弧尺寸：以健身广场右上角圆弧的圆心为圆心，位于健身广场与环形道路之间，半径为 6000 的一段圆弧）。绘制或者复制矩形(1200×500)，对齐至路径中央。选中矩形，输入阵列命令，选择路径阵列，拾取路径曲线，项目数为 8，间距为 700，保存并关闭对话框，结果如图 2-1-58 所示。

至此，道路与广场绘制完毕，如图 2-1-59 所示。

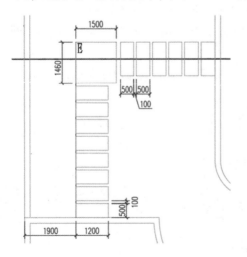

图 2-1-57　健身广场步石

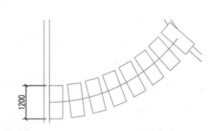

图 2-1-58　健身广场与环形道路步石

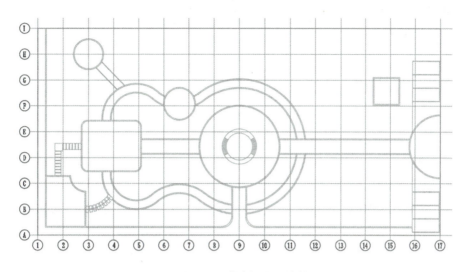

图 2-1-59 道路与广场绘制

任务 2-2　绘制园林建筑与小品

🍃 工作任务

本任务用 AutoCAD 2022 软件绘制园林建筑与小品，包括园林景观平面图中亭、服务建筑、景墙、树池、花池等平面图绘制。绘制中需要使用多线、正多边形、拉伸、打断、合并等绘图与修改操作。

🍃 知识准备

1. 多线命令

多线，在园林施工图样中常用来绘制道路、建筑墙线等。

1) 多线的绘制

多线是由两条或多条平行线（每条线又称为图元）构成的，默认为两条线，线的间距为 1，通过多线样式设计，可以设置多条相互平行的线，在工程图样绘制中，两条多线常用来绘制墙体、道路、方形树池等。多条可以绘制建筑平面图中的窗户、建筑剖面图中的门等。

（1）**命令输入方式**

命令行：MLINE（ML）↙。

菜单栏：绘图→多线。

（2）**多线的运行步骤**

命令：MLINE（ML）↙

当前设置：对正=无，比例=240.00，样式=STANDARD

指定起点或[对正(J)/比例(S)/样式(ST)]：

指定下一点：

指定下一点或[放弃(U)]：

指定下一点或[闭合(C)/放弃(U)]：

(3)选项说明

指定起点：执行该选项后(即输入多线的起点)，系统会以当前多线的线型样式、比例和对正方式绘制多线。

对正(J)：用来确定绘制多线的基准。绘图光标所在位置，有上、无、下3种形式，如图2-2-1至图2-2-3所示。当选项为"无"时，绘图光标在两条或者多条线的中间。

指定下一点：结合对象捕捉等，鼠标单击拾取下一点，或者输入点的坐标。

放弃(U)：放弃刚刚输入的点。

闭合(C)：输入两点以上时，输入C可以闭合多线，命令结束。

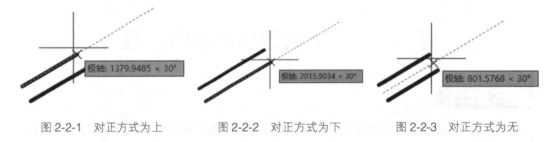

图2-2-1 对正方式为上　　图2-2-2 对正方式为下　　图2-2-3 对正方式为无

2) 多线样式设置

用缺省样式绘制出的多线是双线，当绘制3条或3条以上平行线组成的多线时，需要对多线进行样式设置。

(1)命令输入方式

命令行：MLSTYLE↙。

菜单：格式→多线样式。

(2)操作步骤

输入多线样式命令后，弹出"多线样式"设置对话框，如图2-2-4所示。

单击"新建"按钮，新建样式名为"240墙体"的多线，或单击"样式"列表中的多线，对未使用的多线样式进行修改(已经被使用的多样式无法被修改)。

单击"继续"按钮，弹出"创建多线样式"对话框，如图2-2-4所示。打开如图2-2-5所示的"新建多线样式：240墙体"对话框。

(3)选项说明

封口：设置绘制的多线首尾是否封口，封口可以采用直线或者圆弧形式，默认是开口的。

填充：绘制的多线被填充为"SOLID"图案，并可以设置填充颜色，默认填充为"无"。

图元：即组成多线的每一条线。可以单击"添加(A)"按钮，对多线进行添加；选中一条多线，可以对多线进行删除。图元的设置包含偏移、颜色及线型，颜色及线型默认为"随层 ByLayer"，偏移即每两条多线的间距，图 2-2-5 中两条多线间距为 240。多线偏移可以输入正值或者负值，隐含有一条"0"线，即多线对正为"无"的位置。

3）多线的编辑

双击多线或者输入多线的编辑工具，可以对多线的连接方式、角点的结合形式进行修改，可以增加或者删除顶点。

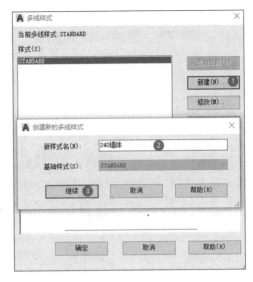

图 2-2-4　多线样式创建

（1）命令输入方式

命令行：MLEDIT✓。

菜单栏：修改→对象→多线。

鼠标：双击多线。

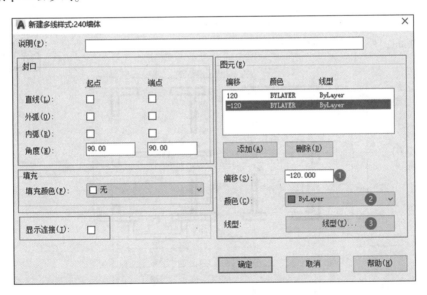

图 2-2-5　新建多线样式

（2）选项说明

双击多线，打开"多线编辑工具"，如图 2-2-6 所示，主要选项的含义如下。

十字交线：包括十字闭合、十字打开、十字合并 3 种连接，分别表示相交两条多线的十字封闭状态、十字打开状态、十字合并状态。使用"十字交线"工具需要两条多线相交，拾取相应的工具按钮后，即可在绘图区对相交的多线进行编辑。

T 形交线：包括 T 形闭合、T 形打开、T 形合并 3 种连接。拾取相应的工具按钮后，即可在绘图区对相交的多线进行连接编辑。拾取时，第一条多线为 T 形字母的竖线，第二条多线为 T 形字母的横线。

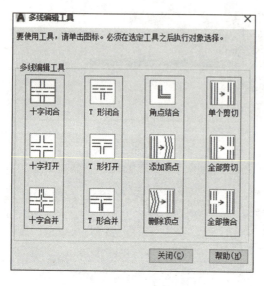

图 2-2-6　多线编辑工具

角形交线：包括角点结合、添加顶点、删除顶点。"角点结合"，表示修剪或延长两条多线，直到它们连接形成一个相交角，将第一条和第二条多线的拾取点部分保留，并将其相交部分全部断开剪去；"添加顶点"，可在多线上添加一个顶点；"删除顶点"，表示删除多线转折处的交点，使其变为直线形多线。

切断交线：包含单个剪切、全部剪切、全部接合工具。"单个剪切"，表示在多线中的某条线上拾取两个点，从而断开此线；"全部剪切"，表示在多线上拾取两个点，从而将此多线全部切断一截；"全部接合"，表示将多线已被剪切的部分重新接合起来。

【融会贯通】

在任务 2-1 中已经绘制好的轴网的基础上绘制多线墙体，其中，内墙为 200mm，外墙为 370mm，并进行多线编辑，参见图 2-2-7。

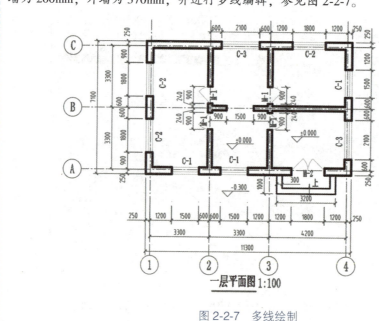

图 2-2-7　多线绘制

2. 正多边形命令

正多边形对象由首尾相接的等长的多段线组成，在 AutoCAD 2022 中可以绘制边数为 3~1024 的正多边形，有内接圆、外切圆及边 3 种绘制方式。

1) 命令输入方式

命令行：POLYGON(POL)↵。

功能区：默认选项卡→绘图面板→⬠。

菜单栏：绘图→⬠。

工具栏：绘图→⬠。

2) 操作步骤

输入命令 POL 并按 Enter 键，命令提示及操作如下：

命令：POL↵

POLYGON 输入侧面数<4>：6↵　　输入边的数量为6，绘制正六边形

指定正多边形的中心点或[边(E)]：　　拾取正多边形的中心

输入选项[内接于圆(I)/外切于圆(C)]<I>：I　　拾取"内接于圆(I)"按钮

指定圆的半径：60↵　　输入圆的半径为60，并按 Enter 键结束正多边形的绘制

3) 选项说明

输入侧面数：输入正多边形的边数。

边：以边的方式绘制正多边形，拾取边的一个端点后，输入边长。

内接于圆(I)：以内接于圆的方式绘制，绘制圆的内接正多边形。

外切于圆(C)：以外切于圆的方式绘制，绘制圆的外切正多边形。

> 【融会贯通】
>
> 绘制如图2-2-8所示的奥运雪花。
>
>
>
>
>
> 图2-2-8　奥运雪花

3. 面域

面域可以用于提取设计信息、填充图案等，利用布尔运算等将简单对象合并到更复杂的对象。可以创建面域的对象包含多段线、直线、圆弧、圆、椭圆弧、椭圆和样条曲线创建的闭合对象。在面域创建过程中，经常需要利用边界创建面域。

1) 面域命令输入方式

命令行：REGION(REG)↵。

功能区：默认选项卡→绘图面板→⌗。

菜单栏：绘图→面域(N)。

工具栏：绘图→⌗。

2) 边界创建命令输入方式

命令行：BOUNDARY(BO)↙。

功能区：默认选项卡→绘图面板→□ 边界。

3) 操作步骤

（1）面域创建

输入面域命令的快捷键后，命令提示及操作如下：

命令：REG

REGION

选择对象：↙指定对角点：找到3个：　选择了3个对象

选择对象：↙　结束对象选择

已提取3个环：　找到3个闭合对象

已创建3个面域：　将闭合对象转化为面域对象

图2-2-9　边界创建

（2）边界创建

输入边界创建命令BO并按Enter键，弹出"边界创建"对话框，如图2-2-9所示。在对话框中，对象类型选择"面域"，可以以"拾取点"或者"新建"的方式拾取要创建面域的内部点或者选择创建面域的对象。

4) 选项说明

环：指的是闭合对象。

拾取点：以拾取点方式选择要创建面域的内部点。

新建：选择新边界集。

5) 面域计算

面域可以进行布尔加运算、布尔减运算和布尔交集运算。

（1）布尔加运算命令输入方式

命令行：UNION(UNI)↙。

功能区：三维工具选项卡→实体编辑面板→⌗。

菜单栏：修改→实体编辑面板→⌗。

工具栏：实体编辑→⌗。

（2）布尔减运算命令输入方式

命令行：SUBTRRACT(SU)↙。

功能区：三维工具选项卡→实体编辑面板→ 。

菜单栏：修改→实体编辑→ 。

工具栏：实体编辑→ 。

（3）布尔交集运算命令输入方式

命令行：INTERSECT(IN)↙。

功能区：三维工具选项卡→实体编辑面板→ 。

菜单栏：修改→实体编辑→ 。

工具栏：实体编辑→ 。

（4）操作步骤

输入相应命令后，命令提示选择对象，选择要参与运算的对象，即可实现相应的运算。

（5）选项说明

选择要从中减去的实体、曲面和面域：输入布尔减运算后的提示。选择"被减对象"，对象必须是实体、曲面或者面域类型。

【融会贯通】

绘制如图2-2-10所示的树池坐凳。

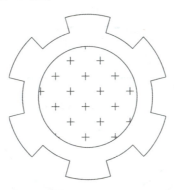

图 2-2-10　树池坐凳

4. 椭圆命令

1) 命令输入方式

命令行：ELLIPSE(EL)↙。

功能区：默认选项卡→绘图面板→ 。

菜单栏：绘图→椭圆。

工具栏：绘图→ 。

2) 操作步骤

输入椭圆命令后,命令提示及操作如下:

命令:EL↙

ELLIPSE

指定椭圆的轴端点或[圆弧(A)/中心点(C)]: 适当位置拾取椭圆的轴端点

指定轴的另一个端点: 拾取轴的另一个端点

指定另一条半轴长度或[旋转(R)]: 输入另一条半轴的长度

3) 选项说明

轴端点:椭圆有长、短轴,分别拾取轴的两个端点,或者输入坐标,然后结合极轴追踪,输入另一条半轴的长度。

圆弧(A):绘制椭圆弧。

中心点(C):以指定中心点方式绘制椭圆。指定中心点,然后输入轴的端点,指定另一个端点,然后输入另一条半轴的长度。

旋转(R):通过绕第一条轴旋转来创建椭圆。

【融会贯通】

绘制如图 2-2-11 所示的洗手盆平面图。

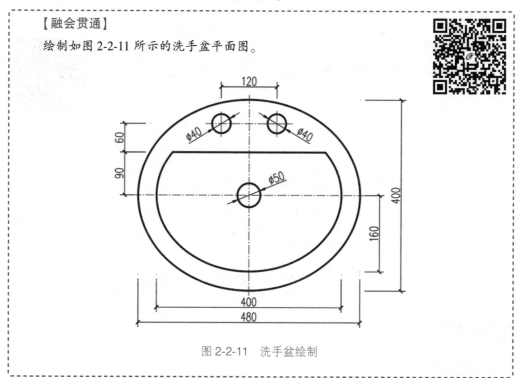

图 2-2-11 洗手盆绘制

5. 分解命令

将多段线、块及面域等对象分解为单一对象。

1) 命令输入方式

命令行：EXPLODE(X)↙。

功能区：默认选项卡→修改面板→ 🗔 。

菜单栏：修改→分解(X)。

工具栏：修改→ 🗔 。

2) 操作步骤

输入分解命令 X 后，命令提示及操作如下：

命令：X↙

EXPLODE

选择对象：指定对角点：找到 2 个　选择如图 2-2-12 所示的矩形及正六边形

选择对象：↙　结束对象的选择

上步选择的矩形及正六边形对象被分解，如图 2-2-12 所示(A 为未分解，B 为分解后)。

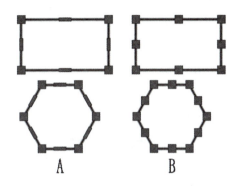

图 2-2-12　对象分解

6. 拉伸命令

通过交叉窗口方式选择对象，与窗口相交的对象通过指定的基点拉伸指定的距离，对完全位于窗口内的对象进行移动。

1) 命令输入方式

命令行：STRETCH(S)↙。

功能区：默认选项卡→修改面板→ 🗔 拉伸 。

菜单栏：修改→拉伸。

工具栏：修改→ 🗔 。

2) 操作步骤

输入拉伸命令 S 后，命令提示及操作如下：

命令：S↙

STRETCH

以交叉窗口或交叉多边形选择要拉伸的对象...

选择对象：指定对角点：找到 8 个　以交叉窗口方式选择图示对象，如图 2-2-13 所示，选中 8 个对象

选择对象：↙　结束对象选择

指定基点或[位移(D)]<位移>：　拾取如图 2-2-13 所示的 A 点

指定第二个点或<使用第一个点作为位移>：10↙　结合极轴追踪，水平向右输入 10

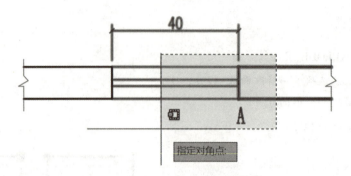

图 2-2-13 拉伸选择

并按 Enter 键，结果如图 2-2-14 所示

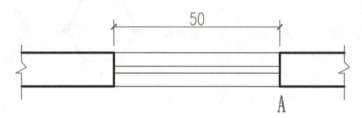

图 2-2-14 拉伸后

3）选项说明

以交叉窗口或交叉多边形选择要拉伸的对象：选择对象的方式。一般以交叉窗口选择对象，完全位于窗口之内的对象被移动，与窗口相交的对象被拉伸。

7. 打断命令

打断命令可以将一个对象打断为两个对象，对象之间可以有间隙，也可以没有间隙。打断命令有在两点之间打断对象，以及打断于点两种。

1）打断命令输入方式

命令行：BREAK(BR)↙。

功能区：默认选项卡→修改面板→ 。

菜单栏：修改→ 打断(K)。

工具栏：修改→ 。

2）打断命令操作步骤

输入打断命令 BR 并按 Enter 键后，命令提示及操作如下：

命令：BR↙

BREAK

选择对象： 单击选择要打断对象，如图 2-2-15 所示

指定第二个打断点或[第一点(F)]：F 选择拾取第一点方式

图 2-2-15 打断命令

指定第一个打断点： 结合对象捕捉，拾取第一个打断点 A

指定第二个打断点： 拾取第二个打断点 B，结果如图 2-2-15 所示

3) 打断命令选项说明

指定第二个打断点：直接指定第二个打断点。以单击选择对象时的拾取点为第一点，然后指定第二个打断点。此时，两点之间的距离不确定，与选择对象时的拾取点有关。

第一点(F)：重新选择第一个打断点。此时，拾取第一点，然后拾取第二点，两点之间的距离是确定的，是比较常用的两点打断方式。

4) 打断于点命令输入方式

命令行：BREAKATPOINT↙。

功能区：默认选项卡→修改面板→□。

工具栏：修改→□。

5) 打断于点命令操作步骤

输入打断命令后，命令提示及操作如下：

选择对象： 选择打断对象

指定打断点： 结合对象捕捉，拾取对象的打断点（图 2-2-16 中拾取直线的中点）

8. 合并命令

合并命令可以将直线、圆弧、椭圆弧、多段线、样条曲线等通过其端点合并为一个整体。

图 2-2-16 打断于点命令

1) 命令输入方式

命令行：JOIN(J)↙。

功能区：默认选项卡→修改面板→ ➤◄ 。

菜单栏：修改→ ➤◄ 合并(J) 。

工具栏：修改→ ➤◄ 。

2) 操作步骤

输入合并命令 J 并按 Enter 键，命令提示及操作如下：

JOIN↙

选择源对象或要一次合并的多个对象：找到 12 个　选择要合并的对象（选择图 2-2-17 原图对象）

选择要合并的对象：✓　结束对象的选择

12 个对象已转换为 3 条多段线　如图 2-2-17 所示，3 个封闭的图形对象已经被转化为 3 条多段线

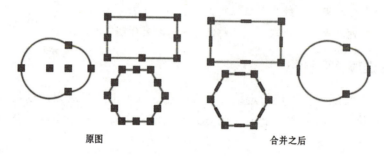

图 2-2-17　合并命令

【提示】

合并两条或者多条在同一条延长线上的直线，且直线之间可以有间隙时，合并后可以生成一条直线；合并具有相同圆心和半径的圆弧，且圆弧的端点间可以有间隙时，生成圆弧或者圆；将样条线与直线、多段线、圆弧等合并时，生成样条线，且各个对象间必须首尾相连；将多段线与直线、圆弧、多段线合并时，生成多段线，且各个对象间必须首尾相连。

任务实施

1. 绘制中心花池及雕塑

1）绘制花池

将"小品"层置为当前图层，输入偏移复制命令 O 并按 Enter 键，命令提示及操作如下：
OFFSET

当前设置：删除源＝否　图层＝源　OFFSETGAPTYPE＝0

指定偏移距离或 [通过(T)/删除(E)/图层(L)]<通过>：L　拾取"图层(L)"按钮

输入偏移对象的图层选项 [当前(C)/源(S)]<源>：C　将图层设置为当前图层

指定偏移距离或 [通过(T)/删除(E)/图层(L)]<通过>：100✓　输入偏移距离 100 并按 Enter 键

选择要偏移的对象，或 [退出(E)/放弃(U)]<退出>：　拾取半径为 2600 的圆

指定要偏移的那一侧上的点，或 [退出(E)/多个(M)/放弃(U)]<退出>：　在圆外拾取

选择要偏移的对象，或 [退出(E)/放弃(U)]<退出>：　拾取刚刚偏移复制得到的圆

指定要偏移的那一侧上的点，或 [退出(E)/多个(M)/放弃(U)]<退出>：1900✓　向

外输入偏移距离 1900 并按 Enter 键

　　选择要偏移的对象，或[退出(E)/放弃(U)]<退出>：
选择上一步绘制的半径为 4600 的圆

　　指定要偏移的那一侧上的点，或[退出(E)/多个(M)/
放弃(U)]<退出>：100↙　向外输入偏移距离 100 并按
Enter 键

　　选择要偏移的对象，或[退出(E)/放弃(U)]<退出>：
依次拾取台阶两侧的直线

　　指定要偏移的那一侧上的点，或[退出(E)/多个(M)/
放弃(U)]<退出>：　在花池内部拾取

　　利用修剪与延伸操作，完成中心花池的绘制，参见
图 2-2-18，操作步骤略，具体可参见操作演示。

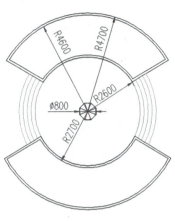

图 2-2-18　中心广场

2) 绘制中间八边形雕塑

　　输入正多边形命令 POL 并按 Enter 键，命令提示及操作如下：

命令：POL

POLYGON 输入侧面数<4>：8↙　输入边数 8

指定正多边形的中心点或[边(E)]：　拾取中心广场圆心

输入选项[内接于圆(I)/外切于圆(C)]<C>：C　以外切于圆的方式绘制八边形

指定圆的半径：400↙　输入圆的半径 400

利用直线命令，连接八边形的顶点，绘制结果如图 2-2-18 所示。

2. 绘制树池

　　输入矩形命令 REC，矩形的尺寸为 2000×2000，并向内偏移复制 200。

　　输入移动命令，将矩形的左上角对齐到图 2-2-19 中所示的位置 A(或者勾选对象捕捉中的 ⊙ 几何中心，将中间树池的中心与树阵广场的中心对齐)。

　　输入阵列命令，阵列参数如图 2-2-20 所示，结果如图 2-2-19 所示。

3. 绘制景墙

　　将"建筑"层置为当前图层，以景墙广场为圆心，分别绘制半径为 2500、2800 的圆，将极轴增量角设置为 30°的倍数，从圆心开始，绘制角度为 120°及 240°的直线，并进行修剪。绘制结果，如图 2-2-21 所示。

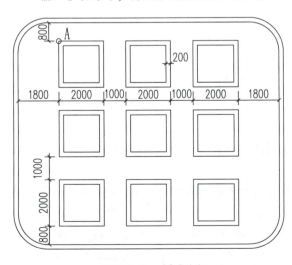

图 2-2-19　树池广场

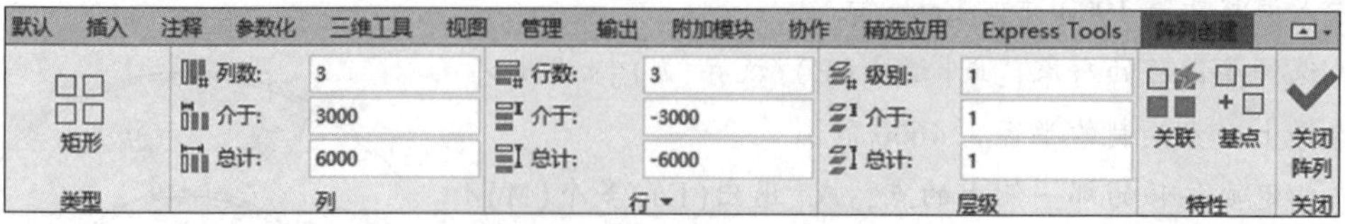

图 2-2-20 树池广场阵列参数

4. 绘制八角亭

将"建筑"层置为当前图层,以八角亭广场中心为圆心,绘制半径为 2000 的圆的外接正八边形。用直线连接八边形的对角线,双击八边形,将其宽度设置为 50。结果如图 2-2-22 所示。

5. 绘制方亭

将"建筑"层置为当前图层,输入矩形命令,矩形的尺寸为 3000×3000,用直线连接矩形的对角线。

输入移动命令,拾取矩形的中心作为基点,将其移至方亭广场的中心,如图 2-2-23 所示。

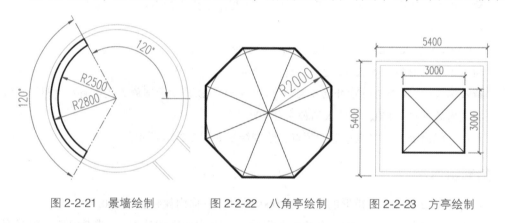

图 2-2-21 景墙绘制　　图 2-2-22 八角亭绘制　　图 2-2-23 方亭绘制

6. 绘制服务中心

1) 绘制服务中心前面的道路

将"道路"层置为当前图层,输入直线命令,极轴增量角设置为 45°,命令行提示及操作如下:

LINE

指定第一个点:10402↙　从入口广场与主道路的交点 A 向左追踪 10402 并按 Enter 键,得到 B 点

指定下一点或[放弃(U)]:2873↙　从 B 点向下输入 2873 并按 Enter 键

指定下一点或[放弃(U)]:↙　结束

继续输入直线命令,依据尺寸标注,从 B 点向左追踪 4000,向下输入 1425,在 225°追踪提示下输入 5000,向下拾取与人行道道牙的交点 E。从 F 点向上绘制 3509 的直线。

2) 绘制服务中心

输入矩形命令，绘制矩形，尺寸为 8000×3000，将矩形旋转 45°角，对齐到图 2-2-24 中 C 点处，双击矩形，将其宽度设置为 50。绘制结果如图 2-2-24 所示。

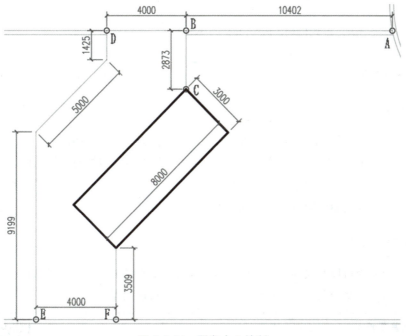

图 2-2-24 服务中心绘制

任务 2-3 绘制地形、水体、铺装

工作任务

本任务用 AutoCAD 2022 软件绘制园林地形、水体与铺装。绘制中需要使用样条曲线、徒手绘、图案填充及编辑、圆环等命令及修剪、缩放、偏移复制等修改操作。

知识准备

1. 样条曲线命令

样条曲线用于绘制某些数据点或控制点拟合生成的光滑曲线。在园林中常用于绘制地形、水体、自然式园路以及模纹花坛等。

1) 命令输入方式

命令行：SPLINE(SPL)↙。

功能区：默认选项卡→绘图面板→ 〽 。

菜单栏：绘图→样条曲线。

工具栏：绘图→〜。

2）操作步骤

SPLINE(SPL)↙
当前设置：方式=拟合　节点=弦
指定第一个点或[方式(M)/节点(K)/对象(O)]：　拾取一个点
输入下一个点或[起点切向(T)/公差(L)]：　拾取下一个点
输入下一个点或[端点相切(T)/公差(L)/放弃(U)/闭合(C)]：　拾取下一个点或者闭合

3）选项说明

对象(O)：将已存在的拟合样条曲线或多段线转换为等价的样条曲线。
闭合(C)：样条曲线首尾连成封闭曲线，也可以按 Enter 键结束曲线创建。
方式(M)：样条曲线创建方式有拟合(F)与控制点(CV)两种。"拟合"是指创建的曲线通过指定的点，并受曲线中数学节点间距的影响。

4）样条曲线的修改方式

利用夹点编辑可以修改样条曲线的形状、添加或者删除拟合点。样条曲线可以被修剪与延伸、偏移，但是当曲率不能达到曲线的要求时，可能出错。

【融会贯通】

按照网格(单位为 m)，绘制如图 2-3-1 所示等高线。

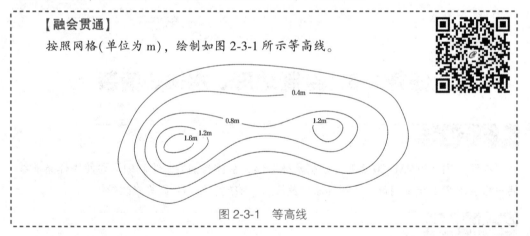

图 2-3-1　等高线

2. 徒手绘命令

徒手绘命令可以绘制不规则的线条，在园林中主要用来绘制山石、地形等，绘制的山石可以多种形式组合，一般要制作成图块备用，如图 2-3-2 所示。

1）命令输入方式

命令：SKETCH(SK)↙

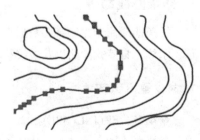

图 2-3-2　徒手绘制地形

2) 绘制步骤

SKETCH(SK)↵

类型＝直线　增量＝50　公差＝1

指定草图或[类型(T)/增量(I)/公差(L)]：　光标移至绘图区域开始绘制草图，单击暂停绘制草图；可以单击新起点，从新的光标位置重新开始绘图，按 Enter 键完成草图绘制

3) 选项含义

类型(T)：指定手画线的对象类型，有直线、多段线、样条曲线。

增量(I)：定义每条手画直线段的长度。

【融会贯通】

绘制如图 2-3-3 所示的置石。

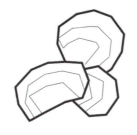

图 2-3-3　置石

3. 图案填充命令

1) 命令输入方式

命令行：HATCH(H/BH)↵。

功能区：默认选项卡→绘图面板→▨。

菜单栏：绘图→图案填充▨。

工具栏：绘图→▨。

2) 操作步骤

输入图案填充命令 H 并按 Enter 键，命令提示如下：

命令：H↵

HATCH

拾取内部点或[选择对象(S)/放弃(U)/设置(T)]：

同时，系统弹出"图案填充创建"选项面板，如图 2-3-4 所示，可在面板中设置图案填充边界、选择图案、输入图案的比例、填充角度、设定原点等。

单击"选项"面板的"图案填充设置 ↘"按钮，打开"图案填充和渐变色"对话框，如图 2-3-5所示。这个对话框的内容与图 2-3-4 所示的"图案填充创建"选项卡是一致的。

图 2-3-4 "图案填充创建"选项卡

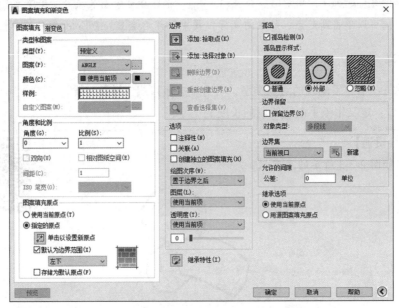

图 2-3-5 "图案填充和渐变色"对话框

3)图案填充的选项说明

(1)边界面板

拾取点：以拾取点的形式来指定填充区域。

选择对象：单击该按钮将切换到绘图窗口。可以通过选择对象的方式来定义填充区域的边界。

删除边界：单击该按钮可以取消系统自动计算或用户指定的孤岛（总的填充边界内封闭的实体称为孤岛）。

重新创建边界：用于重新创建图案填充边界。

(2)图案面板

显示所有"其他预定义""自定义"及"ANSI"的图案预览。

(3)特性面板

图案填充类型 ：指定使用实体、渐变色、图案或用户定义的填充类型。

图案填充颜色 ：指定颜色替代当前实体和填充图案的颜色。

背景色 ：指定图案填充的背景色，背景色一般可以设置为无。

图案填充透明度 ：显示当前图案填充的透明度或重新设置透明度。

角度：指相较于当前 UCS 的 X 轴指定填充图案的角度。

填充图案比例：设置指定图案填充的比例大小。

(4)原点面板

设定原点：移动图案填充以便与指定原点对齐，图标依次指边界的左下角点、右下角点、左上角点、右上角点、边界的中心及默认图案填充原点。

(5)选项面板

关联：指定图案填充为关联图案填充。关联的图案填充，在修改边界对象时会更新。

注释性：根据视口比例自动调整图案填充比例。

特性匹配：选定已经存在的图案，将其特性用于要进行图案填充的对象，图案填充原点除外。

(6)创建独立的图案填充

默认一次填充多个边界图案时，图案是一个单一对象，如图 2-3-6 所示。单击此按钮，每一个边界所创建的图案是独立的，如图 2-3-7 所示，图案填充结束后，可以单独修改每一个图案的比例及角度等参数。

图 2-3-6 默认一次填充多个边界

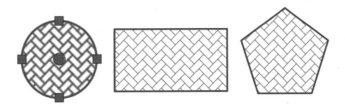

图 2-3-7 创建独立的图案填充

(7)孤岛检测

位于图案填充边界内的封闭区域或者文字对象被视为孤岛，有普通、外部及忽略 3 种，以同一个拾取点方式选择填充边界时，结果如图 2-3-8 所示。

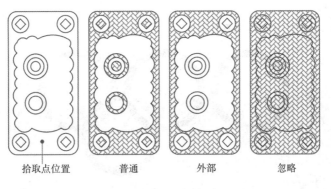

图 2-3-8 孤岛检测

4)图案填充的编辑

选中需编辑的图案填充对象,打开"图案填充编辑器",与"图案填充创建"面板相似,可以对边界进行删除、重新选择边界、重新创建边界、选择图案,设置图案的角度及填充比例、是否关联,以及应用特性匹配。

4. 圆环命令

1)命令输入方式

命令行:DONUT(DO)↙。

功能区:默认选项卡→绘图面板→◎。

菜单栏:绘图→◎。

2)操作步骤

命令:DONUT(DO)↙

指定圆环内径<默认值>: 输入圆环内径

指定圆环外径<默认值>: 输入圆环外径

指定圆环的中心点或<退出>: 指定圆环中心点

指定圆环的中心点或<退出>: 继续指定圆环中心点,绘制尺寸相同的圆环,按Enter键结束命令

3)圆环的选项说明

内径:指的是圆环内圆的直径,当内径设置为0时,圆环为实心填充圆。

外径:圆环外圆的直径。

【提示】

输入 FILLMODE 系统变量,模式为"开(ON)"时,圆环被填充,默认是这个状态;设置为"关(OFF)"时,圆环将不被填充。

【融会贯通】

绘制如图 2-3-9 所示的奥运五环。

图 2-3-9 奥运五环

任务实施

1. 绘制地形

本任务点以光栅图片为参照,绘制曲线地形、道路及水体(图 2-3-10)。

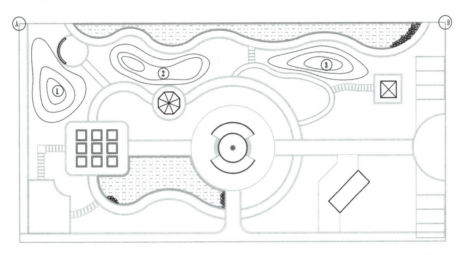

图 2-3-10 地形、道路及水体参照

1)插入光栅图像

在菜单栏单击"插入"→"光栅图像参照",将"地形、道路及水体参照图"插入当前文档:

INAGEATTACH 指定插入点<0,0>: 适当位置拾取一点

INAGEATTACH 指定缩放比例因子或[单位(U)]<1>:✓ 结束

2)缩放光栅图片

命令:SC✓

SCALE 选择对象: 选择光栅图片

SCALE 指定基点: 以图片左下角为基点

SCALE 指定比例因子或[复制(c)参照(R)]: 根据画面需要进行缩放

> 【提示】
> 除了采用缩放命令对图片进行大小改变,也可以选中图片,采用夹点编辑的方式,对图片进行放大或者缩小。

3)绘制地形

将当前图层切换为"地形",关掉状态栏中的对象捕捉 ▭ ▾,输入样条曲线命令 SPL 并按 Enter 键,命令行提示及操作如下:

样条曲线命令：SPL✓

SPLINE 指定第一个点或[方式(M)节点(K)对象(O)]： 拾取点 1

SPLINE 输入下一个点或[起点切向(T)公差(L)]： 拾取点 2

……

SPLINE 输入下一个点或[端点相切(T)公差(L)放弃(u)闭合(C)]：C✓ 闭合样条曲线

依次绘制第二条和第三条等高线。

第二个地形和第三个地形等高线绘制方式同上。

2. 绘制水体及水体边道路

1) 缩放图片至游园精确大小

命令：L✓

LINE 指定第一个点： 捕捉点 A(以北部边界为参考)

LINE 指定下一点或[放弃(U)]： 捕捉点 B

命令：SC✓

SCALE 选择对象： 选择光栅图片

SCALE 指定基点： 以图片左下角为基点

SCALE 指定比例因子或[复制(c)参照(R)]：R✓

SCALE 指定参照长度<79990.0000>： 选择所绘制的参考线

SCALE 指定新的长度或[点(P)]<1.0000>：80000✓ 原图长度为 80000

此时参照图比例与原图大小一致，将参照图移动至原图相应位置。

当前图层切换为"水体"层。

2) 绘制自然水体及道路

与绘制等高线方法相似，利用样条曲线或者多段线绘制自然水体轮廓线。

将所绘制的水体线条进行偏移：

命令：O✓

OFFSET 指定偏移距离或[通过(T)删除(E)图层(L)]<通过>：200✓

OFFSET 选择要偏移的对象，或[退出(E)放弃(U)]<退出>： 选择水体线条

OFFSET 指定要偏移的那一侧上的点，或[退出(E)多个(N)放弃(U)]<退出>： 在下侧拾取

OFFSET 选择要偏移的对象，或[退出(E)放弃(U)]<退出>： 选择第二条水体线条

OFFSET 指定要偏移的那一侧上的点，或[退出(E)多个(N)放弃(U)]<退出>：1300✓ 在下侧输入 1300 并按 Enter 键

OFFSET 选择要偏移的对象，或[退出(E)放弃(U)]<退出>： 选择所绘制的第三条线

OFFSET 指定要偏移的那一侧上的点，或[退出(E)多个(N)放弃(U)]<退出>：200✓

在下侧拾取

　　OFFSET 选择要偏移的对象，或[退出(E)放弃(U)]<退出>：E↙

　　选择第三条和第四条样条曲线，将其放置在"道路"图层。

　　双击第二条样条曲线，将其转化为多段线，样条曲线编辑操作如下：

　　SPLINEDIT 输入选项[闭合(C)合并(J)拟合数据(F)编辑顶点(E)转换为多段线(P)反转(R)放弃(U)退出(X)]<退出>：P↙　拾取"转换为多段线(P)"按钮

　　SPLINEDIT 指定精度<10>：10↙

　　继续双击第二条样条曲线，将全局宽度改为50。

　　PEDIT 输入选项[闭合(C)合并(J)宽度(W)编辑顶点(E)拟合(F)样条曲线(S)非曲线化(D)线型生成(L)反转(R)放弃(U)]：W↙

　　PEDIT 指定所有线段的新宽度：50↙

　　PEDIT 输入选项[闭合(C)合并(J)宽度(W)编辑顶点(E)拟合(F)样条曲线(S)非曲线化(D)线型生成(L)反转(R)放弃(U)]：↙

　　将第三条和第四条样条曲线延长至北侧的边界，并修剪北部道路与景墙广场。

3) 绘制规则式水体

　　将当前图层切换为"水体"图层，结合中点捕捉，利用多段线命令中的直线、圆弧绘制规则式水体驳岸线，参见图 2-3-11，绘制步骤如下：

　　命令：PL↙

　　PLINE 指定起点：　捕捉点 1(规则式水体的左上角)

　　PLINE 指定下一个点或[圆弧(A)半宽(H)长度(L)放弃(U)宽度(W)]：　捕捉点 2(水平向右)

　　PLINE 指定下一个点或[圆弧(A)半宽(H)长度(L)放弃(U)宽度(W)]：A↙　绘制圆弧

　　PLINE[角度(A)圆心(CE)闭合(CL)方向(D)半宽(H)直线(L)半径(R)第二个点(S)放弃(U)宽度(W)]：S↙

　　指定圆弧上的第二个点：　拾取点 3

　　PLINE 指定圆弧的端点(按住 Ctrl 键以切换方向)或[角度(A)长度(L)]：　拾取点 4

　　PLINE[角度(A)圆心(CE)闭合(CL)方向(D)半宽(H)直线(L)半径(R)第二个点(S)放弃(U)宽度(W)]：L↙　绘制直线

　　PLINE 指定下一点或[圆弧(A)闭合(C)半宽(H)长度(L)放弃(U)宽度(W)]：　拾取点 5

　　PLINE 指定下一个点或[圆弧(A)半宽(H)长度(L)放弃(U)宽度(W)]：A↙

　　……

　　PLINE 指定圆弧的端点(按住 Ctrl 键以切换方向)或[角度(A)长度(L)]：　捕捉点 1，闭合，结果如图 2-3-11 所示

　　绘制水的等深线，选择水体轮廓线向内偏移200：

　　命令：O↙

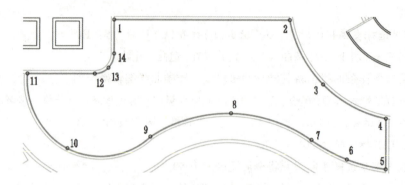

图 2-3-11 规则式水体绘制

OFFSET 指定偏移距离或[通过(T)删除(E)图层(L)]<800.0000>：200↵

OFFSET 指定要偏移的那一侧上的点，或[退出(E)多个(M)放弃(U)]<退出>： 捕捉点(向内)

OFFSET 选择要偏移的对象，或[退出(E)放弃(U)]<退出>：E↵

双击水体驳岸，将其宽度改为 50。

PEDIT 输入选项[闭合(C)合并(J)宽度(W)编辑顶点(E)拟合(F)样条曲线(S)非曲线化(D)线型生成(L)反转(R)放弃(U)]：W↵

PEDIT 指定所有线段的新宽度：50↵

PEDIT 输入选项[闭合(C)合并(J)宽度(W)编辑顶点(E)拟合(F)样条曲线(S)非曲线化(D)线型生成(L)反转(R)放弃(U)]：↵

将多余的线条进行修剪，具体操作略。

3. 绘制置石

将光栅图像比例缩放至合适大小。

命令：SKETCH↵

SKETCH 指定草图或[类型(T)增量(I)公差(L)]：T↵

SKETCH 输入草图类型[直线(L)多段线(P)样条曲线(S)]<多段线>：P↵

SKETCH 指定草图或[类型(T)增量(I)公差(L)]：I↵

SKETCH 指定草图增量<1000.0000>：1000↵

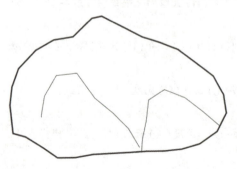

SKETCH 指定草图或[类型(T)增量(I)公差(L)]： 开始绘制

SKETCH 指定草图：↵

已记录 1 条多段线和 28 个边。

利用夹点编辑，调整置石，以同样的方式绘制内部线条。

删除光栅图像，双击置石外部多段线，将宽度改为 50。绘制结果如图 2-3-12 所示。

图 2-3-12 绘制置石

4. 绘制铺装

1) 绘制中心主轴路

命令行：HATCH(H)↙

HATCH 拾取内部点或[选择对象(s)放弃(u)设置(T)]： 在中心主轴路内部拾取

参见图 2-3-13，图案选择"NET"，将透明度设置为 0，角度为 0，比例因子为 100，保存并关闭图案填充创建。

图 2-3-13 主轴道路铺装图案

2) 绘制水体图案

输入图案填充命令 H 并按 Enter 键，在自然水体及规则式水体内部单击鼠标左键，参见图 2-3-14，选择填充图案为"MUDST"，比例因子为 100，其他默认，结果如图 2-3-15 所示。

其他道路及广场的铺装，由于篇幅所限，不再演示，更多图案填充操作参见任务 3-4 中的"7. 绘制园林铺装"。

图 2-3-14 水体填充

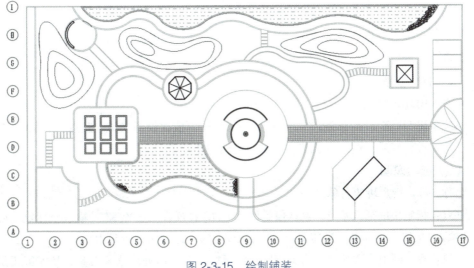

图 2-3-15 绘制铺装

任务 2-4　绘制园林植物

🍃 工作任务

本任务用 AutoCAD 2022 软件绘制园林植物，包含乔木、灌木及地被。绘制中需要使用图块的定义与使用、设计中心、选项板、修订云线、点的绘制、绘图次序、表格命令等绘图与修改操作。

🍃 知识准备

1. 图块的定义与使用

把一组图形对象组合成块加以保存，需要的时候把图块作为一个整体以一定比例和旋转角度插入图中任意位置，不仅可以避免大量的重复工作，提高绘图速度和工作效率，还可以大大节省磁盘空间。

1）图块的创建

图块创建指的是内部块的创建，保存在当前文件中，但可以通过"块选项板"中的"最近使用"窗口调入其他文件中。

> 【提示】
> 内部块创建好以后，通过工具选项板或者放置到图块的库中，可以被其他文件使用。

（1）命令输入方式

命令行：BLOCK(B)↵。

功能区：默认选项卡→块面板→ 或者插入选项卡→块定义面板→ (创建块)。

菜单栏：绘图→块→创建(M)。

工具栏：绘图→ 。

（2）操作步骤

命令：BLOCK(B)↵

系统弹出"块定义"对话框(图 2-4-1)，在对话框内依次设置名称、基点、对象、方式、块单位等。设置好后，点击"确定"，一个图块就创建好了。

（3）选项说明

名称(N)：指定块的名称。

基点：指定块的插入基点。默认值是(0, 0, 0)；或在 X、Y、Z 处输入坐标点；或单击"拾取点"按钮，在屏幕上当前图形中拾取插入基点(此方法比较常用)。

对象：指定新块中要包含的对象，以及创建块之后如何处理这些对象，是保留还是删除选定的对象，或者将它们转换成块实例。

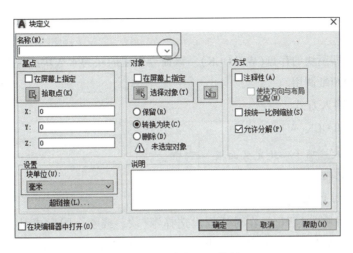

图 2-4-1 "块定义"对话框

在屏幕上指定:关闭对话框时,将提示用户指定对象。

选择对象:暂时关闭"块定义"对话框,允许用户选择块对象,选择对象后,按 Enter 键可返回该对话框。

快速选择:显示"快速选择"对话框,以选择集的方式选择图块对象。

保留:创建块以后,将选定对象保留在图形中。

转换为块:创建块以后,将选定对象转换成图形中的块实例。

删除:创建块以后,从图形中删除选定的对象。

选定的对象:显示选定对象的数目。

注释性:指定块为注释性块。

按照统一比例缩放:指定是否阻止块按统一比例缩放。

允许分解:指定块是否允许分解。

块单位:指定块参照插入单位,一般为毫米。

【融会贯通】

绘制植物图例图块——合欢,如图 2-4-2 所示。

图 2-4-2 合欢

【提示】

创建块的三要素:块名称、拾取插入块的基点、选择创建块的对象。

2) 图块的写块

图块的写块即图块的存盘（WBLOCK）。该命令创建的块为永久块或外部块，保存在硬盘中，方便其他图纸调用。

（1）命令输入方式

命令行：WBLOCK(W)↙。

功能区：插入选项卡→块定义面板→。

（2）操作步骤

命令：WBLOCK(W)↙

系统弹出"写块"对话框，在对话框内选择源(块、或整个图形或对象，一般选择对象)，再依次设置基点、选择对象、方式、块单位、块名称及存储路径。设置好后，点击"确定"退出。则将图形对象创建成为外部块，具体操作见下文"融会贯通"。

（3）选项说明

源：设置组成块的对象来源。可以是块、对象或整个图形。

基点：设置块插入基点位置，一般以拾取点的方式拾取对象的特殊点，如圆心等。

对象：设置组成块的对象。

目标：设置块的保存名称及路径。

【融会贯通】

绘制西府海棠图例（图2-4-3）。

图2-4-3　西府海棠

---

3) 图块的插入

（1）命令输入方式

命令行：INSERT(I)↙。

功能区：默认选项卡→块面板→或者插入选项卡→块面板→ 。

菜单栏：插入→块选项板(B)。

工具栏：绘图→ 。

（2）操作步骤

图块创建完成后，即可将图块插入图形中使用，命令行输入INSERT(I)并按Enter键，将弹出如图2-4-4所示的"块"面板。可在"当前图形""最近使用""收藏夹""库"4个选项卡中选择所需的图块(还可使用过滤器,过滤可用块),在下面的选项中设置插入比例、旋转角度、是否重复放置、是否分解,在绘图区域指定插入点即可完成图块的插入。

4)图块的修改

(1)重新定义块

可以将需要修改的图块进行分解,利用绘图与修改操作对图块进行编辑,以与原块重名的方式,重新定义图块,对图块进行修改,还可以实现对已经插入的图块进行批量修改。

(2)在块编辑器中修改

①命令输入方式

命令:BEDIT↙。

鼠标:左键双击要修改的块,打开块编辑器。

功能区:插入选项卡→面板→ 。

②操作步骤 命令行输入 BEDIT 并按 Enter 键,弹出"编辑块定义"对话框,如图 2-4-5 所示,选择要修改的图块如"合欢",点击"确定",则进入"块编辑器"页面,如图 2-4-6 所示。在此页面可以像绘图界面一样绘制和修改图形(如在合欢图形的两条直线中间再加一条直线),修改完毕点击"保存块"按钮,

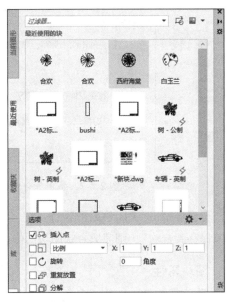

图 2-4-4 "块"面板

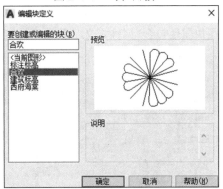

图 2-4-5 "编辑块定义"对话框

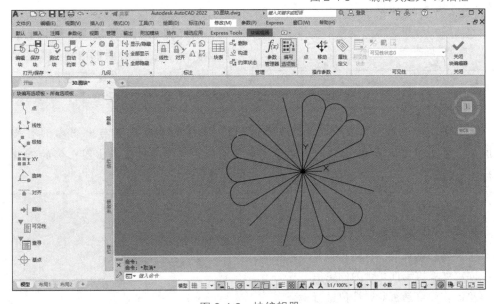

图 2-4-6 块编辑器

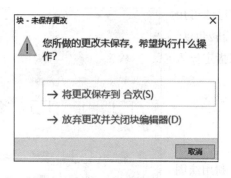
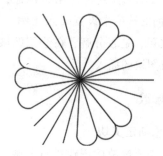

图 2-4-7　是否保存对话框　　　　图 2-4-8　修改后的合欢图块

或者直接单击"关闭块编辑器"按钮，会出现是否保存对话框，如图 2-4-7 所示，选择"将更改保存到合欢"，则完成合欢图块的修改，如图 2-4-8 所示。

5) 图块属性

图块除了包含图形对象以外，还可以包含非图形信息。例如，将植物创建为图块后，还可以将植物的规格、数量及价格等说明文字加入图块。这些非图形信息为图块的属性，图块属性包含"属性定义""修改属性定义""图块属性编辑"。

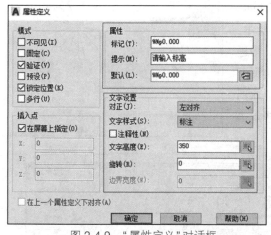

图 2-4-9　"属性定义"对话框

（1）属性定义

①命令输入方式

命令行：ATTDEF(ATT)↙。

功能区：默认选项卡→块面板→定义属性 。

菜单栏：绘图→块→ 定义属性。

②操作步骤

命令：ATT↙

系统弹出"属性定义"对话框，如图 2-4-9 所示，在对话框内对"模式""属性""插入点""文字设置"等进行设置。

【提示】
文字高度设置，当没有勾选"注释性"时，文字的高度设置与出图比例有关。例如，当出图比例为 1∶100 时，文字高度为图纸中文字高度乘以出图比例的倒数；勾选"注释性"时，文字的高度即图纸中文字高度。

③选项说明

模式：可以设置属性的模式。

不可见：设置插入块后是否显示其属性。

固定：设置属性是否为固定值。

验证：设置是否对属性值进行验证。

预置：确定是否将属性值直接预置成为默认值。

属性：定义块的属性。

插入点：设置属性值的插入点，即属性文字排列的参照点。

文字选项：设置属性文字的格式。

（2）修改属性定义

①命令输入方式

命令行：DDEDIT↙。

菜单栏：修改→对象→文字→编辑。

②操作步骤

命令：DDEDIT↙

选择注释对象或[放弃(U)]： 选择要修改的属性定义，打开"编辑属性定义"对话框，在对话框内修改属性定义

（3）图块属性编辑

①命令输入方式

命令行：EATTEDIT↙。

功能区：默认选项卡→块面板→编辑属性定义。

菜单栏：修改→对象→属性→单个。

②操作步骤

命令：EATTEDIT↙

选择块：

选择块后，打开"增强属性编辑器"对话框，在对话框内编辑属性、文字选项、图层、线型、颜色等特性值。

【融会贯通】

定义建筑标高图块属性。

---

2. 设计中心

设计中心可以实现资源的共享，可以将设计中心的资料添加到工具选项板中。

1) 命令输入方式

命令行：ADCENTER(ADC)↙。

功能区：视图选项卡→选项板面板→▦。

菜单栏：工具→选项板→设计中心。

快捷键：Ctrl+2。

2) 操作步骤

命令：ADC↙

系统自动弹出"设计中心"面板，在"设计中心"面板进行操作。

3) 设计中心作用

浏览用户计算机、网络驱动器和 Web 页上的图形内容（如图形或符号库）；查看任意图形文件中块和图层的定义表，然后将定义插入、附着、复制和粘贴到当前图形中；更新（重定义）块定义；创建指向常用图形、文件夹和 Internet 网址的快捷方式；向图形中添加内容（如外部参照、块和图案填充）；在新窗口中打开图形文件；将图形、块和图案填充拖动到工具选项板上以便于访问；可以在打开的图形之间复制和粘贴内容（如图层定义、布局和文字样式）。

> 【融会贯通】
> 将一个文件的资源共享到当前文件中。

3. 工具选项板

工具选项板以选项卡形式，在窗口中整理块、图案填充和自定义工具。可通过在"工具选项板"窗口的各区域，单击鼠标右键显示的快捷菜单访问各种选项和设置。

1) 命令输入方式

命令行：TOOLPALETTES(TP)✓。

功能区：视图选项卡→选项板面板→ 。

菜单栏：工具→选项板面板→工具选项板。

快捷键：Ctrl+3。

2) 操作步骤

命令：TP✓

系统自动弹出"工具选项板"面板，在"工具选项板"面板进行操作。在弹出界面左侧选项类型上右击，在右键菜单中可以单击"新建选项板"，新建一个新的选项板。

3) 使用方法

（1）将设计中心内容添加到工具选项板中（如将项目2植物图例创建为工具选项板）

命令：ADC✓

单击"项目2园林景观平面图"，单击"块"，在右侧预览窗口单击鼠标右键，在快捷菜单中单击"创建工具选项板"，此时项目2所有图例全部转移到工具选项板中，如图2-4-10所示。

图 2-4-10　工具选项板创建

（2）利用工具选项板快速绘图

只需要将工具选项板中的图形单元拖动到当前图形即可完成该单元图形的绘制。

如图 2-4-11 所示，将工具选项板里健身器械图块拖动到当前图形中，就可以完成健身广场中健身器械的布置。

4. 修订云线

1) 命令输入方式

命令行：REVCLOUD(REVC)↙。

功能区：默认选项卡→绘图面板→ 。

工具栏：绘图→ 。

绘图菜单：绘图→ 修订云线(V) 。

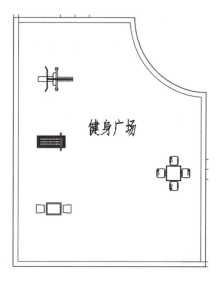

图 2-4-11 健身器械布置

2) 操作步骤

命令：REVCLOUD↙

最小弧长：333.3333 最大弧长：666.6667 样式：普通 类型：徒手画

指定第一个点或[弧长(A)/对象(O)/矩形(R)/多边形(P)/徒手画(F)/样式(S)/修改(M)]<对象>： 样式为徒手画，适当位置拾取一点

沿云线路径引导十字光标… 随着光标的移动，可以随时按 Enter 键停止云线绘制，返回到云线绘制起点，生成闭合修订云线

3) 选项说明

文本窗口显示最小弧长，为上次绘制修订云线时的最小弧长数值；最大弧长为上次绘制修订云线时的最大弧长数值。

弧长：指定每个圆弧弦长的近似值，圆弧弦长是圆弧端点之间的距离。

对象：指定要转换为修订云线的对象。

矩形：使用指定的点作为对角点创建矩形修订云线。

多边形：由 3 个或更多点定义的修订云线，是修订云线的多边形顶点。

徒手画：创建徒手画修订云线。

样式：指定修订云线的样式，普通或徒手画样式。

修改：指定一个或多个新点来重新定义现有修订云线。当提示选择要删除的一边时，将删除所选的修订云线部分。

【提示】

修订云线除徒手画法外，还有矩形、多边形画法，大家可自行尝试。

[融会贯通]

绘制如图 2-4-12 所示灌木疏林。

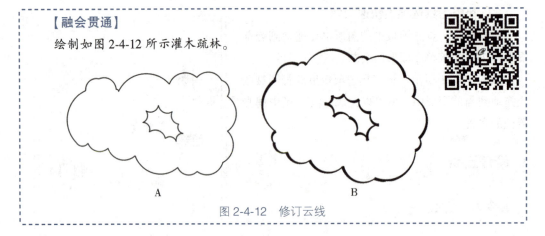

图 2-4-12　修订云线

5. 点命令

1) 命令输入方式

命令行：POINT(PO)↙。

功能区：默认选项卡→绘图面板→ 。

菜单栏：绘图→点(O)（单点、多点、定数等分、定距等分）。

工具栏：绘图→ 。

2) 操作步骤

命令：POINT↙

当前模式：POMODE=0PDSIZE=0.0000

指定点：　拾取点或者输入点的坐标

3) 选项说明

单点：只输入一个点。

多点：可输入多个点，命令只能用"ESC"键结束命令。

定数等分[命令行输入方式：DIVIDE(DIV)]：指定等分的数目，可以在等分点上插入块。

定距等分[命令行输入方式：MEASURE(ME)]：指定等分的长度，可以以块作为符号来定距等分对象。

[融会贯通]

定距等分绘制行道树（图 2-4-13）。

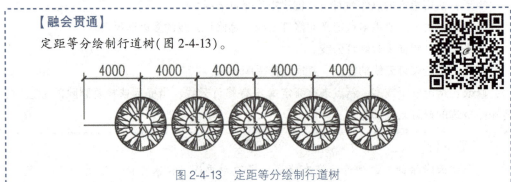

图 2-4-13　定距等分绘制行道树

6. 表格命令

1) 定义表格样式

（1）命令输入方式

命令行：TABLESTYLE↙。

功能区：默认选项卡→注释面板→⊞ 或者注释选项卡→表格面板→▪。

菜单栏：格式→表格样式。

（2）定义表格样式的操作步骤

命令：TABLESTYLE↙

系统自动弹出"表格样式"对话框，单击"新建"按钮，对新样式进行命名，单击"继续"按钮，打开"新建表格样式"对话框，在对话框内对新的表格进行定义。

在"新建表格样式"对话框中可以使用"数据""列标题"和"标题"选项卡，分别设置表的数据、列标题和标题样式。

在"新建表格样式"对话框中可以分别指定单元格特性、边框特性、表格方向和单元格边距，主要是对单元样式中的标题、表头、数据进行常规、文字、边框特性的设置，如图 2-4-14 所示。

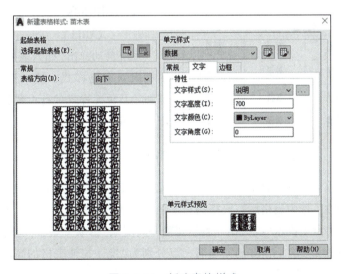

图 2-4-14　新建表格样式

【提示】
定义表格样式的步骤、使用，请参见任务 3-4 的 "9. 绘制植物种植"中的图例表表格样式创建。

2) 插入表格

（1）命令输入方式

命令行：TABLE(TAB)↙。

功能区：默认选项卡→注释面板→ 表格 或者注释选项卡→表格面板→ 。

菜单栏：绘图→ 表格...。

工具栏：绘图→ 。

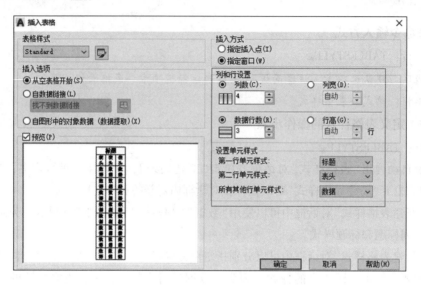

图 2-4-15 "插入表格"对话框

标题			
表头	表头	表头	表头
数据	数据	数据	数据
数据	数据	数据	数据
数据	数据	数据	数据

图 2-4-16 表格

（2）操作步骤

命令：TABLE↙

系统自动弹出"插入表格"对话框，在对话框内对表格样式、插入选项、插入方式、列和行及单元样式进行设置，参见图 2-4-15、图 2-4-16。

3）表格编辑

常用的表格编辑操作有表格大小调整、单元格调整，可以通过表格的编辑工具进行。

表格大小调整：选中表格后，表格的右下角会出现一个三角形夹点，如图 2-4-17 中的点①，光标置于夹点上提示"统一拉伸表格宽度和高度"，拾取夹点后，可以调整表格的大小。在表格左下角②及右上角③的三角形夹点分别为"统一拉伸表格的高度""统一拉伸表格的宽度"。

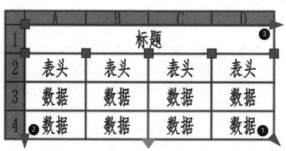

图 2-4-17 表格大小调整

单元格调整：调整单元格，包括对单元格的添加、合并、删除等操作，此部分内容详见任务 3-2 的"3. 绘制并调整表格"，此处不再赘述。

单元格内容输入：双击单元格，即可以输入文字、符号、字段等；单击单元格，可以输入块、字段、公式等。

7. 绘图次序

1) 命令输入方式

命令行：DRAWORDER(DR)↙。

菜单栏：工具→绘图次序。

工具栏输入。

快捷方式：绘图区单击鼠标右键，单击绘图次序。

2) 绘图次序操作步骤

命令：DR↙

选择对象：　在图纸中选择需要调整绘图次序的对象

输入对象排序选项[对象上(A)/对象下(U)/最前(F)/最后(B)]←<最后>：　选择已选对象的绘图次序

3) 绘图次序选项说明

选择对象：指定要更改其绘图顺序的对象，对于"上"和"下"选项，将显示其他提示，可以在其中选择应该在最初选定对象的上方或下方的参考对象。

对象上(A)：将选定对象移动到指定参照对象的上面。

对象下(U)：将选定对象移动到指定参照对象的下面。

最前(F)：将选定对象移动到图形中对象顺序的顶部。

最后(B)：将选定对象移动到图形中对象顺序的底部。

文字对象、标注对象、引线对象、填充图案等前置：分别将这些对象前置。

8. 计数

计数是 AutoCAD 2022 新增加的命令，可以快速实现对图元、图块等对象的统计操作。

1) 命令输入方式

快捷方式：绘图窗口→鼠标右键→计数。

命令行：COUNT↙。

功能区：视图选项卡→选项板面板→计数。

2) 操作步骤

COUNT 选择目标对象或[列出所有块(L)]<列出所有块>：　↙　选择需要统计的块

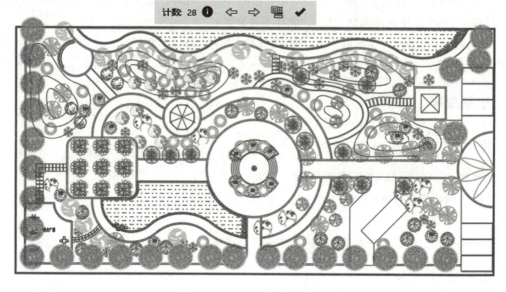

图 2-4-18　计数界面示意

画面上方显示每个块的数量，下方则显示每个块的状态，如图 2-4-18 所示。

点击图标 ✔，结束计算。

📄 任务实施

1. 定义植物图块

植物图块的定义方式，在前面的知识准备中已经介绍了，依据这样的方法，可依次完成本例所有图例图块的定义。下面做几点说明：

定义图例图块的图层：尽量将图块绘制在"0"层，因为"0"层所定义的图块具有随层的特性，即随它所插入的图层的特性。

图例图块的尺寸：可以按照图例所代表的植物或者其他内容的实际尺寸绘制，也可以按照单位尺寸绘制，所谓的单位尺寸是指 10 的倍数的尺寸，这样，图块尺寸发生变化时，便于缩放倍数的输入。

2. 绘制图例表

将当前图层切换为"植物图例表"图层。

执行表格命令，点击"表格样式"按钮，启动"表格样式"对话框，对当前的表格样式进行修改。将文字选项中文字高度设置为"700"，文字样式选择"说明"，点击"确定"并关闭对话框。设置列数为"12"，行数为"9"，设置单元样式全部为"数据"，点击"确定"并关闭对话框。

指定一点插入表格，对表格进行调整。

双击表格单元，依次输入序号与文字，文字对齐方式为正中，如图 2-4-19 所示。

单击单元格，插入本例的植物图例，注意图例的对正方式为正中，如图 2-4-19 所示。

序号	名称	数量	规格			图例	序号	名称	数量	规格	图例
			高度m	胸径cm	冠幅m						
1	雪松	25	2-3	6	1.5-2		8	西府海棠	12	高1.5-2 地径4-6 冠幅1.2-1.5	
2	垂柳	19	3-5	6	2.5-3		9	碧桃	27	高1.5-2 丛生 冠幅1.2-1.5 主分枝5-7	
3	五角枫	21	3-4	6-8	2.5-3		10	白丁香	7	高1.5-2 丛生 冠幅1.2-1.5 主分枝5-7	
4	银杏	11	4-6	8-10	3-4		11	紫丁香	4	高1.5-2 丛生 冠幅1.2-1.5 主分枝5-7	
5	栾树	27	3-4	8-10	3-4		12	红宝石海棠	13	高>1.5 丛生 冠幅1.2-1.5 主分枝5-7	
6	合欢	9	3-3.5	6-8	2.5-3		13	山楂	15	三年生,条长2m	
7	白玉兰	8	1.8-2	地径>4cm	1.5-2						

图 2-4-19 植物图例表格

3. 绘制乔木

打开操作案例的底图,将当前图层切换为乔木图层。

执行命令 Ctrl+2,弹出"设计中心"面板,双击园林景观平面图,点击"块",在右侧预览窗口单击鼠标右键,将园林景观平面图中所有块创建为工具选项板,如图 2-4-10 所示,关闭"设计中心"。

1) 以定距等分的方式绘制南侧道路行道树

单击绘图面板中的"定距等分"按钮,命令提示及操作如下:

MEASURE 选择要定距等分的对象: 选择南侧左侧道路内部道牙线
MEASURE 指定线段长度或[块(B)]: B 拾取"块(B)"按钮
MEASURE 输入要插入的块名:国槐✓ 输入块的名字"国槐"并按 Enter 键
MEASURE 是否对齐块和对象?[是(Y)否(N)]<Y>:Y✓ 输入"是(Y)"并按 Enter 键确认
MEASURE 指定线段长度:5000✓ 输入定距等分的距离 5000 并按 Enter 键
右侧道路以同样的方式绘制,如图 2-4-20 所示。

2) 以多重复制的方式绘制西侧道路

命令:CO✓
COPY 选择对象: 选择左侧的国槐
COPY 指定基点或[位移(D)模式(O)]<位移>: 指定国槐中心为基点
COPY 指定第二个点或[阵列(A)]<使用第一个点作为位移>:A✓
COPY 输入要进行阵列的项目数:8✓
COPY 指定第二个点或[布满(F)]:5000✓
COPY 指定第二个点或[阵列(A)退出(E)放弃(U)]<退出>:ESC✓
结果如图 2-4-20 所示。

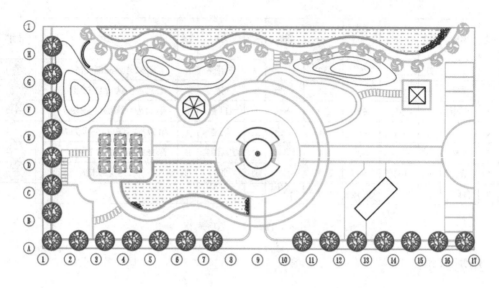

图 2-4-20 规则式乔木种植

3) 树阵广场种植

利用工具选项板插入图块。在工具选项板中选择合欢图块,命令提示及操作如下:

EXECUTETOOL 指定插入点或[基点(B)比例(S)旋转(R)]:S↙　输入比例 S

EXECUTETOOL 指定 XYZ 轴的比例因子<1>:2↙　输入缩放比例 2

EXECUTETOOL 指定插入点或[基点(B)比例(S)旋转(R)]:　指定树池中心为插入点 删除辅助线

阵列命令:AR↙

ARRAY 选择对象:　选择合欢

ARRAY 输入阵列类型[矩形(R)路径(PA)极轴(PO)]<矩形>:R↙

ARRAY 选择夹点以编辑阵列或[关联(AS)基点(B)计数(COU)间距(S)列数(COL)行数(R)层数(L)退出(X)]<退出>:　列数为3,介于(列间距)2900,行数为3,介于(行间距)-2900

保存并关闭"阵列"对话框。

【提示】
阵列复制对象,行间距是正值为向上阵列,负值为向下阵列;列间距是正值为向右阵列,负值为向左阵列。

4) 以路径阵列方式种植植物

点击"工具"选项板中垂柳图块,并插入图块垂柳,输入阵列命令,命令提示及操作如下:

阵列命令:AR↙

ARRAY 选择对象:　选择垂柳

ARRAY 输入阵列类型[矩形(R)路径(PA)极轴(PO)]<矩形>：PA↵
ARRAY 选择路径曲线： 选择道路路径

此时，功能区面板显示"阵列创建"对话框(图2-4-21)，介于(图块之间的距离)在3500~4000之间都可以，此处为3800。关闭"阵列"按钮或者在命令行中点击"退出(X)"按钮。

另一侧以同样的方式进行种植。

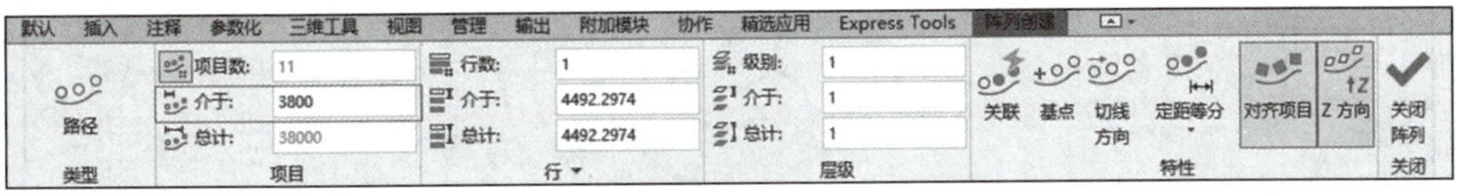

图 2-4-21　路径阵列

5）绘制自然式种植

自然式种植乔木的绘制，首先插入图块，调整大小，然后以多重复制的方式绘制。操作步骤略，参见图2-4-22。

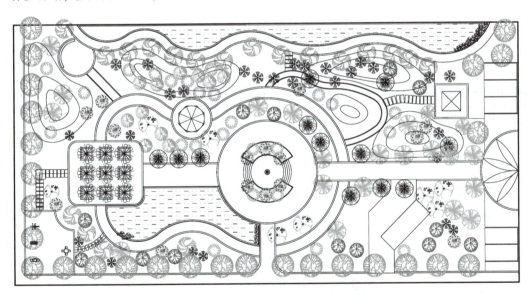

图 2-4-22　乔木种植

4. 绘制灌木

灌木绘制方式与自然式乔木绘制方式相同，如图2-4-23所示，具体步骤略。

5. 绘制草坪和地被

1）绘制草坪

将"草坪"图层切换为当前图层，利用图案填充命令(H)绘制。

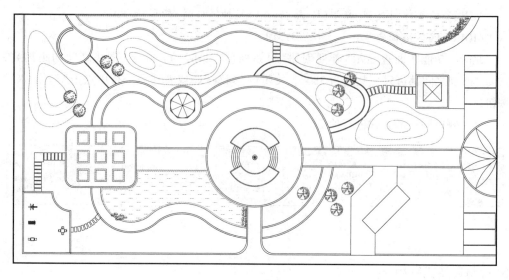

图 2-4-23 灌木种植

H↵

HATCH

拾取内部点或[选择对象(S)放弃(U)设置(T)]：

打开图案填充对话框，以拾取点方式拾取内部点，选择图案 CROSS，指定比例为 50，保存并关闭"图案填充创建"，如图 2-4-24 所示。

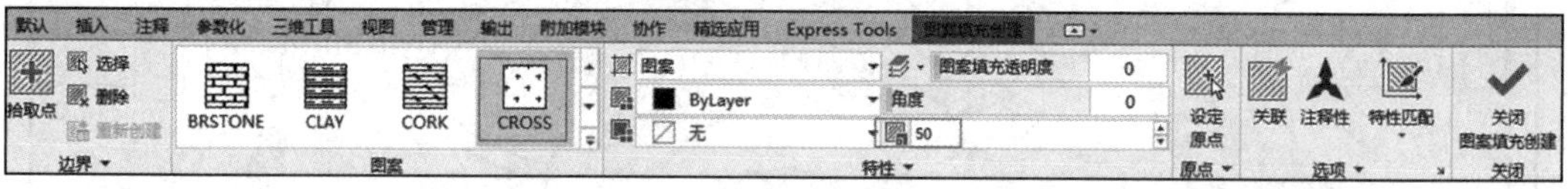

图 2-4-24 图案填充草坪

如果想绘制草坪由外向内的渐变效果，可采用分层填充的方法，将指定比例分别改为 80、100，如图 2-4-25 所示。

图 2-4-25 绘制渐变草坪

2) 绘制地被

将当前图层切换为"地被"图层，输入云线命令，命令提示及操作如下：

命令：REVC↙

命令：REVCLOUD

最小弧长：333　最大弧长：666　样式：普通　类型：徒手画

REVCLOUD 指定第一个点或[弧长(A)对象(O)矩形(R)多边形(P)徒手画(F)样式(S)修改(M)]<对象>：　开始绘制地被轮廓(提示：弧长要根据所绘制的地被面积的大小进行调整)

继续绘制地被，或者进行多重复制，然后调整角度。

命令：CO↙

COPY 指定基点或[位移(D)模式(O)]<位移>：　拾取基点

指定第二个点或[阵列(A)/退出(E)/放弃(U)]<退出>：　依次粘贴

命令：RO↙

ROTATE 指定基点：　任意拾取一点作为旋转基点

ROTATE 指定旋转角度，或[复制(C)参照(R)]<0>：　旋转至合适角度

以同样的方式绘制其他的地被，如图 2-4-26 所示。

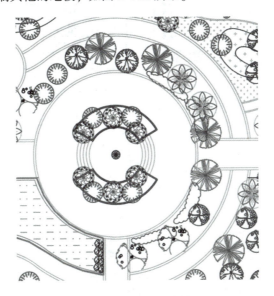

图 2-4-26　绘制地被

6. 统计图例表中苗木数量

利用计数命令来实现苗木的统计。

命令：COUNT↙

COUNT 选择目标对象或[列出所有块(L)]<列出所有块>：L↙

弹出如图 2-4-27 所示的选项板，点击左上角图标，选中全部图块，点击"插入"，以表格的形式将图形中所有的图块统一计数插入图中，如图 2-4-28 所示。

将图 2-4-28 所示图块的数量减 1，填入苗木统计表中，如表格中所示白丁香的数量为 8，此时在苗木表中填入 7。

> 【提示】
> 计数命令统计的是图中所有块的数量，包含苗木表中的图块。

图 2-4-27　"计数"选项板　　图 2-4-28　图例中苗木数量表格

项目 3　园林景观施工图绘制

项目情景

园林景观设计一般分为方案设计、扩大初步设计、施工图设计 3 个阶段。各阶段的设计文件包括：封面，扉页（施工图阶段可不要），设计文件目录，设计说明书，设计图纸（包括效果图），投资估算书（概算书）。

本项目以美丽乡村游园建设为背景，从园林景观的典型工作任务——园林施工图绘制出发，利用计算机辅助设计软件——AutoCAD 2022 学习制作施工图阶段设计文件，包括封面、目录、设计说明书、设计图纸（施工设计图样）的绘制。在完成园林施工图绘制过程中掌握 AutoCAD 2022 软件的基本绘图与修改操作的知识与技能。

项目从软件使用的角度来讲，属于软件的综合操作，绘图与修改操作已经在项目 1、项目 2 中进行讲解。AutoCAD 2022 的绘图与修改操作输入方式，一般有菜单方式、工具栏方式、功能区方式、命令行方式，本项目的绘图与修改操作以命令行或者功能区方式为主。

学习目标

【知识目标】

掌握软件的绘图与修改操作，掌握园林景观图纸封面、设计说明、图纸目录、总平面图、分区图、竖向设计图、植物配置图、建筑施工图、铺装图、给排水图及供电图的绘制。

【技能目标】

能够熟练进行 AutoCAD 软件的基本绘图与修改操作，能够绘制园林景观施工图图样。

【素质目标】

在描绘绿水青山的一草一木过程中传播与践行社会主义核心价值观，锻炼自我学习能力，培养创新精神，逐步养成严谨细致的工匠意识，融入生态、低碳理念，在项目操作实践中发现美，筑梦美丽中国。

任务 3-1　绘制园林景观设计图纸封面

工作任务

本任务用 AutoCAD 2022 软件完成园林景观图纸封面的绘制。绘制中需要使用新建及保存文件，以及缩放命令、复制命令、矩形命令、单行文字的输入与编辑等绘图与修改操作。

知识准备

1. 图纸封面

图纸封面，相当于一本书的封面，封面必须包含的内容有项目名称、设计阶段、设计单位、项目设计编号、日期等。

2. 软件的绘图、修改与注释

本任务实施过程中需要用到的操作有新建文件、样板使用、缩放命令、多重复制操作、矩形命令等，以及单行文字输入，这些绘图、修改与文字注释知识已经在项目1、项目2中讲述，需要时可以查阅相关内容，此处不再赘述。

任务实施

1. 新建文件

单击 AutoCAD 2022 软件开始界面的"新建"，选择"浏览模板"，或者以其他方式新建文件，打开"选择样板"对话框，在"查找范围"下拉列表中，找到项目1中制作的"A2园林样板.dwt"（图3-1-1）。

> 【提示】
> AutoCAD 软件是有记忆功能的，当我们新建文件，并选择相应的模板后，以后如果从"开始"界面新建文件，打开"开始"的"新建"文件右侧的下拉三角，会看到曾经使用过的模板文件，如图3-1-2所示。

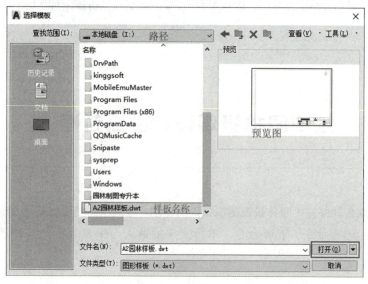

图 3-1-1　选择样板　　　　　　　　图 3-1-2　"开始"菜单

2. 保存文件

对当前建立好的文件进行保存，可以单击快捷工具栏中的"保存"按钮，或者在文件名单击鼠标右键，单击"另存为"按钮，也可以输入文件另存为快捷键"Ctrl+Shift+S"，打开"图形另存为"对话框（图 3-1-3），将当前文件以"幸福花园社区生态园林景观设计"为名进行保存，如图 3-1-4 所示。

【提示】
保存时，为了与低版本文件良好兼容，可以将文件类型保存为比较低的版本，例如，此处保存为"AutoCAD 2000/LT2000 图形（*.dwg）"。

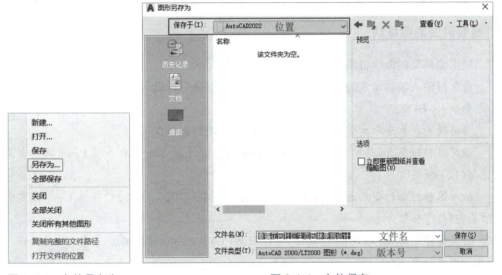

图 3-1-3　文件另存为　　　　　　图 3-1-4　文件保存

3. 缩放图纸

输入缩放命令，将图纸放大 200 倍。

SC✓　输入缩放命令

SCALE

选择对象：选择整个对象：找到 20 个

选择对象：✓　结束对象选择

指定基点：　拾取图纸的左下角点

指定比例因子或 [复制(C)/参照(R)]：200✓　输入 200

鼠标中键双击当前视口，图纸以最大化的方式全部显示在当前视口中。

4. 复制图纸

此处复制的图纸，将作为后续其他图样的图纸。

CO✓　输入多重复制命令

选择对象： 选择 A2 图纸，找到 23 个

选择对象：✓ 结束对象选择

当前设置：复制模式 = 多个

指定基点或[位移(D)/模式(O)]<位移>： 拾取图纸的左下角点

指定第二个点或[阵列(A)]<使用第一个点作为位移>： 适当位置拾取一点

指定第二个点或[阵列(A)/退出(E)/放弃(U)]<退出>：✓ 结束复制操作

5. 绘制封面

1) 切换图层、删除标题栏

"图层"选项卡上将"图符"层置为当前，并将图纸的图框线、标题栏及标题栏文字删除。

2) 绘制封面的图框线

利用偏移复制命令将图纸线向内偏移 2000。

命令行输入偏移命令的快捷键 O 并按 Enter 键，命令行提示及操作如下：

命令：_OFFSET

当前设置：删除源=否 图层=源 OFFSETGAPTYPE=0

指定偏移距离或[通过(T)/删除(E)/图层(L)]：L✓ 输入 L 并按 Enter 键或者单击"图层(L)"按钮

输入偏移对象的图层选项[当前(C)/源(S)]<源>：C✓ 输入 C 并按 Enter 键或者单击"当前(C)"按钮

指定偏移距离或[通过(T)/删除(E)/图层(L)]<100>：2000✓ 输入偏移距离 2000

选择要偏移的对象，或[退出(E)/放弃(U)]<退出>： 拾取图纸矩形

指定要偏移的那一侧上的点，或[退出(E)/多个(M)/放弃(U)]<退出>： 在图纸内部拾取一点

选择要偏移的对象，或[退出(E)/放弃(U)]<退出>：✓ 按 Enter 键结束

双击图框线，弹出多段线编辑快捷菜单（图 3-1-5），单击"宽度"按钮，将多段线的宽度修改为 200，按 Enter 键结束。

图 3-1-5 多段线快捷编辑

3) 输入封面文字

将图层工具栏中的"文字"层置为当前图层。

文字样式工具栏中将"标题"文字样式置为当前文字样式，命令行输入单行文字快捷命令 DT，并按 Enter 键，命令行提示及操作如下：

DTEXT(DT)✓

指定文字的起点或[对正(J)/样式(S)]： 在图纸适当位置单击鼠标左键拾取一点

指定高度 <2.5000>：4000↙

指定文字的旋转角度 <0>：↙　直接按 Enter 键

幸福花园社区游园景观设计↙　输入文字"幸福花园社区游园景观设计"并按 Enter 键

施工图↙　输入文字"施工图"并按 Enter 键

项目编号：2022-A6↙　输入文字"项目编号：2022-A6"并按 Enter 键

单位法定代表人：↙　输入"单位法定代表人："并按 Enter 键

项目负责人：↙　输入"项目负责人："并按 Enter 键

××园林景观绿化工程有限公司↙　输入公司名字"××园林景观绿化工程有限公司"并按 Enter 键

2022.06.01↙　输入日期并按 Enter 键

↙　按 Enter 键，结束单行文字输入

输入文字后，选中文字，拾取文字的夹点，将文字移至适当位置。

修改字高，将"项目编号：2022-A6""单位法定代表："项目负责人：""2022.06.01"的高度修改为 2000mm，"××园林景观绿化工程有限公司"高度为 3000。

结果如附图 1 所示。

6. 保存文件

用快捷键"Ctrl+S"实现文件的保存，命令行提示"_ qsave"，表示保存文件操作结束。

任务 3-2　绘制园林景观设计图纸目录

工作任务

本任务利用 AutoCAD 2022 软件完成园林景观图纸目录绘制，其中包含表格绘制、表格文字输入。绘制中需要使用表格样式创建、表格绘制与编辑、文字输入与编辑等操作。

知识准备

1. 图纸目录

园林景观设计图纸目录相当于一本书的目录，具有向导作用，说明了整个工程的图纸数量、出图大小及内容，包括序号、图纸编号、图名、图幅、张数、备注等。

序号应该从"1"开始依次编排，不得从"0"开始；图纸编号一般以专业为单位，各专业各自编排相应专业的图号，对于大、中型项目，应按照以下专业进行图纸编号：园林、建筑、结构、给排水、电气、材料、附图等；对于小型项目，可以按照以下专业进行图纸编号：园林、建筑及结构、给排水、电气等。目录先列新绘制的图纸，后列选用的标准图。

2. 软件的绘图、修改与注释

本任务实施过程中涉及的软件知识有多重复制、文字输入（单行文字、多行文字）、表格

样式的创建与表格的填写等，这些基本知识在项目 1、项目 2 中已经讲解，此处不再赘述。

任务实施

1. 绘制图纸， 填写标题栏文字

图纸在任务 3-1 中已经复制好，此处需要填写标题栏文字。

在“图层”面板中，将“文字”层置为当前图层，单击“注释”面板中文字样式的下拉三角，如图 3-2-1 所示，在下拉列表中将“说明”文字置为当前文字样式，利用单行文字命令，输入如图 3-2-2 所示的标题栏文字。

单击注释面板中的“单行文字”按钮，或者输入单行文字的快捷命令 DTEXT(DT)，并按 Enter 键。

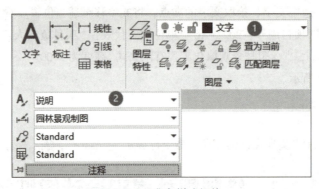

图 3-2-1　文字样式切换

××园林景观绿化工程有限公司				项目	幸福花园社区建设工程	
				工程名称	幸福花园社区生态园林景观设计	
工程负责人		设计		图纸目录	比　例	1:200
审核		制图			图　别	景施
校核		日期			图　号	
					设计号	2022-A6

图 3-2-2　图纸目录标题栏

命令：_TEXT

当前文字样式：“说明”　文字高度：1000　注释性：否　对正：左

指定文字的起点或[对正(J)/样式(S)]：　适当位置拾取文字的起点

指定高度 <1000>：1000↙　确认文字高度为 1000，并按 Enter 键

指定文字的旋转角度 <0>：↙　直接按 Enter 键，确认文字旋转角度为 0

××园林景观绿化工程有限公司↙　输入文字“××园林景观绿化工程有限公司”并按 Enter 键

幸福花园社区建设工程↙　输入文字“幸福花园社区建设工程”并按 Enter 键

幸福花园社区生态园林景观设计↙　输入文字“幸福花园社区生态园林景观设计”并按 Enter 键

图纸目录↙　输入“图纸目录”并按 Enter 键

1 : 200↙　输入“1 : 200”并按 Enter 键

景施↙　输入"景施"并按 Enter 键
2022-A6↙　输入设计号"2022-A6"并按 Enter 键
　↙　再一次按 Enter 键结束文字的输入

输入文字后,可以将文字依次移至标题栏中的相应位置。选中文字,右键快捷菜单打开"快捷特性"工具,将单位名称"××园林景观绿化工程有限公司"及图名"图纸目录"的高度修改为1400,如图 3-2-3 所示。

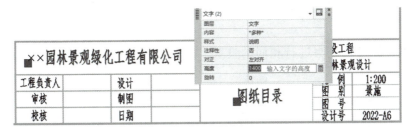

图 3-2-3　文字高度编辑

2. 新建表格样式

1) 输入表格命令

单击"格式"菜单中的"表格样式(B)"按扭,或者展开默认选项卡的"注释"面板,单击"表格样式"按钮(图 3-2-4),或者打开"注释"选项卡,单击表格面板右下角的下拉三角(图 3-2-5),打开"表格样式"对话框,如图 3-2-6 所示。

图 3-2-4　创建表格

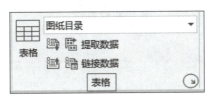

图 3-2-5　创建表格

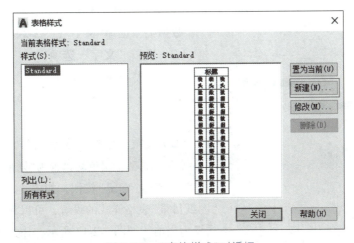

图 3-2-6　"表格样式"对话框

2）新建表格样式

单击"新建"按钮，新样式名命令为"图纸目录"，如图 3-2-7 所示，点击"继续"按钮，打开"图纸目录"表格样式设置对话框，表格默认的是包含有数据、标题及表头的，每一个选项都可以进行常规、文字及边框设置，下面分别进行设置。

对数据、标题及表头进行相同的设置，如图 3-2-8 所示。

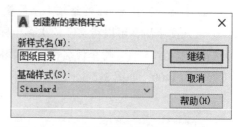

图 3-2-7 "创建新的表格样式"对话框

图 3-2-8 "常规"选项

（1）设置"常规"选项

填充颜色选择"无"；对齐选择"正中"；格式，单击右侧的按钮，将格式设置为"文字"；数据类型选择"文字"（图 3-2-9）。

（2）设置"文字"选项

文字样式选择"说明"文字；文字高度输入 1000；文字颜色选择"随层"；文字角度为"0"（图 3-2-10）。

（3）设置"边框"选项

线宽、线型、颜色均设置为"随层 ByLayer"，其他默认，点击"确定"按钮，如图 3-2-11 所示，结束"图纸目录"表格样式的设置，可以将"图纸目录"样式置为当前，如图 3-2-12 所示，并关闭"表格样式"对话框。

图 3-2-9 表格单元格式

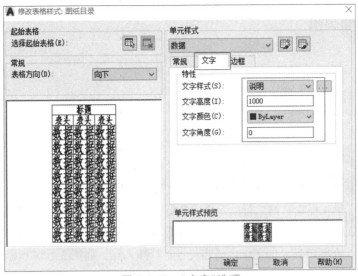

图 3-2-10 "文字"选项

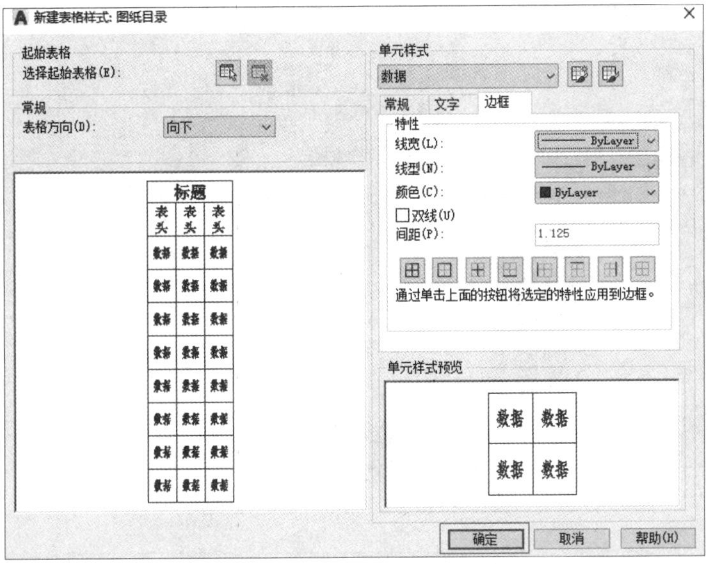

图 3-2-11 "边框"选项

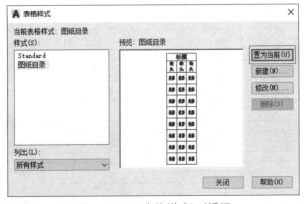

图 3-2-12 "表格样式"对话框

3. 绘制并调整表格

1）切换图层

在"图层"面板中将"标注"层置为当前图层。

2）绘制表格

单击"注释"面板上的"表格"按钮▦，或者输入表格命令 TABLE 并按 Enter 键，打开"插入表格"对话框。表格样式确认为"图纸目录"；列数为"5"，数据行数为"22"；设置单元样式，第一行单元样式、第二行单元样式和所有其他单元样式都选择"数据"；列宽及行高会根据所设置的文字高度及输入文字的多少自动调整，默认即可，如图 3-2-13 所示。单击"确定"按钮，在图纸目录的图纸内适当位置选择插入点，如图 3-2-14 所示，并利用夹点编辑调整表格。

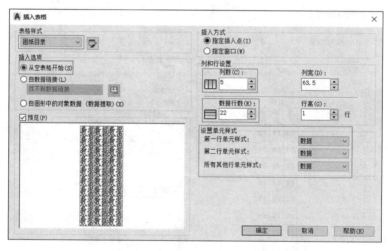

图 3-2-13 "插入表格"对话框

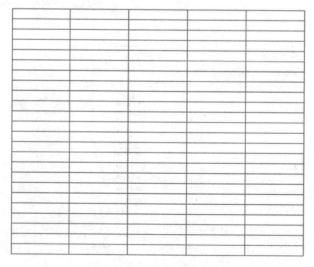

图 3-2-14 图纸目录表格

【提示】
数据行数指的是单元样式是数据的行数,不包括标题及表头,此处我们将第一行单元样式及第二行单元样式全部设置为"数据",所以当实际行数是24行时,在数据行数处应该输入"22"。

3)编辑表格

（1）编辑第一行

框选表格中的某一个单元格或者一行单元格,此时功能区选项板会暂时变成"表格单元"面板,如图 3-2-15 所示,相当于"表格单元"对话框,由"行""列""合并""单元样式""单元格式""插入""数据"等构成,根据需要选择相应的操作即可。此处,选择第一行后,如图 3-2-16 所示,单击"表格单元"面板上的"合并单元"下拉列表中的"按行合并"（图 3-2-17）,完成第一行的合并操作。选中表格单元行或者列后,单击鼠标右键快捷菜单也可以完成相应的操作,如图 3-2-18 所示。

图 3-2-15 "表格单元"面板

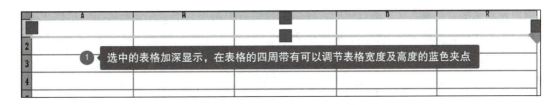

图 3-2-16 选中的单元格

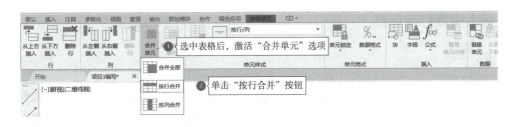

图 3-2-17 "表格单元"编辑面板

（2）编辑第二行

选中表格第二行部分单元,单击"表格单元"面板上的"合并单元"下拉三角,选择"按行合并"。编辑好的表格如图 3-2-19 所示。

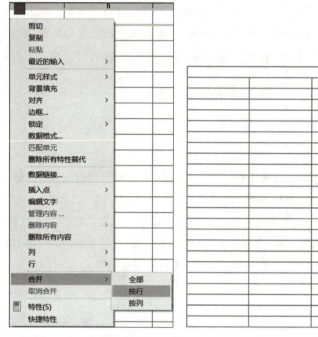

图 3-2-18　右键快捷菜单　　　　　图 3-2-19　编辑好的图纸目录表格

4. 填写表格文字

双击要填入文字的单元格，出现如图 3-2-20 的提示"I"。等待文字输入，改变输入法，依次输入文字，在输入文字的过程中，可以配合键盘上的上、下、左、右箭头，依次进入相应的单元格，完成文字的输入，见附图 2。

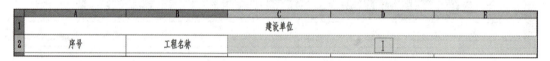

图 3-2-20　表格文字输入状态

5. 输入图纸目录标题

1) 输入文字

在图层面板中将"文字"图层置为当前图层，在"注释"面板中将"标题"文字样式置为当前文字样式，命令行输入单行文字命令 DT 并按 Enter 键，按照命令行提示完成标题文字的输入：

命令：DT↙

TEXT

当前文字样式："标题"　文字高度：4000.0　注释性：否　对正：左

指定文字的起点 或[对正(J)/样式(S)]：　拾取一点作为文字的起始点

指定高度 <4000.0>：2000↙　输入 2000 并按 Enter 键

指定文字的旋转角度 <0>：✓　直接按 Enter 键

图纸目录✓　输入文字"图纸目录"并按 Enter 键结束文字的输入

2) 绘制文字的下划线

命令行输入多段线命令 PL 并按 Enter 键，按照命令行提示在"图纸目录"文字下面绘制一条多段线，具体操作过程如下：

命令：PL

PLINE

指定起点：适当位置拾取一点

当前线宽为 0.0

指定下一个点或[圆弧(A)/半宽(H)/长度(L)/放弃(U)/宽度(W)]：W　输入"宽度(W)"改变多段线的线宽

指定起点宽度 <0.0>：100✓　输入起点宽度 100 并按 Enter 键

指定端点宽度 <100.0>：100✓　输入端点宽度 100 并按 Enter 键

指定下一点或[圆弧(A)/闭合(C)/半宽(H)/长度(L)/放弃(U)/宽度(W)]：水平向右拾取第二点

指定下一个点或[圆弧(A)/半宽(H)/长度(L)/放弃(U)/宽度(W)]：✓　按 Enter 键结束

6. 保存文件

输入快捷键"Ctrl+S"，快速实现文件的保存，命令行提示"_ qsave"，表示保存文件操作结束。

最终结果如附图 2 所示。

任务 3-3　书写园林景观施工设计说明

🌿 工作任务

本任务用 AutoCAD 2022 软件绘制园林景观施工设计说明，其中包含图纸绘制、标题栏填写及设计说明文字书写。绘制中需要使用多行文字，以及多段线绘制、复制等操作。

🌿 知识准备

1. 设计说明

园林景观施工设计说明主要针对工程施工的要求，包括本工程的设计依据、工程概况、施工材料说明、防水及防潮做法、植物种植设计说明、新材料及新技术做法等，以及其他需要说明的问题。

2. 软件的绘图与修改与注释

本任务实施过程中主要使用的绘图命令为多行文字的输入与编辑，具体知识讲解参见任务 1-2，此处不再赘述。

📖 任务实施

1. 绘制图纸，填写标题栏文字

1) 复制图纸

本项目将施工图绘制在一个文件里面，所有单个图的图纸、图框线、标题栏均一致，只是标题栏填写的内容不一样。所以此处直接复制图纸目录的图纸、图框线、标题栏及内容，然后修改成为设计说明的图纸。

输入多重复制命令 CO 并按 Enter 键，按照命令行提示复制图纸目录的图纸。
COPY
选择对象：指定对角点：找到 40 个　选择对象，一共选择了 40 个对象
选择对象：✓　按 Enter 键结束对象的选择
当前设置：复制模式 = 多个
指定基点或[位移(D)/模式(O)] <位移>：　拾取复制的基点，拾取图纸的左下角点
指定第二个点或[阵列(A)] <使用第一个点作为位移>：　在适当位置拾取第二个点，作为设计说明图纸的位置
指定第二个点或[阵列(A)/退出(E)/放弃(U)]<退出>：✓　按 Enter 键结束复制操作

2) 修改标题栏文字

将标题栏中的图名"图纸目录"更改为"设计说明"，在图号处输入单行文字"ZS-SM"。
双击"图纸目录"，更改为"设计说明"。
在"图层"面板中将"文字"层置为当前图层。
输入单行文字命令 DT 并按 Enter 键，根据提示输入文字"ZS-SM"（图 3-3-1）。
命令：DT✓
TEXT
当前文字样式："说明"　文字高度：1500.0　注释性：否　对正：左
指定文字的起点 或[对正(J)/样式(S)]：　在图号处拾取输入文字的起始点
指定高度 <1500.0>：1000✓　输入文字的高度为 1000
指定文字的旋转角度 <0>：✓　按 Enter 键确认角度为 0
输入文字"ZS-SM"✓　按 Enter 键结束文字的输入

> 【提示】
> 此处文字样式如果不是"说明"样式，可以单击"样式(S)"按钮，将样式更改为"说明"，或者在输入文字前，在"注释"面板中提前将文字样式更改为"说明"。

项目 3　园林景观施工图绘制　　165

××园林景观绿化工程有限公司		项目	幸福花园社区建设工程		
		工程名称	幸福花园社区生态园林景观设计		
工程负责人		设计		比例	1:200
			设计说明	图别	景施
审核		制图		图号	ZS-SM
校核		日期		设计号	2022-A6

图 3-3-1　设计说明图纸标题栏

2. 输入设计说明文字

1)"文字"层置为当前图层

确认"图层"面板中"文字"层为当前图层。

2)输入多行文字

"注释"面板点击"多行文字"按钮 **A**，或者输入多行文字的快捷命令 MT 并按 Enter 键，按照命令提示，拾取段落文字的第一角点及对角点，确定段落文字的输入区域，如图 3-3-2 所示，此时在功能区中显示文字编辑器(图 3-3-3)，在文字编辑器中，将当前文字样式设置为"说明"，文字高度为"1000"，开始输入文字，可以将文字分 3 次输入，或者全部输入文字以后，对文字进行分栏设置，具体操作参见本任务视频讲解，附图 3 为本项目设计说明的全部文字内容。

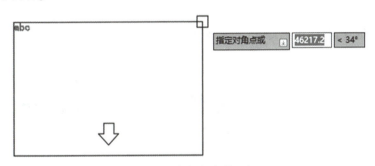

图 3-3-2　多行文字输入框

图 3-3-3　多行文字编辑器

【提示】

1. 在输入多行文字的时候，有时候会出现文字编辑器的窗口太大，标尺显示太大，但是文字又太小的情况。这时候可能是不小心更改了多行文字对话框的外观。控制多行文字对话框外观的系统变量为"mtextfixed"，在命令行输入系统变量，并将其更改为 1。

2. 也可以通过图 3-3-3 所示的多行文字编辑器上的"工具"面板输入文本文字，然后利用文字编辑器进行编辑。

3. 填写标题

1）输入单行文字

输入单行文字命令 DT 并按 Enter 键，文字样式设置为"标题"，文字高度为"2000"。

命令：_TEXT
当前文字样式："标题"　文字高度：1500.0　注释性：否　对正：左
指定文字的起点或[对正(J)/样式(S)]：　拾取文字的起点
指定高度 <1500.0>：2000　输入文字的高度为 2000
指定文字的旋转角度<0>：✓　按 Enter 键确认角度为 0
输入文字"景观设计总说明"。
✓✓　连续按两次 Enter 键，结束文字的输入

2）绘制文字的下划线

在命令行输入多段线命令 PL 并按 Enter 键，按照命令行提示在"景观设计总说明"文字下面绘制一条多段线，将多段线的宽度设置为 100，操作过程略。

最终结果如附图 3 所示。

4. 保存文件

使用快捷键"Ctrl+S"快速实现文件的保存，命令行提示"_ qsave"，表示保存文件操作结束。

任务 3-4　绘制园林设计总平面图

🍃 工作任务

本任务是用 AutoCAD 2022 软件绘制园林设计总平面图，包含绿地范围放线，绘制广场、水体、道路、园林建筑、铺装、地形、植物、小品、标注等。需要综合使用软件的绘图、修改及注释操作。

🍃 知识准备

1. 园林设计总平面图的绘制内容及用途

园林设计总平面图是表现规划范围内所有内容的图纸，即所有造园要素（如地形、山石、水体、建筑、植物及园路等）布局位置的水平投影图。它是园林设计最基本、最重要的图纸，能够较全面地反映园林设计的总体思想及设计意图，是绘制其他园林设计图纸（如种植设计图、地形设计图等）及施工、放线、管理的主要依据。

2. 园林设计总平面图中各造园要素的表达方法

1) 地形

地形是造园的基础，是园林的骨架。除掇山、置石外，地形的高低变化及其分布情况通常用等高线表示。按照《风景园林制图标准》(CJJ/T 67—2015)规定，设计地形等高线用细虚线绘制，原地形等高线用细实线绘制，设计总平面图中等高线可以不标注高程。

2) 园林建筑及小品

在大比例图纸中，对有门窗的建筑，可采用通过窗台以上部位的水平剖面图来表示，对没有门窗的建筑，采用通过支撑柱部位的水平剖面图来表示，用粗实线画出断面轮廓，用中实线画出其他可见轮廓。此外，也可采用屋顶平面图来表示(仅适用于坡屋顶和曲面屋顶)，用粗实线画出外轮廓，用细实线画出屋面。对花坛、花架等建筑小品用细实线画出投影轮廓；在小比例图纸中(1∶10000 以上)，只需用粗实线画出水平投影外轮廓线，建筑小品可不画。

3) 水体

水体一般用两条线表示，外面的一条表示水体边界线(即驳岸线)，用特粗实线绘制；里面的一条为等深线，用细实线绘制。

4) 山石

山石均采用其水平投影轮廓线概括表示，以粗实线绘出边缘轮廓，以细实线概括绘出皱纹。

5) 道路与广场

道路用细实线画出路缘，对铺装路面也可按设计图案简略表示。平面图上的广场通常有一定的形状，并设计铺装以与道路区分。铺装可以是单一的，也可以由不同材质拼成图案。

6) 植物

园林植物的平面图以植物平面图例来表示。在平面图上要尽量区分出针叶树和阔叶树，乔木和灌木，常绿树和落叶树，树丛、规整绿篱、草花、草坪。树冠的投影，要按照成龄以后的树冠大小画。

3. 园林设计总平面图尺寸标注方法

设计平面图中的定位方式有两种，一种是根据原有景物定位，标注新设计的主要景物与原有景物之间的相对距离；另一种是采用直角坐标网定位。直角坐标网有建筑坐标网和测量坐标网两种标注方式。建筑坐标网是以工程范围内的某一点为"零"点，再按一定距离画出网格，水平方向为 B 轴，垂直方向为 A 轴，便可确定网格坐标。测量坐标网是根据造园所在地的测量基准点的坐标，确定网格的坐标，水平方向为 Y 轴，垂直方向为 X 轴。坐标网格用细实线绘制。

4. 软件的绘图、修改及注释

本任务实施过程中除文件打印操作外，还包含软件的大部分绘图、修改及注释命令，相关知识点讲解请参见项目 1、项目 2，此处不再赘述。

任务实施

1. 建立绘图环境

绘图环境的设置包含单位设置、图纸、图框线、指北针等的绘制，图层设置，文字样式及标注样式的设置，以及系统环境的设置。

1）绘制图纸、图框线、指北针，填写标题栏文字

（1）复制图纸、图框线、标题栏

利用多重复制命令，复制"景观设计总说明"的图纸、图符、标题栏及文字。单击修改面板中的"复制"按钮，或者修改工具栏中的 按钮，或者在命令行输入多重复制命令 COPY(CO) 并按 Enter 键，命令行提示及具体操作如下：

COPY

选择对象：指定对角点：找到 37 个　选择景观设计说明的图纸、图框线、标题栏及标题栏文字以及指北针

选择对象：✓　按 Enter 键结束对象的选择

当前设置：复制模式 = 多个

指定基点或[位移(D)/模式(O)]<位移>：　拾取图纸的左下角点

指定第二个点或[阵列(A)]<使用第一个点作为位移>：　适当位置拾取一点

指定第二个点或[阵列(A)/退出(E)/放弃(U)]<退出>：✓　按 Enter 键结束图纸的复制

图 3-4-1 指北针

（2）绘制指北针

指北针如果已经在模板中绘制出来了，此处直接复制即可。

指北针是直径为 24mm 的细实线圆，箭头尾部宽度为 3mm，尖部宽度为 0，此处将所有的尺寸放大 200 倍即可（图 3-4-1）。具体绘制步骤参见任务 1-2 指北针绘制。

（3）填写标题栏文字

修改图名及图号。双击图名"设计说明"，将其修改为"景观设计总平面图"；双击图号"ZS-SM"，将其修改为"ZS-01"，其他不变（图 3-4-2）。

设计单位名称、LOGO		项目	幸福花园社区建设工程		
		工程名称	幸福花园社区生态园林景观设计		
工程负责人	设计	景观设计总平面		比例	1:200
审核	制图			图别	景施
				图号	ZS-01
校核	日期			设计号	2022-A6

图 3-4-2 景观设计总平面图标题栏

2) 设置文件单位

文件单位在样板文件中已经创建好了，单位为 mm。

3) 整理或者创建图层

根据总平面图表达的内容，打开图层特性管理器，创建以下图层：道路、建筑、小品、水体、乔木、灌木、地被、标注、中心线、铺装、辅助线等，并设置图层的颜色、线型和线宽，如图 3-4-3 所示。

本教材因为是用自己创建的样板新建的文件，所以图层已经创建好了，此处可以检查一下图层。

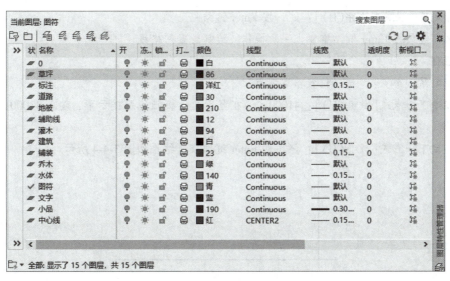

图 3-4-3 图层列表

4) 创建文字样式

文字样式在样板文件中已经创建好了，没有创建的可以参考项目 1 中关于文字样式的创建。

5) 创建标注样式

标注样式在样板文件中已经创建好了，没有创建的可以参考项目 1 中关于标注样式的创建。

6）保存文件

使用快捷键"Ctrl+S"快速实现文件的保存，命令行提示"_ qsave"，表示保存文件操作结束。

2. 绘制绿地范围放线

1）绘制范围放线

为方便对道路、广场、建筑进行定位，首先对景观设计范围进行放线，根据场地大小，放线网格设置为5000mm×5000mm。将"网格"层置为当前图层，用直线命令绘制水平线和垂直线，然后用阵列命令，复制出图纸所示的网格。

（1）绘制一条水平及一条竖直网格线

将"网格"层置为当前图层，命令行输入直线命令 L 并按 Enter 键，按照提示分别绘制水平直线及竖直直线。

命令：_LINE

指定第一个点：适当位置拾取一点

指定下一点或[放弃(U)]：95000✓ 在水平向右极轴追踪提示下，输入95000

指定下一点或[放弃(U)]：✓ 按 Enter 键结束

✓ 继续按 Enter 键，重复上一次操作，绘制竖直网格线

LINE

指定第一个点：适当位置拾取一点

指定下一点或[放弃(U)]：41000✓ 在竖直向上极轴追踪提示下，输入41000，并按 Enter 键

指定下一点或[放弃(U)]：✓ 按 Enter 键结束，结果如图 3-4-4 所示。

图 3-4-4 水平及竖直网格线

（2）阵列绘制网格

选择水平直线，输入阵列命令 AR 并按 Enter 键，或者单击修改面板中的"矩形阵列"按钮 阵列，或者修改工具栏中的阵列按钮 ，打开阵列面板，如图 3-4-5 所示，行数为"8"，行间距为"5000"，列数为"1"，单击"关闭阵列"按钮，或者按 Enter 键，结束阵列。

选择竖直直线，输入阵列命令 AR 并按 Enter 键，打开阵列面板，如图 3-4-6 所示，行数为"1"，列数为"19"，列间距为"5000"，单击"关闭阵列"按钮，或者按 Enter 键，结束阵列。

阵列结果如图 3-4-7 所示。

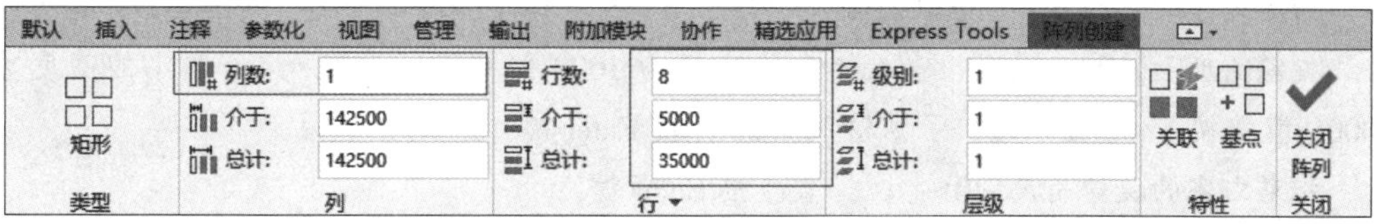

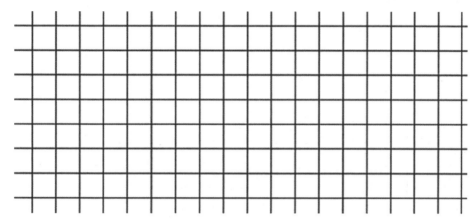

图 3-4-5 水平网格线阵列参数

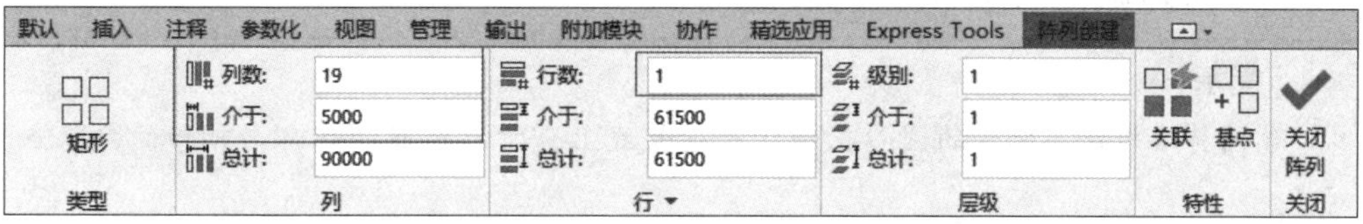

图 3-4-6 竖直网格线阵列参数

图 3-4-7 网格绘制

2) 绘制轴号

将"标注"层置为当前图层,绘制轴号。

(1) 绘制单个轴号

在"样式"工具栏中,将当前文字样式设置为"说明",绘制直径为 2000mm 的圆,利用单行文字输入字高为 1000 的字母及数字作为轴号,利用多重复制命令或者阵列命令绘制其他轴号,结果如图 3-4-8 所示。

在命令行输入圆命令 C 并按 Enter 键,绘制半径为 1000 的圆。

输入单行文字命令 DT 并按 Enter 键,依据提示输入对正方式的文字。

TEXT

当前文字样式:"说明" 文字高度:1000 注释性:否 对正:左

指定文字的起点 或[对正(J)/样式(S)]:J 单击"对正"按钮或者输入 J 并按 Enter 键,指定文字的对正方式

输入选项[左(L)/居中(C)/右(R)/对齐(A)/中间(M)/布满(F)/左上(TL)/中上(TC)/右上(TR)/左中(ML)/正中(MC)/右中(MR)/左下(BL)/中下(BC)/右下(BR)]:M 选择对正方式为中间

指定文字的中间点： 拾取圆心

指定高度 <1000>：✓ 输入文字的高度为 1000 并按 Enter 键，此处文字的高度为 1000，直接按 Enter 键即可，否则输入 1000 并按 Enter 键

指定文字的旋转角度 <0>：✓ 直接按 Enter 键

输入编号为 1 的轴号。

将绘制好的轴号复制到轴线的端部。

【提示】
制图标准规定，轴号的圆心在轴线的延长线上，所以轴网的端部与轴号的象限点对齐。

（2）绘制阵列轴号

对上一步绘制的轴号进行与轴网相同参数的阵列复制，如图 3-4-8 所示。

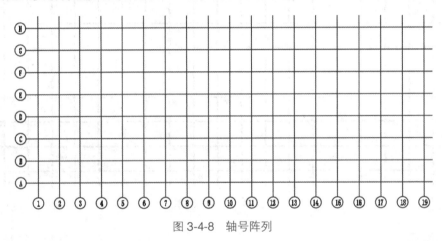

图 3-4-8 轴号阵列

（3）编辑轴号

利用文字编辑命令编辑轴号。双击文字，进入文字的编辑操作，依次修改文字，水平方向的轴号自左向右依次为阿拉伯数字，竖直轴号自下向上依次为大写拉丁字母，如图 3-4-8 所示。

3) 绘制绿地红线

绿地红线一般用粗实线绘制。

将"道路"层设置为当前层，利用矩形命令绘制。鼠标左键单击绘图面板或者绘图工具栏中的"矩形"按钮，或者输入矩形命令 REC 并按 Enter 键，命令行提示及操作如下：

指定第一个角点或[倒角(C)/标高(E)/圆角(F)/厚度(T)/宽度(W)]： 拾取轴线 1 与轴线 A 的交点

指定另一个角点或[面积(A)/尺寸(D)/旋转(R)]：@90000，36000✓ 输入矩形另一个角点的相对坐标

双击矩形，将矩形的宽度设置为 100，结果如图 3-4-9 所示。

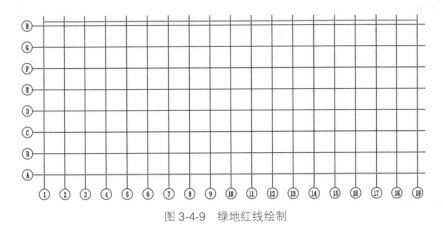

图 3-4-9　绿地红线绘制

4) 绘制绿地周边人行道

为了方便对广场的绘制，首先将绿地周边的人行道绘制出来，人行道宽度为 1500。单击"修改"面板或者"修改"工具栏中的 按钮，或输入偏移命令 OFFSET(O) 并按 Enter 键，命令行提示及操作如下：

当前设置：删除源=否　图层=源　OFFSETGAPTYPE=0

指定偏移距离或[通过(T)/删除(E)/图层(L)]<通过>：1500✓

选择要偏移的对象，或[退出(E)/放弃(U)]<退出>：　拾取绿地红线

指定要偏移的那一侧上的点，或[退出(E)/多个(M)/放弃(U)]<退出>：　在绿地范围内部任意位置拾取一点

选择要偏移的对象，或[退出(E)/放弃(U)]<退出>：✓

双击复制对象，将其宽度改为 0，结果如图 3-4-10 所示。

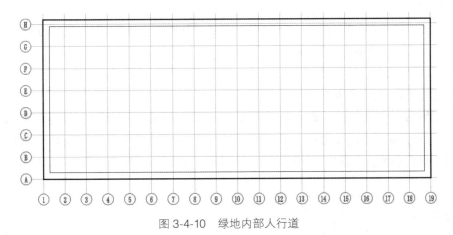

图 3-4-10　绿地内部人行道

3. 绘制广场

1) 绘制各个广场的定位点

打开网格尺寸定位图，结合坐标标注及尺寸标注，利用圆命令定位各个广场的中心位

置或者角点。

(1) 移动园界左下角点至坐标原点

为了方便对广场中心进行定位,将园界的左下角点移动至坐标原点(0,0)(图3-4-11)。选中轴号、轴网及园界,输入移动命令快捷方式为 M 并按 Enter 键,按照提示移动对象。

命令:_MOVE 找到 81 个

指定基点或[位移(D)]<位移>: 拾取园界的左下角点

指定第二个点或<使用第一个点作为位移>:0,0✓ 输入坐标原点并按 Enter 键

【提示】
　　此处一定要输入绝对坐标(0,0),可以在命令行中输入坐标原点,或者暂时关掉状态栏中的"动态输入",此时的坐标即为绝对坐标。

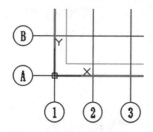

图 3-4-11　园界左下角点位于坐标原点

(2) 绘制各个广场的中心或者角点

广场的中心可以暂时用圆来代替,圆心即为广场的中心。将"辅助线"层置为当前图层,绘制广场的中心圆。

输入圆命令 C 并按 Enter 键。

命令:C✓

CIRCLE

指定圆的圆心或[三点(3P)/两点(2P)/切点、切点、半径(T)]:45000,1500✓ 输入入口广场的定位坐标(45000,1500)并按 Enter 键

指定圆的半径或[直径(D)]<500>:1500✓ 继续按 Enter 键,重复圆命令

CIRCLE

指定圆的圆心或[三点(3P)/两点(2P)/切点、切点、半径(T)]:7710,23081✓ 输入景墙广场的中心坐标,并按 Enter 键

指定圆的半径或[直径(D)]<1500>: ✓ 直接按 Enter 键,输入半径为1500的圆

继续按 Enter 键,重复圆命令。

依据网格尺寸定位图,继续定位水池广场中心(45000,31600)、健身广场(18470,8570)、景墙广场(7710,23081)、木平台1(29574,20795)、木平台2(72810,5940)、亭廊广场角点(46400,15482)、休闲亭广场(75991,20168),各个广场的定位如图3-4-12所示。

2) 绘制主入口广场

主入口广场的绘制主要采用圆命令、偏移复制命令及修剪命令,如图3-4-13所示。

(1) 绘制主入口边界及道牙

将"道路"层置为当前图层,以广场的中心为圆心,绘制半径为5000的圆,并将其向内偏移200。

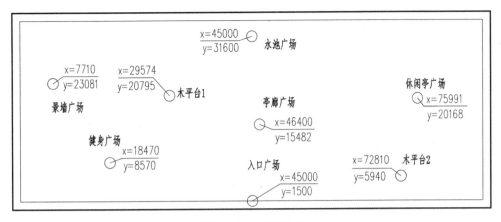

图 3-4-12 广场定位

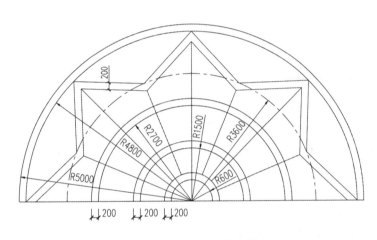

图 3-4-13 主入口广场及尺寸

（2）绘制中间圆形铺装

将"铺装"层置为当前图层，以广场中心为圆心，分别绘制半径为 600、1500、2700 的圆。同时以人行道为边界将其修剪为半圆。

对上一步绘制的圆，利用偏移复制的方式向外偏移 200，结果如图 3-4-14 所示。

（3）绘制辅助圆

将"辅助线"层设置为当前图层，绘制半径为 3600 的辅助圆 C2，同时以人行道为边界将其修剪为半圆，结果如图 3-4-14 所示。

（4）对辅助圆 C2 及圆 C1 进行等分

单击"格式"菜单中的"点样式（P）"，打开"点样式"设置，设置点样式为⊗。

确认"辅助线"层为当前图层，单击"绘图"菜单→"点"→"定数等分"，命令行提示及操作如下：

选择要定数等分的对象： 选择圆 C1

输入线段数目或[块(B)]：4↙ 输入 4，将线段 4 等分

↙ 按 Enter 键，重复定数等分操作

选择要定数等分的对象： 选择圆 C2

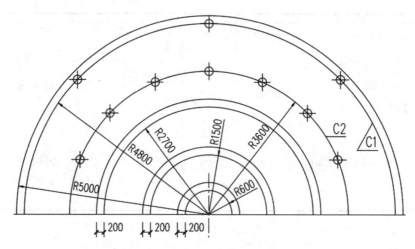

图 3-4-14 对圆 C1、C2 进行定数等分

输入线段数目或[块(B)]：8↵

结果如图 3-4-14 所示。

（5）绘制折线铺装

将"铺装"层置为当前图层，在"对象捕捉"中，勾选节点捕捉，结合其他捕捉模式，利用多段线及偏移命令(偏移距离为 200)绘制铺装中的折线部分，利用直线命令绘制直线部分，对多余部分进行修剪，同时删除点及辅助线，得到如图 3-4-13 所示的结果。

3）绘制水池广场

水池广场为半圆形，圆心参见图 3-4-12。利用圆命令绘制半径为 12000 的圆，利用修剪命令，修剪广场内部的线条，结果如图 3-4-15 所示。

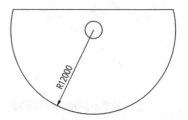

图 3-4-15 水池广场

4）绘制健身广场

健身广场由两部分构成，外围为正方形，中间为椭圆，其长半轴 4000mm，短半轴 2500mm。首先绘制椭圆，输入椭圆命令 EL 并按 Enter 键，或者单击绘图面板或绘图工具栏中的 ⊙ 按钮，命令行提示及操作如下：

指定椭圆的轴端点或[圆弧(A)/中心点(C)]：C↵ 以中心点方式绘制椭圆

指定椭圆的中心点： 拾取图 3-4-12 中健身广场的中心

指定轴的端点： 在 0°极轴追踪提示下，输入 4000

指定另一条半轴长度或[旋转(R)] 在 90°极轴追踪提示下，输入 2500

绘制健身广场外围的正方形，单击绘图面板或绘图工具栏上的正多边形 ⊙ 按钮，或者输入 POLYGON(POL)，命令行提示及操作如下：

_ POLYGON 输入边的数目 <4>：↵

指定正多边形的中心点或[边(E)]： 拾取图中健身广场的圆心

输入选项[内接于圆(I)/外切于圆(C)]<I>：↵

指定圆的半径： 拾取 270°竖直极轴追踪线与人行道内侧线的交点

结果如图 3-4-16 所示。

5) 绘制景墙广场

景墙广场可以用圆及多段线绘制。

（1）绘制半径为 4500 的圆

命令：_CIRCLE

指定圆的圆心或[三点(3P)/两点(2P)/切点、切点、半径(T)]： 拾取景墙广场的中心

指定圆的半径或[直径(D)] <12000>：4500↙

输入 4500 并按 Enter 键

半径为 4500 的圆绘制完毕。

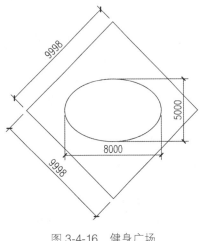

图 3-4-16　健身广场

（2）绘制多段线

结合图中给定的坐标，利用多段线命令，结合 45°极轴追踪进行绘制。输入多段线命令 PLINE(PL)并按 Enter 键，依据提示绘制其余部分。

命令：PL↙

PLINE

指定起点：6021，18910↙　输入起点的坐标(6021，18910)并按 Enter 键

当前线宽为 0

指定下一个点或[圆弧(A)/半宽(H)/长度(L)/放弃(U)/宽度(W)]：1259↙　结合 315°极轴追踪提示，输入 1259 并按 Enter 键

指定下一点或[圆弧(A)/闭合(C)/半宽(H)/长度(L)/放弃(U)/宽度(W)]：8290↙

结合 45°追踪提示输入 8290 并按 Enter 键

指定下一点或[圆弧(A)/闭合(C)/半宽(H)/长度(L)/放弃(U)/宽度(W)]：1265↙

结合 135°极轴追踪输入 1265 并按 Enter 键，或者直接结合极轴追踪捕捉与圆周的交点

指定下一点或[圆弧(A)/闭合(C)/半宽(H)/长度(L)/放弃(U)/宽度(W)]：↙　按 Enter 键结束

选择多段线，单击修改面板或者修改工具栏中的"修剪"按钮，或输入修剪命令 TR 并按 Enter 键，命令行提示及操作如下：

TRIM

当前设置：投影=UCS，边=无，模式=快速

选择剪切边... 找到 1 个

选择要修剪的对象，或按住 Shift 键选择要延伸的对象或[剪切边(T)/窗交(C)/模式(O)/投影(P)/删除(R)]：依次拾取要修剪的部分，按 Enter 键结束修剪，结果如图 3-4-17 所示

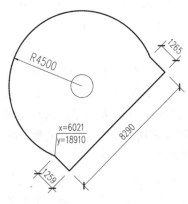

图 3-4-17　景墙广场

【提示】

1. AutoCAD 2022 默认的修剪模式为快速修剪，修剪时对象会以最近的对象为边界进行修剪，但是当先选择了对象，再输入修剪命令，或者输入修剪操作，输入剪切边并选择相应的对象后，修剪操作会以选择的对象为剪切边对其他对象进行修剪。

2. 直线命令及多段线命令均可完成直线条图样的绘制，但尽量选择多段线绘制，因为用多段线命令一次绘制完的线条为单一对象，便于图形管理及减少图形大小。

6）绘制儿童广场

（1）绘制木平台2

在木平台2的定位点处绘制半径为2000的圆，具体步骤略。

（2）绘制两侧的圆弧

结合图中的尺寸及坐标，确定A、B、C、E、F 5点，其中F点为木平台2的象限点，B点及C点已知坐标，需要定位A、E两点，利用绘制构造线的方法定位这两点。参见图3-4-18。

输入构造线命令XLINE(XL)并按Enter键，根据提示定位A、E两点。

命令：_XLINE

指定点或[水平(H)/垂直(V)/角度(A)/二等分(B)/偏移(O)]：V 单击"垂直(V)"按钮，绘制垂直构造线

指定通过点：3810✓ 结合对象捕捉，从木平台2的圆心向左追踪3810

指定通过点：7476✓ 结合对象捕捉，从木平台2的圆心向右追踪7476

指定通过点：✓ 按Enter键结束

绘制三点圆弧，输入圆弧命令ARC(A)并按Enter键，依据提示绘制左侧EF圆弧。

命令：_ARC

指定圆弧的起点或[圆心(C)]： 点击"圆心(C)"按钮

指定圆弧的圆心：71483，2489✓ 输入圆心的坐标(71483，2489)并按Enter键

指定圆弧的起点： 拾取F点

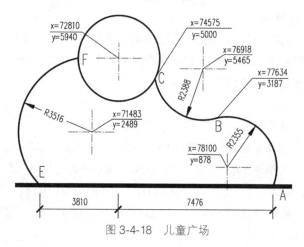

指定圆弧的端点(按住Ctrl键以切换方向)或[角度(A)/弦长(L)]：拾取E点

绘制右侧ABC段圆弧，通过坐标位置，在B、C两点绘制圆作为定位，输入三点圆弧命令，以与左侧EF圆弧相同的方法，绘制右侧ABC段圆弧。

输入修剪命令，修剪儿童广场内部的人行道线条，绘制结果如图3-4-18所示。

图3-4-18 儿童广场

7) 绘制亭廊广场

利用多段线命令绘制亭廊广场,输入多段线命令 PLINE(PL)并按 Enter 键,按照提示绘制亭廊广场。

命令:PL↙

PLINE

指定起点: 结合对象捕捉、极轴追踪,捕捉亭廊广场与水池广场的交点

当前线宽为 0

指定下一点或[圆弧(A)/半宽(H)/长度(L)/放弃(U)/宽度(W)]: 拾取广场的定位点

指定下一点或[圆弧(A)/闭合(C)/半宽(H)/长度(L)/放弃(U)/宽度(W)]:11508↙
水平向右输入 11508

指定下一点或[圆弧(A)/闭合(C)/半宽(H)/长度(L)/放弃(U)/宽度(W)]:5107↙
在 30°追踪线提示下输入 5107

指定下一点或[圆弧(A)/闭合(C)/半宽(H)/长度(L)/放弃(U)/宽度(W)]:2600↙
在 120°极轴追踪线提示下输入 2600

指定下一点或[圆弧(A)/闭合(C)/半宽(H)/长度(L)/放弃(U)/宽度(W)]:2000↙
竖直向上输入 2000

指定下一点或[圆弧(A)/闭合(C)/半宽(H)/长度(L)/放弃(U)/宽度(W)]:8463↙
水平向左输入 8463,或者拾取水平追踪线与水池广场的交点

指定下一点或[圆弧(A)/闭合(C)/半宽(H)/长度(L)/放弃(U)/宽度(W)]:↙ 按 Enter 键结束

绘制结果及尺寸参见图 3-4-19。

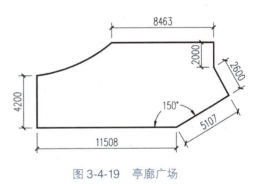

图 3-4-19 亭廊广场

8) 绘制山顶休闲亭广场

结合亭子的定位点 F 及尺寸标注,利用多段线绘制山顶休闲亭广场,同时将极轴追踪设置为 45°角。

命令:PL↙

PLINE

指定起点: 结合对象捕捉、极轴追踪,拾取休闲广场的左下角点 E

当前线宽为 0

指定下一个点或[圆弧(A)/半宽(H)/长度(L)/放弃(U)/宽度(W)]:6900↙ 在 45°极轴追踪提示下输入 6900

指定下一点或[圆弧(A)/闭合(C)/半宽(H)/长度(L)/放弃(U)/宽度(W)]:7400↙
135°极轴追踪提示下输入 7400

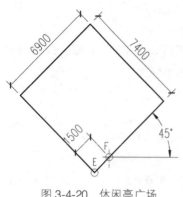

图 3-4-20 休闲亭广场

指定下一点或[圆弧(A)/闭合(C)/半宽(H)/长度(L)/放弃(U)/宽度(W)]：6900↙ 225°极轴追踪提示下输入 6900

指定下一点或[圆弧(A)/闭合(C)/半宽(H)/长度(L)/放弃(U)/宽度(W)]：C↙ 闭合

绘制结果及尺寸参见图 3-4-20。

9）绘制木平台 1

以木平台定位点的坐标为圆心，绘制半径为 3200 的圆。具体绘制步骤略。

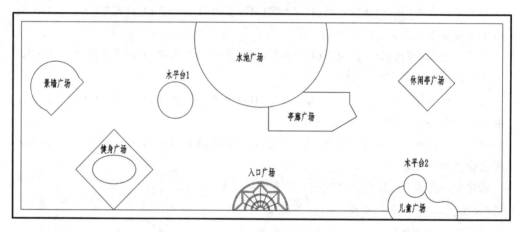

图 3-4-21 广场整体效果

广场绘制完毕的整体效果如图 3-4-21 所示。

4. 绘制水体

1) 绘制水池瀑布

（1）绘制跌水墙

将"建筑"层置为当前图层。

绘制尺寸为 600×600 的矩形（操作步骤略），并将矩形复制，间距为 10400（操作步骤略）。

用直线连接矩形，并将两条直线向内偏移复制，距离为 180，将跌水墙的中心对齐到水池中心 A 之上 2300 的位置，结果如图 3-4-22 所示。

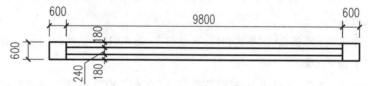

图 3-4-22 跌水墙

（2）绘制水池池壁

以水池广场的中心为圆心，绘制半径为6000的圆（操作步骤略）。

将"辅助线"层置为当前图层，距离水池广场中心向下3000绘制水平构造线，输入构造线命令XLINE(XL)并按Enter键，操作步骤如下：

命令：XL

XLINE

指定点或[水平(H)/垂直(V)/角度(A)/二等分(B)/偏移(O)]：H　单击水平按钮或者输入H并按Enter键

指定通过点：3000✓　捕捉圆心后，在270°追踪角度提示下输入3000并按Enter键

指定通过点：✓　按Enter键结束

输入修剪操作，将圆弧沿着构造线的上段修剪（操作步骤略），结果如图3-4-23所示。

将"建筑"层置为当前图层。输入多段线命令PL并按Enter键，操作步骤如下：

命令：PLINE

指定起点：　拾取跌水墙的左下角点

当前线宽为0

指定下一个点或[圆弧(A)/半宽(H)/长度(L)/放弃(U)/宽度(W)]：1700✓　在竖直270°极轴追踪角提示下输入1700并按Enter键

指定下一点或[圆弧(A)/闭合(C)/半宽(H)/长度(L)/放弃(U)/宽度(W)]：1500✓

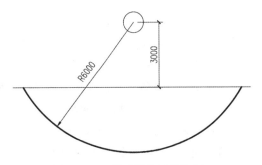

图3-4-23　辅助线及圆的绘制

在水平向左180°极轴追踪角度提示下输入1500并按Enter键

指定下一点或[圆弧(A)/闭合(C)/半宽(H)/长度(L)/放弃(U)/宽度(W)]：3600✓

在竖直270°极轴追踪角提示下输入3600并按Enter键

指定下一点或[圆弧(A)/闭合(C)/半宽(H)/长度(L)/放弃(U)/宽度(W)]：1804✓

在水平0°极轴追踪角度提示下输入1804并按Enter键

指定下一点或[圆弧(A)/闭合(C)/半宽(H)/长度(L)/放弃(U)/宽度(W)]：✓　按Enter键结束

选中刚刚绘制的多段线，输入镜像命令MIRROR(MI)并按Enter键，命令提示及操作如下：

命令：MI

MIRROR 找到1个　选择一条多段线

指定镜像线的第一点：　拾取圆心

指定镜像线的第二点：　拾取圆的竖直象限点

要删除源对象吗？[是(Y)/否(N)]<否>：✓　确认不删除源对象，按Enter键结束

输入多段线命令PEDIT(PE)，依据提示对两条多段线及圆弧进行合并：

PEDIT

选择多段线或[多条(M)]：M

选择对象：找到3个

选择对象：✓ 按Enter键结束对象选择

是否将直线、圆弧和样条曲线转换为多段线？[是(Y)/否(N)]？<Y>✓ 按Enter键确认

输入选项[闭合(C)/打开(O)/合并(J)/宽度(W)/拟合(F)/样条曲线(S)/非曲线化(D)/线型生成(L)/反转(R)/放弃(U)]：J 单击选项"合并(J)"

合并类型 = 延伸

输入模糊距离或[合并类型(J)]<0>：1✓ 输入合并距离1并按Enter键

多段线已增加3条线段 3个对象被合并为一条多段线

输入选项[闭合(C)/打开(O)/合并(J)/宽度(W)/拟合(F)/样条曲线(S)/非曲线化(D)/线型生成(L)/反转(R)/放弃(U)]：✓ 按Enter键结束

输入偏移命令OFFSET(O)并按Enter键，对上步合并的多段线进行偏移：

OFFSET

当前设置：删除源=否 图层=源 OFFSETGAPTYPE=0

指定偏移距离或[通过(T)/删除(E)/图层(L)]<160>：600✓ 输入600并按Enter键

选择要偏移的对象，或[退出(E)/放弃(U)]<退出>： 选择多段线

指定要偏移的那一侧上的点，或[退出(E)/多个(M)/放弃(U)]<退出>： 在池壁的内侧单击鼠标左键并按Enter键结束

选择要偏移的对象，或[退出(E)/放弃(U)]<退出>：✓ 按Enter键结束

删除辅助线，结果如图3-4-24所示。

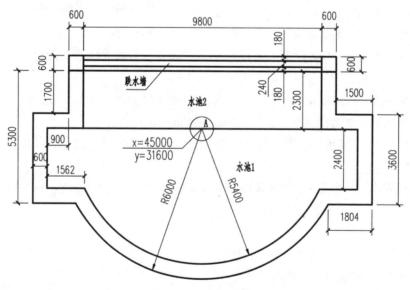

图3-4-24 水池瀑布

（3）绘制水池内部的水

将"水景"层置为当前图层。水池内部的水主要通过波纹来表示，水波纹采用图案填充命令或者直线命令绘制，此处采用图案填充命令。输入图案填充命令HATCH(H)，打开

图 3-4-25 "图案填充"编辑器

图 3-4-25 所示的"图案填充"编辑器,选择图案"MUDST",比例为"100",以添加拾取点方式拾取要填充的内部点,去掉关联性,其他默认,按 Enter 键或者点击"关闭"按钮,结果如图 3-4-26 所示。

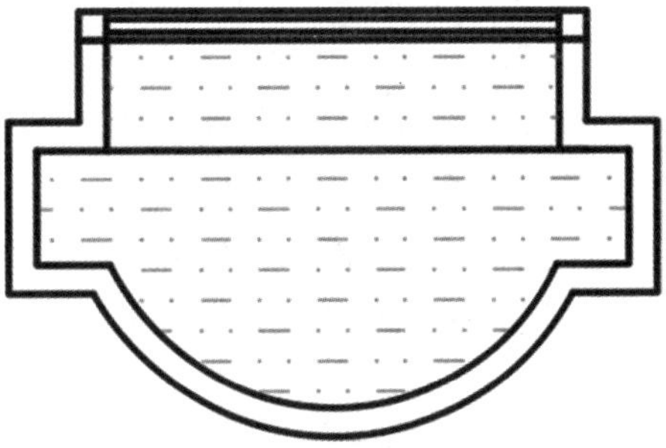

2) 绘制自然水体

（1）绘制驳岸

图 3-4-26 水池填充

自然水体在网格尺寸定位图中已经标注出各个定位点的坐标,将"辅助线"层置为当前图层,在各个坐标点上绘制辅助圆(辅助圆的绘制步骤略),如图 3-4-27 所示。

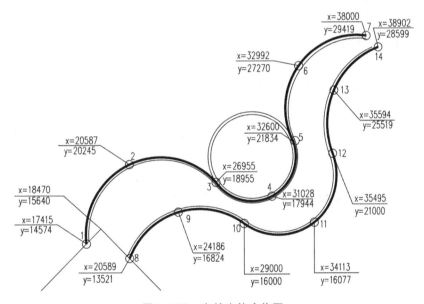

图 3-4-27 自然水体定位图

将"水景"层置为当前图层,将输入多段线命令 PL 并按 Enter 键,1~7 段驳岸的操作步骤如下:

命令:PL

PLINE

指定起点: 拾取点 1

当前线宽为 0

指定下一个点或[圆弧(A)/半宽(H)/长度(L)/放弃(U)/宽度(W)]:A 点击"圆弧(A)"按钮

指定圆弧的端点(按住 Ctrl 键以切换方向)或[角度(A)/圆心(CE)/方向(D)/半宽

（H)/直线(L)/半径(R)/第二个点(S)/放弃(U)/宽度(W)]: 拾取"第二个点(S)"

指定圆弧上的第二个点: 拾取点2

指定圆弧的端点: 拾取点3

指定圆弧的端点(按住 Ctrl 键以切换方向)或[角度(A)/圆心(CE)/闭合(CL)/方向(D)/半宽(H)/直线(L)/半径(R)/第二个点(S)/放弃(U)/宽度(W)]: S 拾取"第二个点(S)"

指定圆弧上的第二个点: 拾取点4

指定圆弧的端点: 拾取点5

指定圆弧的端点(按住 Ctrl 键以切换方向)或[角度(A)/圆心(CE)/闭合(CL)/方向(D)/半宽(H)/直线(L)/半径(R)/第二个点(S)/放弃(U)/宽度(W)]: S 拾取"第二个点(S)"

指定圆弧上的第二个点: 拾取点6

指定圆弧的端点: 拾取点7

指定圆弧的端点(按住 Ctrl 键以切换方向)或[角度(A)/圆心(CE)/闭合(CL)/方向(D)/半宽(H)/直线(L)/半径(R)/第二个点(S)/放弃(U)/宽度(W)]: ↙ 按 Enter 键结束

双击所绘制的多段线,将其线宽修改为100。同法绘制8~14段驳岸,同样修改宽度为100。

修剪掉水池内部的广场线(操作步骤略)。

（2）绘制等深线

利用偏移命令,将驳岸线向水体内部偏移,距离为200,并将其线宽修改为0。

（3）绘制水波纹

在"特性"面板中,将当前线型加载为"ZIGZAG",如图3-4-28所示,绘制水波纹直线,在"快捷特性"面板中调节线型的显示比例,然后对直线进行多重复制,结果如图3-4-29所示。

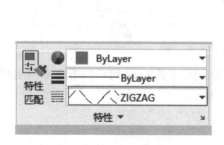

图3-4-28 切换线型

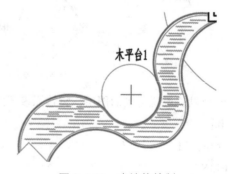

图3-4-29 水波纹绘制

【提示】

设置快捷特性显示内容的方法: 单击"快捷特性"对话框右上角的自定义按钮，打开"自定义用户界面"对话框,可以勾选作图中经常用到的特性。

5. 绘制道路

1) 绘制主入口道路

主入口道路的尺寸如图 3-4-30 所示。

在"图层"面板中将"道路"层置为当前图层,利用构造线、偏移复制、修剪命令绘制。

在命令行输入构造线命令 XLINE(XL) 并按 Enter 键,命令行提示及操作如下:

_ XLINE

指定点或[水平(H)/垂直(V)/角度(A)/二等分(B)/偏移(O)]: V 单击"垂直(V)"按钮

指定通过点: 结合对象捕捉,拾取入口广场圆弧的象限点

指定通过点: ✓ 按 Enter 键结束

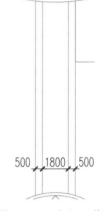

图 3-4-30 主入口道路

输入偏移命令快捷键 O 并按 Enter 键,或者单击修改面板或修改工具栏中的 ⊂ 按钮,命令行提示及操作如下:

当前设置: 删除源=否 图层=源 OFFSETGAPTYPE=0

指定偏移距离或[通过(T)/删除(E)/图层(L)]<200>: 900✓ 输入 900 并按 Enter 键

选择要偏移的对象,或[退出(E)/放弃(U)]<退出>: 拾取刚刚绘制的垂直构造线

指定要偏移的那一侧上的点,或[退出(E)/多个(M)/放弃(U)]<退出>: 构造线的左侧拾取一点

选择要偏移的对象,或[退出(E)/放弃(U)]<退出>: 拾取刚刚绘制的垂直构造线

指定要偏移的那一侧上的点,或[退出(E)/多个(M)/放弃(U)]<退出>: 右侧拾取一点

选择要偏移的对象,或[退出(E)/放弃(U)]<退出>: ✓ 按 Enter 键结束

利用偏移复制操作,将刚刚偏移复制的构造线再向左右两侧偏移复制,距离均为 500。

利用修剪操作,修剪掉入口广场及水池广场之外的部分,删除中间的构造线,结果如图 3-4-30 所示。

2) 绘制健身广场入口道路

输入偏移命令快捷键 O 并按 Enter 键,命令行提示距离,输入 1200,将人行道的边界线向上偏移 1200。

输入修剪操作,以健身广场为边界,将构造线进行修剪,得到直线 AF。

将极轴增量角设置为 45°的倍数,输入直线命令 L 并按 Enter 键,命令行提示及操作如下:

LINE 指定第一点: 捕捉图 3-4-31 中的 A 点,拾取 A 点

指定下一点或[放弃(U)]: 拾取 225°极轴追踪线与园界的交点 B

指定下一点或[放弃(U)]: ✓ 按 Enter 键结束

将 AB 直线向左侧偏移 1200,并延伸至园界 C,得到园路的另一条直线 CD。

将左侧园路进行镜像得到另一侧。输入镜像命令快捷键 MI 并按 Enter 键,或者单击"修改"面板或修改工具栏中的 ◭ 按钮,命令行提示及操作:

_ MIRROR

选择对象: 拾取刚绘制的园路 AB、CD

选择对象:↙

指定镜像线的第一点: 拾取图中的 E 点

指定镜像的第二点: 在 270°极轴追踪提示下,任意拾取一点

要删除源对象吗?[是(Y)/否(N)]<N>:↙ 不删除源对象

结果如图 3-4-32 所示。

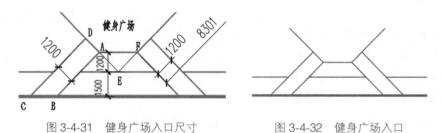

图 3-4-31 健身广场入口尺寸　　图 3-4-32 健身广场入口

3)绘制景墙广场道路

输入构造线命令 XL 并按 Enter 键,命令行提示及操作如下:

命令:_XLINE

指定点或[水平(H)/垂直(V)/角度(A)/二等分(B)/偏移(O)]: 拾取景墙广场圆弧的中点 A

指定通过点: 拾取 135°极轴追踪线与人行道的交点 B

指定通过点:↙ 按 Enter 键结束

对构造线 AB 分别向上下偏移复制,距离均为 750,以景墙广场的圆弧及人行道线为边界,对入口道路边线进行修剪,结果如图 3-4-33 所示。

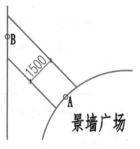

图 3-4-33　景墙广场入口道路

4)绘制亭廊广场与儿童游乐场之间的道路

(1)绘制道路中心线

将"辅助线"层置为当前图层,绘制道路的中心线。已知圆弧的圆心(60785,7143)及圆弧的半径 12052,利用圆心半径方式绘制圆,然后修剪。输入圆弧命令 C 并按 Enter 键,其操作步骤如下:

命令:C

CIRCLE

指定圆的圆心或[三点(3P)/两点(2P)/切点、切点、半径(T)]:(60785,7143)↙ 输入圆心坐标

指定圆的半径或[直径(D)]<1200>:12052↙ 输入圆的半径 12052 并按 Enter 键

输入修剪操作，操作步骤如下：

命令：TR

TRIM

当前设置：投影=UCS，边=无，模式=快速

选择剪切边... 找到 2 个 选择亭廊广场及木平台 2

选择要修剪的对象，或按住 Shift 键选择要延伸的对象或[剪切边(T)/窗交(C)/模式(O)/投影(P)/删除(R)]： 选择要修剪的对象

选择要修剪的对象，或按住 Shift 键选择要延伸的对象或[剪切边(T)/窗交(C)/模式(O)/投影(P)/删除(R)/放弃(U)]： 选择要修剪的对象，按 Enter 键结束

（2）绘制道路

将上一步绘制的圆弧分别向外侧偏移 1300(操作步骤略)。

选择木平台 2，输入延伸命令 EXTEND(EX)并按 Enter 键，将上一步偏移复制的圆弧延伸到木平台 2 的圆周上。

利用夹点编辑，将偏移复制的两段圆弧的另外一段与亭廊广场的 A、B 点相连。

选中复制出来的两段圆弧，将其放置在"道路"层，结果如图 3-4-34 所示。

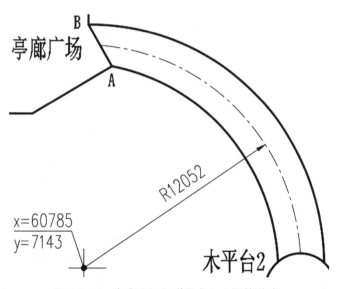

图 3-4-34 亭廊广场与木平台 2 之间的道路

5）绘制自然水体两侧道路

利用偏移复制、修剪、延伸命令完成两侧道路绘制。

输入偏移命令快捷键 O 并按 Enter 键，命令行提示及操作如下：

指定偏移距离或[通过(T)/删除(E)/图层(L)]<750>：L↙ 点击"图层(L)"按钮或者输入 L 并按 Enter 键

输入偏移对象的图层选项[当前(C)/源(S)]<源>：C↙ 点击"当前(C)"或者输入 C 并按 Enter 键

指定偏移距离或[通过(T)/删除(E)/图层(L)]<750>：1500↙ 输入距离 1500 并按

Enter 键

  选择要偏移的对象，或[退出(E)/放弃(U)]<退出>：选择驳岸线

  指定要偏移的那一侧上的点，或[退出(E)/多个(M)/放弃(U)]<退出>：在水体外侧任意位置拾取一点(得到道路线 L1)

  选择要偏移的对象，或[退出(E)/放弃(U)]<退出>：选择另一条驳岸线

  指定要偏移的那一侧上的点，或[退出(E)/多个(M)/放弃(U)]<退出>：在水体外侧任意位置拾取一点(得到道路线 L2)

  选择要偏移的对象，或[退出(E)/放弃(U)]<退出>：✓ 按 Enter 键结束

  双击 L1，将其宽度调整为 0；双击 L2，将其宽度同样调整为 0。

  选择健身广场、木平台 1 及水池广场，输入修剪命令快捷键 TR 并按 Enter 键，命令行提示及操作如下：

  命令：_TRIM

  当前设置：投影=UCS，边=无，模式=快速

  选择剪切边…找到 3 个

  选择要修剪的对象，或按住 Shift 键选择要延伸的对象或[剪切边(T)/窗交(C)/模式(O)/投影(P)/删除(R)]：按住 Shift 键，将道路边线 L1、L2 延长到健身广场边界

  选择要修剪的对象，或按住 Shift 键选择要延伸的对象或[剪切边(T)/窗交(C)/模式(O)/投影(P)/删除(R)/放弃(U)]：选择木平台 2 内的道路 L1

  选择要修剪的对象，或按住 Shift 键选择要延伸的对象或[剪切边(T)/窗交(C)/模式(O)/投影(P)/删除(R)/放弃(U)]：选择水池广场内的 L1

  选择要修剪的对象，或按住 Shift 键选择要延伸的对象或[剪切边(T)/窗交(C)/模式(O)/投影(P)/删除(R)/放弃(U)]：选择水池广场内的 L2

  选择要修剪的对象，或按住 Shift 键选择要延伸的对象或[剪切边(T)/窗交(C)/模式(O)/投影(P)/删除(R)/放弃(U)]：✓ 按 Enter 键结束

  结果如图 3-4-35 所示。

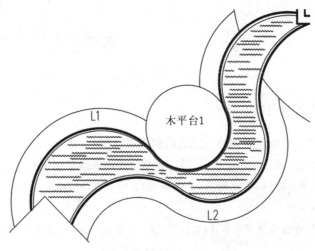

图 3-4-35 自然水体两侧的道路

6）绘制步石与汀步

（1）绘制景墙广场的步石

根据图中的尺寸，采用直线绘制步石的辅助线。极轴增量角设置为45°的倍数，直线的位置距离景墙广场A点及B点均为500，参见图3-4-36（操作步骤略）。

绘制单个步石，其为1000×500的矩形，并旋转45°角，放置在景墙广场边上，其角点对齐A点及，B点步石同A点，参见图3-4-36（操作步骤略）。

绘制阵列步石，选择A点处的矩形，点击"修改"面板上的路径阵列按钮 阵列，打开"阵列"面板，操作步骤如下：

命令：_ARRAYPATH 找到1个　选择的矩形对象

类型 = 路径　关联 = 否

选择路径曲线：　选择绘制的直线

选择夹点以编辑阵列或[关联(AS)/方法(M)/基点(B)/切向(T)/项目(I)/行(R)/层(L)/对齐项目(A)/z方向(Z)/退出(X)]<退出>：I　点击"项目(I)"按钮

指定沿路径的项目之间的距离或[表达式(E)]：600↙　输入阵列间距为600

指定项目数或[填写完整路径(F)/表达式(E)]<17>：↙　按Enter键结束

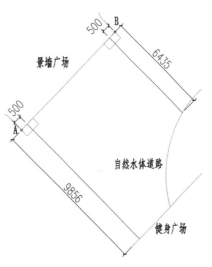

图3-4-36　步石辅助线及单个步石绘制

图3-4-37　"阵列创建"对话框

注意：阵列操作既可以在命令行窗口完成，也可以在"阵列创建"面板中完成，"阵列创建"面板中在介于处输入"600"，模式为"定距等分"，参见图3-4-37。

同法完成B处步石的绘制，注意步石阵列间距仍然为600，结果如图3-4-38所示。

（2）绘制休闲亭广场的步石

同法，分别绘制休闲亭广场两侧的步石，其尺寸参照图3-4-39。

将当前图层切换为"辅助线"层，利用直线命令绘制步石的辅助线（操作步骤略）。

将当前图层切换为"道路"层，绘制单个矩形步石，尺寸为1500×500，并旋转对齐到辅助线上。

图3-4-38　步石阵列

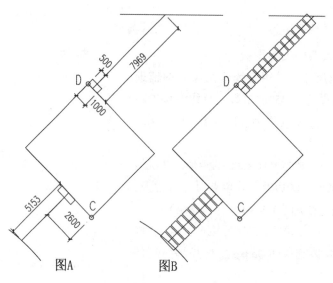

图 3-4-39 休闲亭广场步石

同法绘制另一侧的步石，尺寸为 1000×500，结果如图 3-4-39A 所示。

对上一步绘制的步石沿着辅助线进行路径阵列，间距均为 600，结果如图 3-4-39B 所示。

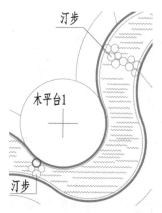

图 3-4-40 水中汀步绘制

（3）绘制自然水体中的汀步

本例将其绘制为圆形。分别绘制半径为 250 和 300 的圆，并放置在图 3-4-40 中所示的位置。

7) 绘制广场与道牙

道牙能保护路面，便于排水，其规格随材料及道路尺寸的不同而异，没有统一的标准。本例为方便，全部将道牙设置为 200mm 宽。利用偏移复制、修剪、延伸操作完成，最终结果如图 3-4-41 所示。

输入偏移命令快捷键 O 并按 Enter 键命令行提示及操作如下：

指定偏移距离或 [通过(T)/删除(E)/图层(L)]<750>：200↙

选择要偏移的对象，或 [退出(E)/放弃(U)]<退出>：选择道路边线

指定要偏移的那一侧上的点，或 [退出(E)/多个(M)/放弃(U)]<退出>：在道路内侧任意位置拾取一点（人行道的路牙在绿地一侧拾取，其他均在道路或者广场内侧拾取）

选择要偏移的对象，或 [退出(E)/放弃(U)]<退出>：选择另一条道路边线

指定要偏移的那一侧上的点，或 [退出(E)/多个(M)/放弃(U)]<退出>：在道路内侧任意位置拾取一点

依次完成所有的道路及广场道牙的绘制。

输入修剪命令快捷键 TR 并按 Enter 键，依据命令行提示完成多余部分的修剪，或者在按住"Shift"键的同时，完成相应部分的延伸操作，结果如图 3-4-41 所示。

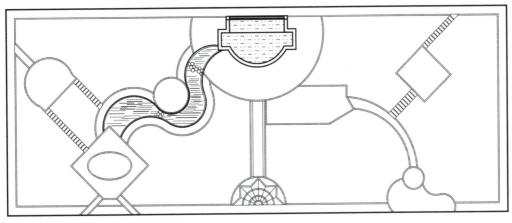

图 3-4-41　广场、道路及道牙

6. 绘制建筑及小品

1）绘制亭廊之亭

如图 3-4-42 所示为亭顶平面的尺寸。本例中的亭廊为钢筋混凝土材料。亭为坡屋顶，用粗实线画出外轮廓，用细实线画出屋面。具体绘制步骤如下。

（1）绘制亭柱的中心线

将"中心线"层置为当前图层，绘制 2800×2800 矩形，命令行输入矩形命令 REC 并按 Enter 键，或者单击绘图工具栏中的 ▭ 按钮，命令行的提示及操作如下：

指定第一个角点或［倒角(C)／标高(E)／圆角(F)／厚度(T)／宽度(W)］：　左键在绘图窗口的适当位置拾取一点

指定另一个角点或［面积(A)／尺寸(D)／旋转(R)］：2800，2800↙　输入相对坐标(2800，2800)并按 Enter 键

（2）绘制亭的轮廓线

将亭中心线向外侧偏移 800，得到亭的轮廓线，并将其放置在"建筑"层。

（3）绘制亭的对角线

当前图层切换为"细线"层，绘制亭顶的对角线(操作步骤略)。

（4）绘制亭的脊瓦

输入偏移复制命令 O 并按 Enter 键，将对角线向两侧各偏移 75，将亭顶轮廓线之外多余的部分修剪，对角线中心用直线连接，并将绘制的直线放置在"建筑"层。

（5）绘制亭屋面

将"铺装"层置为当前图层，输入图案填充命

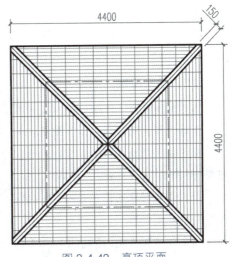

图 3-4-42　亭顶平面

令 H 并按 Enter 键，以添加拾取点的方式，拾取前后屋面填充边界，图案为"GRATE"，填充比例为 100，角度为 0，按 Enter 键确认，同法填充左右两侧屋面，将角度改为 90°，其他内容不变，结果如图 3-4-42 所示。

2）绘制亭廊之廊

（1）绘制廊的中轴线

将"中心线"层置为当前图层，设置极轴增量角为 30°，利用多段线命令，在绘图窗口适当位置绘制如图 3-4-43 所示的多段线轴线 A，将多段线 A 向上偏移 2000，得到另一条轴线 C(操作步骤略)。

（2）绘制立柱

将"建筑"层置为当前图层，绘制 150×150 矩形，放置在距离轴线 A 右端 600 处的位置，完成单个立柱的绘制。

选择刚刚绘制的矩形，单击修改面板上的路径阵列按钮 _∞阵列，选择上一步绘制的中轴线作为路径曲线，在指定项目间距处输入 2400，方式为定距等分模式，且对齐项目，完成立柱阵列。

输入多重复制命令 CO 并按 Enter 键，分别复制轴线 A 立柱至轴线 C 上，注意位置竖直对齐。

将 1、2 两处的立柱旋转成与水平方向夹角为 15°，如图 3-4-43 所示。

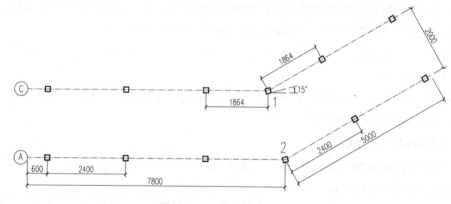

图 3-4-43　游廊轴线及立柱

（3）绘制游廊的纵梁

输入偏移命令 O 并按 Enter 键，或单击"修改"面板上的 ⊂ 按钮，命令行提示及操作如下：

当前设置：删除源＝否　图层＝源　OFFSETGAPTYPE＝0

指定偏移距离或[通过(T)/删除(E)/图层(L)] <50>：L↙　输入 L 并按 Enter 键，或者单击"图层(L)"按钮

输入偏移对象的图层选项[当前(C)/源(S)]<源>：C↙　输入 C 并按 Enter 键或者单击"当前(C)"按钮

指定偏移距离或[通过(T)/删除(E)/图层(L)]<50>：50↙　输入 50 并按 Enter 键

选择要偏移的对象，或[退出(E)/放弃(U)]<退出>：　选择轴线 A

指定要偏移的那一侧上的点，或[退出(E)/多个(M)/放弃(U)]<退出>： 在轴线的上侧拾取一点

依据命令行提示，再次将轴线 A 向下偏移复制 50，轴线 C 分别向上、向下各偏移 50。利用直线命令连接纵梁的两端封口，纵梁两端距离外侧立柱为 200，同时，利用修剪命令修剪立柱内部的纵梁线条。

（4）绘制游廊横梁

横梁的宽度为 100，结合中点捕捉及极轴追踪(30°)，利用直线命令及多重复制命令绘制横梁。结果如图 3-4-44 所示。

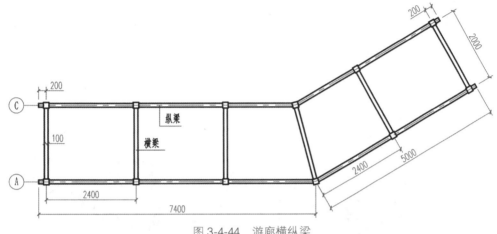

图 3-4-44　游廊横纵梁

【提示】
中间拐角处的横梁，首先用直线命令连接两柱的中点，然后利用偏移复制(偏移距离为 50)的方式得到横梁。

（5）绘制游廊格条

绘制尺寸为 60×2700 的矩形，根据图中尺寸提示，结合辅助绘图工具，利用移动命令放置在如图 3-4-45 所示位置。

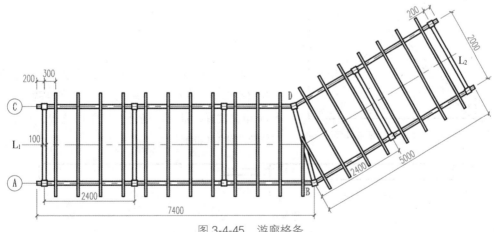

图 3-4-45　游廊格条

将轴线 A 向内偏移复制，距离为 1000，并进行分解，多段线被分解为直线 L_1、L_2。

利用路径阵列绘制水平格条，格条间距为 600，阵列结束后，将第 12 个格条以横梁 BD 为中心进行镜像，得到第 13 个格条，第 13 个格条再次进行路径阵列，间距同样为 600。

对第 12、第 13 个格条进行修剪，并用直线连接端部。

修剪掉所有格条内部的纵梁，结果如图 3-4-45 所示。

（6）绘制游廊地坪

游廊地坪在长度上与纵梁相等，在宽度上与游廊纵梁中心线的距离为 200，利用直线命令、修剪命令等完成地坪的绘制（操作步骤略）。

（7）绘制亭廊组合

将亭廊按照图 3-4-46 中亭柱中心线与廊柱中心线的间距为左右 600、前后 600（图中的①②）进行对齐，并移至总平面图中，使亭顶的左下角点对齐亭廊广场的左下角点。

至此，亭廊顶平面图绘制完毕。

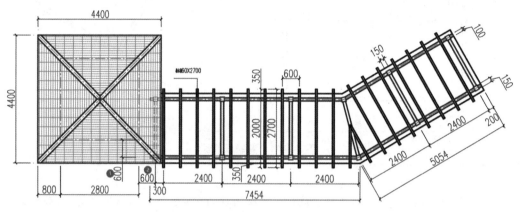

图 3-4-46　亭廊顶平面

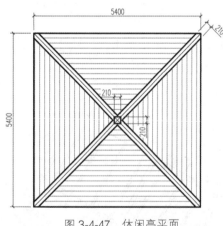

图 3-4-47　休闲亭平面

3) 绘制山顶休闲亭

山顶休闲亭的绘制方法与亭廊顶平面图中的亭的平面图绘制方法相似，此处操作步骤略，绘制结果如图 3-4-47 所示。

4) 绘制景墙

将"建筑"层置为当前图层，绘制景墙，根据景墙平面图，利用矩形命令、直线命令绘制，旋转 45°角，放置在景墙广场外，位于广场道牙的居中位置（图 3-4-48）。

图 3-4-48　景墙平面

5) 绘制树池

将"小品"层置为当前图层。树池平面为边长 2000 的正方形，带有木质坐凳。首先绘制 2000×2000 的矩形，然后将矩形向内偏移复制 300，利用移动命令，使树池与水池跌水墙两侧间距为 3000，树池后侧与叠水墙后侧对齐（图 3-4-49）。

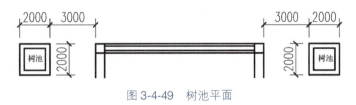

图 3-4-49 树池平面

7. 绘制园林铺装

1) 绘制广场铺装

本例中景墙广场、健身广场、水池广场、亭廊广场、休闲亭广场均采用相同的铺装。

将"铺装"层置为当前图层，单击绘图面板中的 按钮，或者输入图案填充命令快捷键 H 并按 Enter 键，打开"图案填充创建"面板，单击"图案"面板的下拉三角，选择图案"NET"，在角度和比例选项中，景墙广场、健身广场、休闲亭广场的角度为 45°，其他几个广场角度为"0"，比例均为"150"，边界选项中以"添加拾取点"的方式选择广场边界。

【提示】
1. 当以拾取点方式选择填充边界出现问题时，可以以选择对象的方式选择边界。当边界对象不闭合时，可以在"铺装"层用多段线描绘边界，然后以选择对象方式选择填充边界。
2. 图案填充时，打开"图案填充创建"面板中选项右侧下拉三角，可以打开软件经典模式下的"图案填充和渐变色"对话框，在这里也可以完成图案填充的所有设置，如图 3-4-50 所示。

与上述广场图案填充类似，对两个木平台以选择对象的方式进行图案填充，图案选择"DOLMIT"，比例为"50"，完成两个木平台铺装绘制。

2) 绘制园路铺装

园路铺装的方法与广场相似，铺装边界可先以拾取点的方式选择。拾取点不能选择边界时，以添加对象的方式选择边界。当边界不闭合时，则用多段线绘制边界，然后选择合适图案及比例进行填充。

（1）绘制主入口道路铺装

主入口道路是游园的主要道路，采用两种图案铺装，两侧为冰裂纹式铺装，中间部分为青石板凿毛。

两侧铺装：输入图案填充命令快捷键 H 并按 Enter 键，打开"图案填充创建"面板，在

"图案"面板中选择图案"GRAVEL",在角度和比例选项中,设置角度为"0",比例为"30",边界选项中以"添加拾取点"的方式选两侧边界。

中间部分铺装:操作方法同上,选择图案"AR-BRSTD",在角度和比例选项中,设置角度为"0",比例为"5"。

【提示】
由于园路或广场铺装种类繁多,软件中给定的图案不能满足要求,大家可以从网上下载一些图案,这些图案的扩展名为".pat",可以直接复制到软件安装目录下的"SUPPORT"文件夹中。图案填充时,可以在"图案创建"面板下面找到选项,打开"图案填充和渐变色对话框"(图3-4-50),在"类型"中选择"预定义",找到所安装的图案。

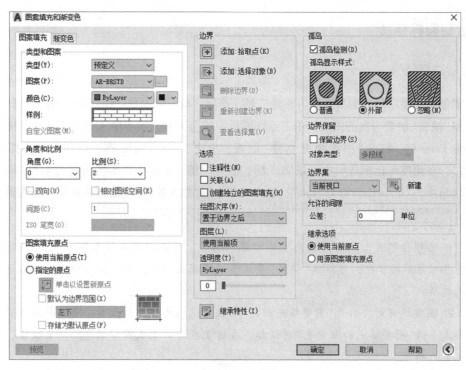

图 3-4-50 "图案填充和渐变色"对话框

(2)绘制自然水体两侧道路铺装

铺装方法同主入口道路两侧铺装,在"图案"面板中选择图案"GRAVEL",在角度和比例选项中,设置角度为"0",比例为"30",边界选项中以"添加:拾取点"的方式选两侧边界(图3-4-51)。

(3)绘制亭廊广场与木平台2之间道路铺装

此处铺装绘制同于自然水体两侧道路铺装,操作步骤略。

(4)绘制健身广场道路、景墙广场入口道路及人行道铺装

此处铺装做法同上述相似,健身广场与景墙广场入口道路所选择图案为"AR-B816C",角度分别为"45°""135°",比例为"1";人行道选择图案为"AR-HBONE",角度为"0°",比例为"2",结果如图3-4-51所示。

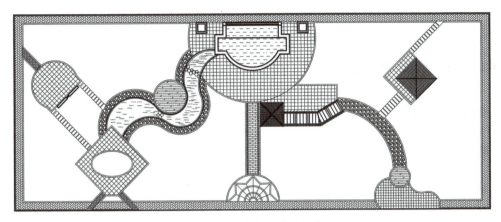

图 3-4-51　广场、道路铺装

8. 绘制地形

这里的地形，是指用等高线表示的地形高低变化的图样。园林景观制图中，等高线通常用样条曲线绘制。

根据地形在网格的位置，如图 3-4-52 所示，地形 1 控制在轴线 11~15 及轴线 B~D。输入样条曲线命令快捷键 SPL 并按 Enter 键（以拟合方式绘制），或者单击绘图面板中的 ，命令行提示及操作如下：

图 3-4-52　地形 1

指定第一个点或［对象（O）］：　在如图 3-4-52 所示的参考位置拾取点 1

指定下一点：　地形变化处拾取点 2

指定下一点或［闭合（C）/拟合公差（F）］<起点切向>：　地形变化处拾取点 3

指定下一点或［闭合（C）/拟合公差（F）］<起点切向>：　地形变化处拾取点 4

……

指定下一点或［闭合（C）/拟合公差（F）］<起点切向>：　地形变化处拾取点 10

指定下一点或［闭合（C）/拟合公差（F）］<起点切向>：　C　点击"闭合（C）"按钮
同法绘制另外两条等高线，以及地形 2 和地形 3，如图 3-4-53 和图 3-4-54 所示。

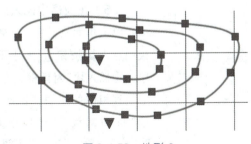

图 3-4-53　地形 2

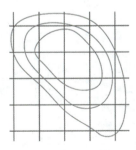

图 3-4-54　地形 3

【提示】

《风景园林制图标准》(CJJ/T 67—2015)规定，设计地形等高线为细虚线，原有地形等高线为细实线，此处绘制显示为实线，但是打印时，可以将"地形"图层设置为虚线。

9. 绘制植物种植

1) 绘制图例表

绘制植物时，根据设计要求，首先将所需植物定义成图例图块，并绘制植物图例表，然后利用多重复制、阵列复制、缩放等绘图命令，根据植物的生长特性和艺术手法将其种植到游园的合适位置。为便于后期植物种植设计图绘制，应该分别将乔木、灌木、地被放置在相应的图层上。

（1）设置表格样式

以图纸目录为基础，新建表格样式"图例表"，表格样式的字高设置为"700"，其他与"图纸目录"表格样式的设置相同。

（2）绘制图例表

将"标注"层置为当前图层，新建表格，行数为"10"（标题与表头均设置为"数据"，实际行数为"12"），列数为"12"，其他默认。

图 3-4-55　库块的创建

调整表格，对表格进行合并。

（3）填写表格文字

双击要输入文字的单元格，逐一输入表格中的文字。

（4）创建库块

打开"插入块"对话框，在"库"选项中，点击按钮，找到教材提供的文件"项目3植物及其他图例图块"，这样块素材被导入当前文件，而且作为库文件被保存，可以被任何文件调用，实现了图块资源的共建、共享，如图 3-4-55 所示。

（5）在表格中插入图块

单击单元格，在"表格单元"面板中点击块按钮，打开"在表格单元中插入块"对话框，在名称列表中找到相应的图块，比例一栏中勾选"自动调整"，全局单元对齐为"正中"，单击"确定"按钮，完成表格中块的插入,如图 3-4-56 所示。

(6)填写其他内容

其他内容主要指照明、服务设施内容的填写,此时可以先输入文字,块单独复制到表格中。注意,此时表格与块是相互独立的对象,结果如图3-4-57 所示。

2) 绘制乔木种植

绘制乔木种植,主要包含乔木图例图块的插入,图块大小的调整,图块的阵列复制、多重复制等。

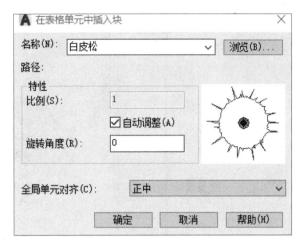

图 3-4-56 "表格单元插入块"对话框

序号	名称	数量	规格			图例	序号	名称	数量	规格	图例
			高度m	胸径cm	冠幅m						
1	白皮松	28	2-3	6	1.5-2		11	火棘	9	高1.5-2 丛生 冠幅1.2-1.5 主分枝5-7	
2	垂柳	12	3-5	6	2.5-3		12	红栌	11	高>1.5 丛生 冠幅1.2-1.5 主分枝5-7	
3	五角枫	17	3-4	6-8	2.5-3		13	紫藤	10	三年生,条长2m	
4	国槐	20	4-6	8-10	3-4		14	迎春	68m²	条长1-1.5m	
5	枫杨	18	3-4	8-10	3-4		15	棣棠	21m²	高1.5-1.7 丛生 主分枝5-7	
6	白玉兰	19	3-3.5	6-8	2.5-3		16	沙地柏	24m²	株高0.8m地径2cm 蓬径50cm	
7	碧桃	20	1.8-2	地径>4cm	1.5-2		17	月季	116m²	播种	
8	樱花	14	1.5-2	地径4-6	1.5-2		18	金盏菊	93m²	播种	
9	花石榴	19	高1.5-2 丛生 冠幅1.2-1.5 主分枝5-7				19	照明		庭院灯⊗跌水照明 水下射灯	
10	榆叶梅	18	高1.5-2 丛生 冠幅1.2-1.5 主分枝5-7				20	服务设施		石桌凳 健身器材 垃圾桶	

图 3-4-57 图例表

(1)绘制主入口道路乔木行道树

切换当前图层为"乔木"层,关掉"网格"层,绘制行道树白玉兰的插入点。一般树木的插入点距离道路外侧 500。将人行道向内侧偏移 500,入口广场的外边界向外偏移 500,两条线的交点即为白玉兰的种植点。经过修剪,得到白玉兰规则式种植的种植线,如图 3-4-58 所示。

插入白玉兰图例,点击"块"面板中"插入块"按钮的下拉三角,打开"插入块"下拉列表,如图 3-4-59 所示,拾取白玉兰图例,将其放置在图 3-4-58 所示的种植点。

缩放白玉兰图例,采用参照缩放,缩放后的图例直径为 2500,按照命令行提示,操作步骤如下:

命令:_SCALE 找到 1 个
指定基点: 拾取图例的中心
指定比例因子或[复制(C)/参照(R)]: R 输入参照(R)
指定参照长度<2517>:指定第二点: 拾取图例的直径
指定新的长度或[点(P)]<2500>: 2500↙ 输入 2500 并按 Enter 键结束

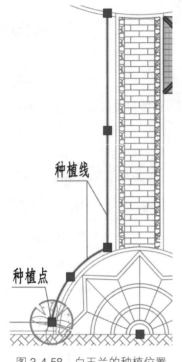

图 3-4-58　白玉兰的种植位置

图 3-4-59　"插入块"面板

对单个白玉兰图例进行沿路径的阵列，阵列的方式为"定数等分"，项目为"3"，对齐项目，结果如图 3-4-60 所示。

对主入口左侧的树木进行镜像，得到右侧的树木。

绘制主入口园路左侧的白玉兰，采用矩形阵列，行数为"5"，间距为"3000"，列数为"1"；右侧的白玉兰，同样采用矩形阵列，行数为"4"，间距为"2800"，列数为"1"，同时删除亭附近的树木，结果如图 3-4-60 所示。

（2）绘制人行道乔木行道树

生态园西部种植的是枫杨，冠幅为 3500，间距为 4000；生态园南部的枫杨间距为 6000，健身广场两侧、入口广场两侧的枫杨是关于广场中心对称的；生态园北部及东部种植的是国槐，均采用规则式种植，国槐冠幅 3600，东部人行道国槐间距 3950，北部间距为 7000，均利用路径阵列、镜像、多重复制等命令绘制。

（3）绘制自然水体两侧垂柳

插入垂柳图块，冠幅大小调整为 3000，通过偏移复制道牙，找到第一株种植点，然后利用沿线阵列的方式绘制，间距为 4500。绘制结束后，删除辅助线。

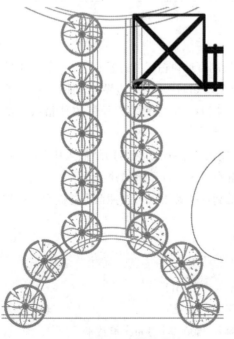

图 3-4-60　入口植物种植

(4)绘制其他乔木

其他乔木主要是采用多重复制的方式绘制。插入图块后,调整大小,多重复制。结果如图 3-4-61 所示,具体操作步骤参见"绘制乔木种植"视频讲解。

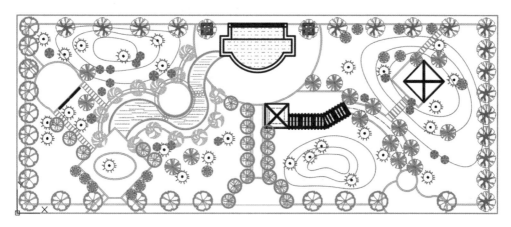

图 3-4-61　乔木种植

3)绘制灌木种植

灌木的种植方式一般采用自然式,单株栽植方式与乔木类似,片植灌木的绘制方法与地被相似。

单株灌木的绘制:首先定义图块,然后插入图块,修改冠幅大小,然后以多重复制的方式完成。

片植的灌木:利用云线或者多段线绘制种植范围,然后用圆环命令绘制种植点。

结果如图 3-4-62 所示,具体操作步骤参见"绘制灌木种植"视频讲解。

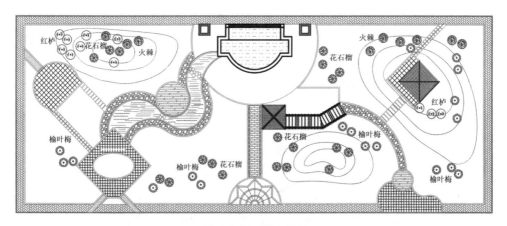

图 3-4-62　灌木种植

【提示】
在比较大范围的规划设计总平面图中,乔木也有片植种植方式,绘制方法同灌木片植绘制。

4) 绘制地被、藤本、草坪

地被绘制一般采用图案填充方式。将"地被"层设置为当前图层，采用云线命令或者多段线命令分别绘制地被植物的种植范围，然后进行相应图案填充，如图 3-4-63 所示为利用云线绘制的不同地被。其中，金盏菊，图案"AR-CONC"，颜色"40 号"，比例"50"；月季，图案"HONEY"，颜色"红色"，比例"50"；棣棠，图案"EARTH"，颜色"40 号"，比例"50"；迎春，图案"STARS"，颜色"40 号"，比例"50"；铺地柏，图案"TRIANG"，颜色"随层"，比例"50"。

藤本植物选择紫藤，绘制方法与地被相同，图案"ZIGZAG"，颜色"随层"，比例"80"，如图 3-4-63 所示。

图 3-4-63 地被

草坪的绘制一般是图案填充方式，首先利用多段线绘制填充区域，然后进行图案填充，应注意的是，距离道路、建筑比较近的地方，草坪绘制比较密集；较远的地方，比较稀疏。图 3-4-64 为利用多段线绘制的草坪，图示为多段线草坪区域被选中的状态。

具体操作步骤参见"绘制地被种植"讲解视频。

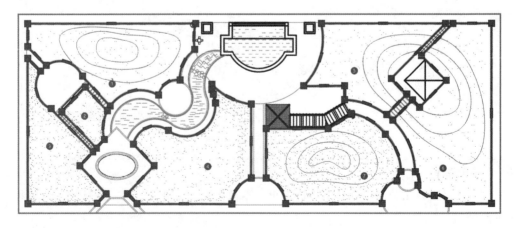

图 3-4-64 草坪

10. 添加园灯、园椅等园林小品

园林小品的添加方法与植物的添加方法类似，首先绘制好图例图块，然后以复制、阵列命令绘制添加。常见的园林小品有园灯、园椅园凳、健身器材、垃圾桶等，园林小品设施添加结果参见图 3-4-65。

1) 添加园灯

园灯一般布置在绿地广场及出入口、园路及建筑物周边，距离路边的距离为 300～800mm，根据灯杆高度的不同，一般间距为 10～30m，并避免树木的遮挡。具体操作参见"添加小品等设施"视频讲解。

2) 添加园椅、园凳、园桌等

园椅、园凳、园桌是园林中必备的休息设施，集休息与观赏功能于一体，一般设置在广场、道路周边。

3) 添加其他园林小品

健身器材、垃圾桶等也是游园中常见的小品。健身器材一般设置在健身广场或者比较大的广场周边，垃圾桶一般沿道路或者广场布置，并放置在草坪边缘。

11. 标注

由于总平面图的比例较小，尺寸标注一般采用方格网方式，并用文字注解方式标注图样中主要景点的名字，具体的尺寸标注需要参见放线设计平面图。结果参见图 3-4-65。

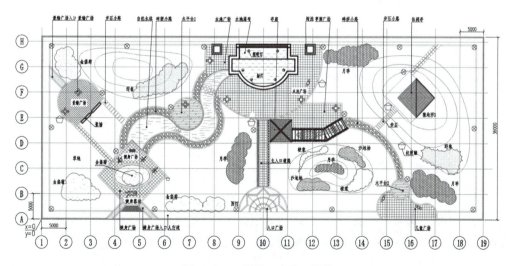

图 3-4-65　地被、小品及标注

1) 设置多重引线标注样式

打开"注释"选项卡，单击"引线"面板中的"多重引线样式管理器"按钮，打开"多重引

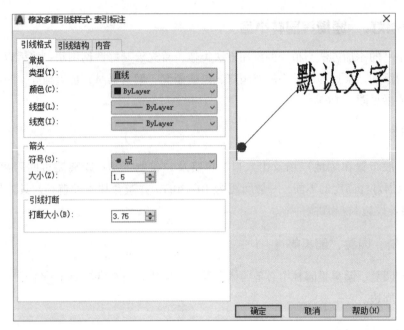

图 3-4-66 引线格式

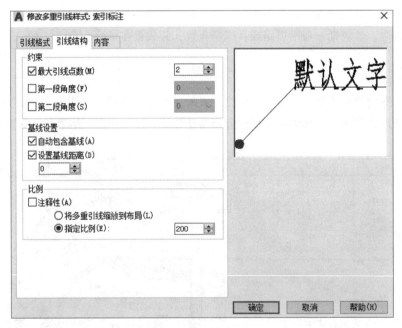

图 3-4-67 引线结构

线样式管理器",新建一个标注,命名为"索引标注",分别对引线的格式、引线结构及内容进行设置,如图 3-4-66 至图 3-4-68 所示。

2) 标注引线

打开"注释"选项卡,将"标注"层置为当前图层,单击"引线"面板上的"多重引线"按钮,或者输入引线标注的快捷键 MLD,标注"景墙广场入口",命令行提示及操作如下:

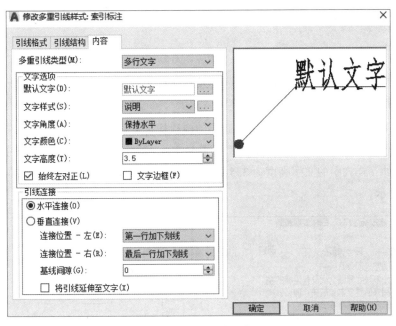

图 3-4-68　引线内容

命令：_MLEADER

指定引线箭头的位置或[引线基线优先(L)/内容优先(C)/选项(O)]<选项>：　拾取引线的起始点

指定引线基线的位置：　拾取基线的位置

指定基线距离<0.0000>：✓　直接按 Enter 键，确认基线距离为 0

输入注释文字"景墙广场入口"，空白处点击鼠标左键，结束文字的输入。结果如图 3-4-69 所示。

对引线标注的多行文字进行修改，选中"标注"，打开"快捷特性"，将行距样式改为"精确"，如图 3-4-70 所示。

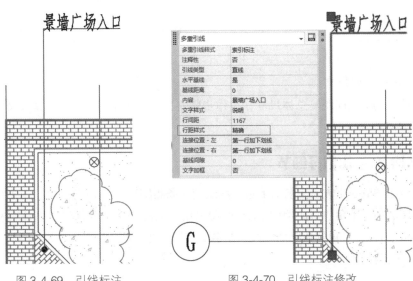

图 3-4-69　引线标注　　　　　　　图 3-4-70　引线标注修改

同法完成所有标注，结果参见图 3-4-65。

3) 标注尺寸

尺寸只做简单标注，标注网格横纵间距及总体尺寸。

(1) **修改尺寸标注样式**

本例出图比例为 1∶200。项目 1 中制作的模板均是按照 1∶1 出图设置的，这里要将标注样式中调整选项中的"使用全局比例"设置为 200，即将所有与尺寸有关的数字放大至 200 倍。例如，样式中的文字高度为 3.5，实际上标注时其高度为 700 (3.5×200 = 700)，如图 3-4-71 所示。

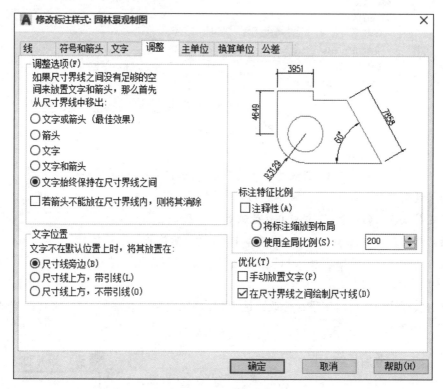

图 3-4-71　尺寸标注修改

(2) **标注必要尺寸**

标注网格的横纵间距及总体尺寸，操作步骤略，结果参见图 3-4-65，具体操作步骤参见"绘制标注"视频讲解。

12. 添加图名、比例等细节

图名位于图的正下方，图名的下边一般绘制一条粗实线与一条细实线，用于标明图名的范围。图名的右下角注写比例(如果整张图采用相同的比例，可以将比例注写在标题栏中，此处可以省略)，比例数字的底线与图名的底线对齐。最后保存文件。

结果参见附图 4。

任务 3-5　绘制园林景观放线设计平面图

工作任务

本任务是用 AutoCAD 2022 软件绘制园林景观放线设计平面图，包括方格网、各部分定位坐标。绘制中需要使用复制、移动等修改命令，多重引线标注样式建立及引线标注，以及特性工具等。

知识准备

1. 园林景观放线设计平面图

放线设计平面图是园林工程施工图中对各部分进行定位的图样，是施工放样的依据。总平面图表达的内容比较多，尺寸标注不够详细，在一张图纸内无法完全清晰表达各部分之间的相对位置关系及各部分的尺寸，故需要单独绘制放线设计平面图。

2. 特性工具、快捷特性工具

特性工具打开方式详见任务 1-2，此处不再赘述。

快捷特性工具可以通过状态栏的自定义工具，在状态栏上显示或者隐藏。通过快捷特性的自定义工具可以定义快捷特性的选项，详见任务 1-2，此处不再赘述。

3. 多重引线标注

多重引线标注主要用于图样中的注释标注，首先设置多重引线标注的格式，然后进行引线标注，引线标注设置方式详见任务 1-2，具体操作中会根据图样的具体内容设置引线格式，并标注点的坐标。

引线样式中箭头符号大小、内容中文字的高度，一般根据制图标准规定，设置为图纸需要的实际大小，在非"注释性"的前提下，引线样式中的比例为出图比例的倒数，例如，出图比例为 1∶200，则比例设置为"200"；在"注释性"勾选状态下，这些内容的高度为图纸需要的实际高度，比例设置为"1"。注释性相关内容参见任务 4-1，此处不再赘述。

另外，本任务实施过程中涉及的其他绘图、修改及注释等知识点，也请参见项目 1、项目 2，此处不再赘述。

任务实施

1. 复制总平面图，修改标题栏文字

打开文件"幸福花园社区生态园林景观设计"，关掉乔木、灌木、地被、草坪、铺装、小品等图层，复制"景观设计总平面"的图样、图纸、图符及标题栏文字，将"复制图纸"标题栏文字中的"ZS-01"修改成"ZS-02",将标题栏内的图名改为"放线设计平面图";图样的图名改为"放线设计平面图",比例不变。

2. 绘制各部分的定位坐标

定位坐标的绘制有两种方法,一种是利用 AutoCAD 2022 的坐标工具进行自动标注,系统默认水平方向坐标为 Y 坐标,垂直方向坐标为 X 坐标。另一种是依据状态栏中坐标的动态提示,手动输入某一点的坐标。

软件的二维世界坐标系中水平方向坐标为 X 坐标,竖直方向坐标为 Y 坐标,所以,我们也将水平方向坐标指定为 X 坐标,竖直方向坐标指定为 Y 坐标。依据状态栏的动态提示、快捷特性及特性等辅助工具,指定广场、水体、建筑及小品的定位点坐标。

1)设置坐标标注样式

打开"注释"选项卡,单击引线面板中的"多重引线样式管理器"按钮,打开"多重引线样式管理器",新建一个名为"总平坐标"的样式,分别对引线的格式、引线结构及内容进行设置,如图 3-5-1 至图 3-5-3 所示。

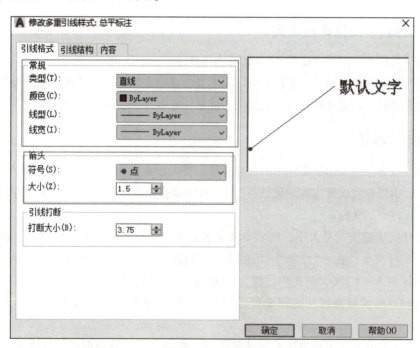

图 3-5-1　引线格式

2)标注广场的定位坐标

(1)标注入口广场圆心坐标

将"标注"层置为当前图层,选中入口广场的圆,在状态栏中打开"快捷特性",如图 3-5-4 所示,可以看到圆心的坐标为(45000,1500)。

输入多重引线命令,拾取圆心,按照提示输入圆心的坐标。

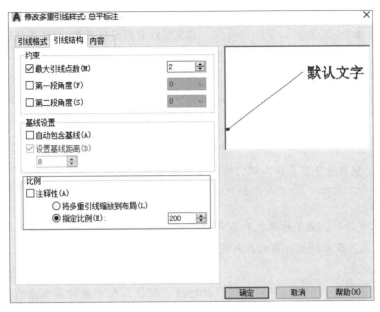

图 3-5-2　引线结构

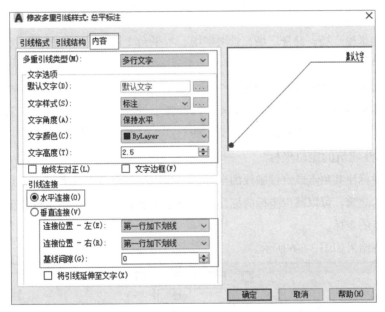

图 3-5-3　引线内容

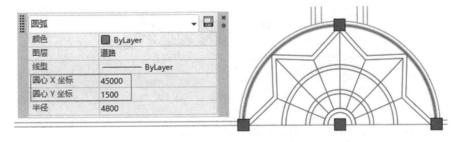

图 3-5-4　入口广场圆心坐标

图 3-5-5　主入口广场定位坐标

命令：_MLEADER

指定引线箭头的位置或[引线基线优先(L)/内容优先(C)/选项(O)]<选项>：　拾取圆心

指定基线距离<0.0000>：✓　直接按 Enter 键确认距离为 0；如果不是 0，可以输入 0 并按 Enter 键

X＝45000✓　输入多行文字 X＝45000 并按 Enter 键

Y＝1500　空白处点击鼠标左键，结束坐标的输入，结果如图 3-5-5 所示。

【提示】

1. 标注坐标时，为了精确地对各部分进行定位，一定要把游园的坐标原点移动到坐标系的原点，或者将坐标系的原点定位到游园的原点。本例坐标原点位于游园轴线 A 与轴线 1 的交点。

2. 查询某个点的坐标，可以通过快捷特性、特性，或者查询某个点的坐标。查询坐标时，可以配合强制性对象捕捉来实现(Shift+鼠标右键)。

3. 可以通过安装坐标插件的方法，对坐标进行快速标注。

依次标注水池广场、健身广场、景墙广场、木平台 1 及木平台 2 的圆心定位坐标及其他定位角点坐标。

（2）标注自然水体的定位坐标

自然水体由多段线绘制，需要定位每一段圆弧上的 3 个点的坐标，结合对象捕捉、动态坐标提示，分别标注自然水体上每段圆弧的起点、中点、端点的坐标。

（3）标注建筑的定位坐标

建筑需要标注其角点或定位轴线的坐标，一般标注两个角点或者三个角点的坐标，对于特殊位置的建筑，可以减少坐标的标注。本例标注亭廊中亭的一个角点的坐标，以及休闲亭两个角点的坐标。

坐标标注结果如图 3-5-6 所示。

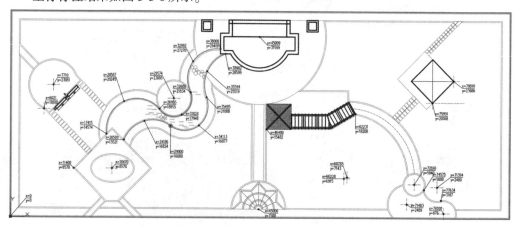

图 3-5-6　游园坐标标注

3. 标注各部分间的定位尺寸及大小尺寸

将"标注"层置为当前图层，打开注释面板，结合对象捕捉，采用对齐标注、半径标注、角度标注、线性标注、连续标注等完成各部分的定位尺寸及大小尺寸的标注。对于细部尺寸，需要参照各部分的详图。

4. 绘制方格网

方格网在总平面图中已经绘制完成。水平方向为 X 轴，竖直方向为 Y 轴，用轴号来标注各个网格，网格间距为 5m，轴线 1 与轴线 A 的交点为假定的坐标原点，确定各个广场及建筑的相对位置，结果参见附图 5。

最后对文件进行保存。

任务 3-6　绘制园林景观索引图

工作任务

本任务是用 AutoCAD 2022 软件绘制园林景观索引图，包括图纸复制、索引绘制及剖断线绘制。绘制中需要使用圆、直线、多段线、单行文字、复制等绘图、修改与注释操作。

知识准备

1. 索引图

索引图是园林工程施工图中重要部分。在大比例图纸中，园林要素细部结构不能表示出来，为了更加详细地说明细部结构的构造做法、尺寸，用索引图把需要详细表达的部分进行索引，以便在详图中进行详细的表达。

索引图多以总图为底图，将"植物层""小品"层关掉，利用多段线及圆、直线、文字注释等绘制索引符号。注意，索引的详图要与索引图样一一对应。

2. 索引符号

1）索引符号规定

制图标准规定，索引符号应由直径为 8~10mm 的圆和水平直径组成，圆及水平直径线宽宜为细实线；水平直径上端的数字为详图名称，水平直径下端的数字为详图所在的图纸编号；当详图所在的图纸与索引图样在同一张图纸上时，水平直径的下端为一水平直线；当索引出的详图采用标准图时，应在索引符号水平直径的延长线上加注该标准图集的编号，如图 3-6-1 所示。当索引符号用于索引剖视详图时，应在被剖切的部位绘制剖切位置线，并以引出线引出索引符号，引出线所在的一侧应为剖视方向，如图 3-6-2 所示。

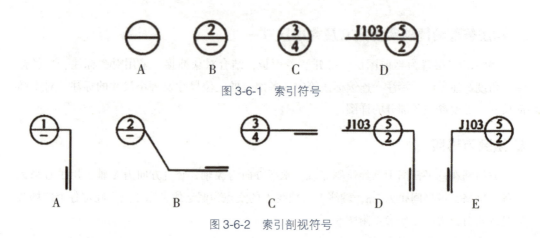

图 3-6-1　索引符号

图 3-6-2　索引剖视符号

2）索引符号的绘制

（1）绘制圆

输入圆命令，绘制半径为 5mm 的圆。

（2）绘制圆的直径及引出线

输入直线命令，结合对象捕捉命令，状态栏对象捕捉中勾选"象限点捕捉"方式，输入直径及引出线。

（3）输入文字

输入单行文字命令，将"说明"文字样式置为当前文字样式，文字的高度为 3.5。分别在直线上端输入详图名称，直线下端输入详图所在的图纸编号。

本任务实施过程中用到的绘图与修改操作如圆命令、复制命令、单行文字命令等，以及引线标注等已经在项目 1、项目 2 中进行讲解，此处不再赘述。

任务实施

1. 复制园林景观总平面图，修改标题栏文字

打开文件"幸福花园社区生态园林景观设计"，关掉乔木、灌木、地被、草坪等图层，复制"景观设计总平面图"，包含图纸关掉图层后的内容及图纸、图符、标题栏文字，将"复制图纸"标题栏文字中的"ZS-01"修改成"ZS-04"，将标题栏内的图名改为"索引平面图"。

2. 修改索引平面图

园林总平面图关掉图层后进行复制，基本上不用做修改，此处只需要修改一下图名，将图样的图名修改为"索引平面图"，比例不变。

3. 绘制索引平面图的索引

1）建立索引标注样式

索引标注需要用到多重引线标注，需要建立适合 1∶200 比例出图的引线标注样式。索

引标注样式已经在任务 3-4 中设置好了。

2）标注索引

以儿童广场木平台 2 索引为例介绍索引标注（图 3-6-3）。

将"标注"层置为当前图层，"注释面板"置为当前，单击多重引线按钮，依据提示输入引线标注，命令行提示及操作如下：

命令：_MLEADER

指定引线箭头的位置或[引线基线优先(L)/内容优先(C)/选项(O)]<选项>： 在木平台 2 内部任意位置拾取一点，作为索引标注的起始点

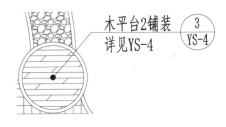

图 3-6-3　木平台 2 索引标注

指定引线基线的位置： 适当位置拾取一点

指定基线距离<0.0000>：✓ 直接按 Enter 键确认距离为 0；如果不是 0，可以输入 0 并按 Enter 键

木平台 2 铺装✓ 输入"木平台 2 铺装"并按 Enter 键

详见 YS-4✓ 输入"详见 YS-4"并按 Enter 键

空白处点击鼠标左键，结束索引标注的输入，结果参见图 3-6-3。

输入圆命令 C 并按 Enter 键，命令行提示及操作如下：

命令：CIRCLE

指定圆的圆心或[三点(3P)/两点(2P)/切点、切点、半径(T)]：1000✓ 利用对象捕捉，捕捉刚刚绘制的索引标注的端点，水平向右追踪距离 1000 并按 Enter 键

指定圆的半径或[直径(D)]<1000>：1000✓ 输入圆的半径 1000 并按 Enter 键

利用直线命令绘制圆的直径。

输入文字命令 DT 并按 Enter 键，命令行提示及操作如下：

命令：_TEXT

当前文字样式："说明"　文字高度：350　注释性：否　对正：中间

指定文字的中间点或[对正(J)/样式(S)]： 适当位置拾取文字的起点

指定高度 <350>：600✓ 输入文字的高度 600 并按 Enter 键

指定文字的旋转角度<0>：✓ 直接按 Enter 键

3✓ 输入文字"3"并按 Enter 键

YS-4✓ 输入文字"YS-4"并按 Enter 键

✓ 按 Enter 键结束文字的输入

结果参见图 3-6-3。

3）标注断面图的索引

以主入口断面索引为例，介绍断面图的索引标注。

（1）绘制断面符号

输入多段线命令 PLINE 并按 Enter 键，按提示输入剖面符号中的剖切位置线，长度为

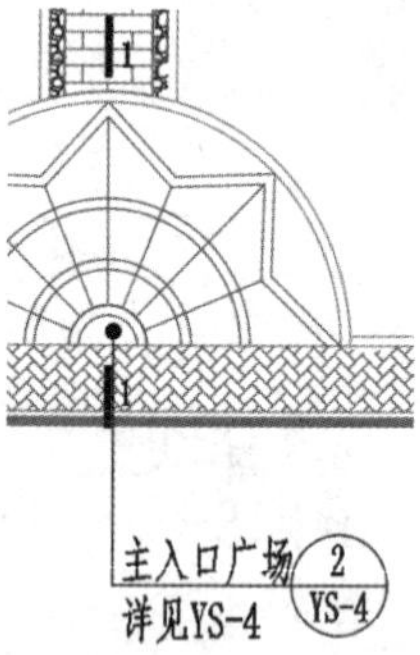

800~1200，宽度为100。

命令：_PLINE

指定起点： 利用对象捕捉追踪，从入口广场的圆心向下追踪适当距离，并拾取

当前线宽为0

指定下一个点或[圆弧(A)/半宽(H)/长度(L)/放弃(U)/宽度(W)]：800↙　　竖直向下，输入800并按Enter键

双击绘制的多段线，线宽设置为100。

图3-6-4　入口广场断面索引标注

（2）绘制索引标注的引出线

绘制索引标注引出线的方法与上述木平台2的标注方法一致，但要注意索引符号引出线的位置。引出线一侧代表断面图或者剖面图的投影方向。

（3）绘制索引符号

绘制索引符号圆，半径为1000，输入文字，分子为2，分母为YS-4，结果如图3-6-4所示。

其他索引标注，与上述类似，此处不再赘述，所有索引标注结果见附图6。

最后，对文件进行保存。

任务3-7　绘制园林景观竖向变化高程图

工作任务

本任务是用AutoCAD 2022软件绘制园林景观竖向变化高程图，包含图纸绘制及高程、坡度及等高线标注。绘制中需要使用图块的创建与使用、复制、修剪、多段线及文字输入等操作。

知识准备

1. 竖向设计

竖向设计主要是指对项目平面进行高程设计，从而形成竖向空间。竖向设计是将场地地形进行竖直方向的调整，充分利用和合理改造自然地形，合理选择设计标高，使之满足建设项目的使用功能要求，成为适宜建设的景观，如道路的上下起伏设计、地面的高低落差设计、微地形的景观营造都称为竖向设计。

竖向设计的3种表示方法是：设计标高法、设计等高线法、局部剖面图法。园林竖向设计中，多使用第一种和第二种方法。

2. 绘制标高符号

1）绘制单体建筑标高符号

根据制图标准规定，标高符号应以等腰直角三角形表示，并应按图3-7-1A所示形式用

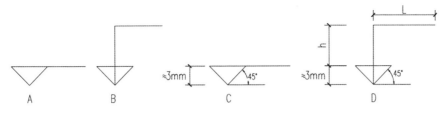

图 3-7-1　标高符号

细实线绘制，如标注位置不够，也可按图 3-7-1B 所示形式绘制。标高符号的具体画法可参照图 3-7-1C、D 所示，高度根据需要适当设置。

2）绘制标高符号

标高符号可以采用直线、偏移复制等命令绘制。可以单独绘制，也可以定义为属性块。下面以 1∶200（将所有的尺寸放大 200 倍）比例出图要求，绘制标高符号。

（1）绘制直线

输入直线命令 LINE 并按 Enter 键，或输入多段线命令 PINE 并按 Enter 键，绘制长为 4000 的直线。

命令：_LINE

指定第一个点：　适当位置拾取一点

指定下一点或 [放弃(U)]：4000↙　在 0°极轴追踪提示下输入 4000 并按 Enter 键

指定下一点或 [放弃(U)]：↙　按 Enter 键结束直线的绘制

（2）绘制辅助直线

输入偏移复制命令 O 并按 Enter 键，偏移距离为 600（200×3＝600）。

命令：O

OFFSET

当前设置：删除源＝否　图层＝源　OFFSETGAPTYPE＝0

指定偏移距离或 [通过(T)/删除(E)/图层(L)] <100.0>：600↙　输入距离 600 并按 Enter 键

选择要偏移的对象，或 [退出(E)/放弃(U)] <退出>：　拾取上一步绘制的直线

指定要偏移的那一侧上的点，或 [退出(E)/多个(M)/放弃(U)] <退出>：　在上端或者下端拾取一点，确定复制对象的位置

选择要偏移的对象，或 [退出(E)/放弃(U)] <退出>：↙　按 Enter 键结束偏移复制命令

（3）绘制等腰直角三角形

输入直线命令 LINE 并按 Enter 键，极轴追踪角度设置为 45°角，绘制等腰直角三角形（图 3-7-2、图 3-7-3）。

命令：_LINE

指定第一个点：　拾取上面一条直线的端点

指定下一点或 [放弃(U)]：　拾取 315°极轴追踪线与下面一条直线的交点

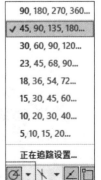

图 3-7-2　追踪设置

指定下一点或[放弃(U)]： 拾取45°极轴追踪线与上面一条直线的交点

指定下一点或[闭合(C)/放弃(U)]：✓ 按 Enter 键结束直线的绘制，结果如图 3-7-4 所示。

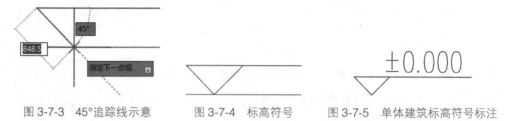

图 3-7-3　45°追踪线示意　　图 3-7-4　标高符号　　图 3-7-5　单体建筑标高符号标注

（4）输入文字

利用单行文字输入标高数值，如输入±0.000（图 3-7-5）。

命令：_TEXT

当前文字样式："标注"　文字高度：2.5　注释性：否　对正：左

指定文字的起点 或[对正(J)/样式(S)]：　拾取文字的起始点

指定高度 <2.5>：700✓　输入文字的高度为 700 并按 Enter 键

指定文字的旋转角度 <0>：✓　角度为 0，直接按 Enter 键

输入文字±0.000。

3) 绘制总平面图标高符号

与单体建筑的标高符号绘制类似。

（1）绘制直线

输入直线命令 LINE 并按 Enter 键，或输入多段线命令 PLINE 并按 Enter 键，绘制长为 1200 的直线。

命令：_LINE

指定第一个点：　适当位置拾取一点

指定下一点或[放弃(U)]：1200✓　在 0°极轴追踪提示下输入 1200 并按 Enter 键

指定下一点或[放弃(U)]：✓　按 Enter 键结束直线的绘制

（2）绘制辅助直线

输入直线命令 LINE 并按 Enter 键。

命令：_LINE

指定第一个点：　结合对象捕捉中的中点捕捉模式，拾取第一条直线的中点

指定下一点或[放弃(U)]：600✓　竖直向下输入 600 并按 Enter 键

指定下一点或[放弃(U)]：✓　按 Enter 键结束直线的绘制

（3）绘制等腰直角三角形

按 Enter 键，重复直线命令，或者继续输入直线命令 LINE 并按 Enter 键。

命令：_LINE

指定第一个点：　拾取 1200 长直线的一个端点

指定下一点或[放弃(U)]：　拾取竖直线的端点

指定下一点或[放弃(U)]： 拾取1200长直线的另一个端点

指定下一点或[闭合(C)/放弃(U)]：✓ 按Enter键结束直线的绘制

（4）绘制图案填充

对等腰直角三角形进行图案填充，图案选择"SOLID"，输入图案填充命令H并按Enter键，或者单击"默认"面板中的图案填充按钮，功能区中显示"图案填充"面板，选择图案"SOLID"，以选择对象方式选择填充边界，结果如图3-7-6所示。

图3-7-6 总平面图标高符号

（5）输入文字

利用单行文字输入标高数值，如输入±0.00(总平面图的标高数值精确到小数点后两位)。

命令：_TEXT

当前文字样式："标注" 文字高度：2.5 注释性：否 对正：左

指定文字的起点 或[对正(J)/样式(S)]： 拾取文字的起始点

指定高度 <2.5>：700✓ 输入文字的高度为700并按Enter键

指定文字的旋转角度 <0>：✓ 角度为0，直接按Enter键

输入文字±0.00 符号"±"的编码为"%%p"，此处应该输入"%%p0.00"

3. 软件的绘图、修改及注释

本任务实施过程需要使用软件的绘图、修改及注释命令，相关内容参见项目1、项目2，此处不再赘述。

任务实施

本项目采用生态设计理念，将海绵城市的概念融入设计，高程设计注重运用植草沟、雨水花园等海绵城市设计理念。

竖向设计方案：本案以外部道路为准，设计标高为±0.00；所有广场均设置1%～1.5%的坡度，将雨水通过植草沟排向绿地雨水花园；园路较绿地高出0.1m；水景墙高度为4m；绿地面积较小，坡度不宜过大，故最高点亭的地面标高设置为0.8m；雨水花园最低点标高为-0.8m，植草沟为-0.1m，并设置坡度；水系不宜太深，设置为最低点较最高点高差0.3m。

1. 复制图纸、图符，修改标题栏文字

打开文件"幸福花园社区生态园林景观设计"，利用多重复制操作，复制"景观设计总平面图"的图纸、图框线、标题栏及标题栏文字。

左键双击"复制图纸"图号处的"ZS-01"，将其更改为"ZS-05"；双击标题栏中的"景观设计总平面图"修改成"竖向设计图"，完成图纸及图符的绘制。

2. 复制园林景观总平面图

1) 关掉图层

将乔木、灌木、地被、铺装、辅助线、标注、网格、小品等图层关掉，复制关掉图层

后的总平面图到"竖向设计图"。

2）复制总平

将关掉图层后的总平面图选中，输入多重复制命令，按照提示完成总平面图的复制。

命令：CO

COPY 找到 571 个

当前设置：复制模式 = 多个

指定基点或[位移(D)/模式(O)] <位移>：拾取复制基点

指定第二个点或[阵列(A)] <使用第一个点作为位移>：在竖向设计图纸的适当位置单击鼠标左键

指定第二个点或[阵列(A)/退出(E)/放弃(U)] <退出>：✓ 按 Enter 键结束多重复制命令

调整好图样在竖向设计图中的位置。

3. 绘制与标注高程

1）定义标高图块

（1）绘制高程图

设置"0"层为当前图层，绘制高度为 600 的等腰三角形，并填充为实体颜色。

（2）赋予块属性

对上述绘制的图形赋予属性。

将"插入"选项卡置为当前，单击定义属性按钮，打开"属性定义"对话框，在属性区域输入标记、提示及默认值，在文字设置及文字样式区域输入相应内容，按"确定"按钮关闭"属性定义"对话框，将文字放置到符号上方，结束属性的定义，如图 3-7-7、图 3-7-8 所示。

图 3-7-7 "属性定义"对话框　　　图 3-7-8 标高属性定义

【提示】

文字要选择"标注"样式文字,因为这个样式是采用的 AutoCAD 2022 本身自带的字体(SHX 字体为"simplex.shx",大字体为"gbcbig.shx",其中的大字体"gbcbig.shx"又称为中文字体),文字可正常显示。

(3) 定义图块

对上述赋予了属性的图形定义为图块。

单击创建块按钮 ,或者输入块创建的快捷键 B 并按 Enter 键,打开"块定义"对话框,输入块名"标高",单击"拾取点"按钮,拾取标高的插入点,单击"选择对象"按钮,选择属性标高符号,按"确定"按钮,结束属性标高块的创建,如图 3-7-9 所示。

图 3-7-9 "块定义"对话框

2) 插入标高

将"标注"层置为当前图层,在各个需要绘制标高的地方绘制标高,并更改标高的数值。

点击插入块按钮 ,展开"插入块"面板,找到标高,点击"标高",点击要放置标高的位置,同时弹出"编辑属性"对话框,赋予该位置正确的标高数值。以相同的方法完成所有标高的绘制,见附图 7。

4. 绘制与标注坡度

将"标注"层置为当前图层。绘制坡度符号及坡度数值。

标注坡度时,应加注坡度符号,坡度符号为箭头,坡度数值表示为百分数。本图以 1∶200 比例出图,箭头及数字均要按制图标准大小放大至 200 倍。

1）绘制坡度符号

利用多段线命令绘制坡度符号。输入多段线命令 PL 并按 Enter 键，根据命令行提示绘制箭头。

命令：PL↙

指定起点：适当位置拾取多段线的起点

指定下一个点或[圆弧(A)/半宽(H)/长度(L)/放弃(U)/宽度(W)]：2000↙　在 225°极轴追踪提示下，输入 2000

指定下一个点或[圆弧(A)/半宽(H)/长度(L)/放弃(U)/宽度(W)]：W↙

指定起点宽度<0>：200↙

指定端点宽度<100>：0↙

指定下一个点或[圆弧(A)/半宽(H)/长度(L)/放弃(U)/宽度(W)]：1000↙　225°极轴追踪提示下输入 1000 并按 Enter 键

2）标注坡度

使用单行文字命令输入文字：1%，完成图 3-7-10 坡度符号绘制。

同法完成所有坡度的绘制。

图 3-7-10　坡度符号

5. 绘制并标注等高线

等高线在总平面图中已经绘制完成，此处需要标注高程数值。等高线的高程以米为单位，单位可以省略。高程数值的方向朝向山顶方向或者山谷方向。

1）修剪等高线

利用样条曲线绘制的等高线是闭合的，标注高程时，需要将等高线断开，输入两条构造线作为辅助边界，对等高线进行修剪。

2）标注等高线标高

输入单行文字命令，文字样式为"标注样式"，字高为"700"，逐一输入标高数值，保留小数点后两位数字，利用旋转命令，字头朝向山顶或者谷底。绘制结果参见附图 7。

6. 书写说明

利用单行或者多行文字绘制说明文字，字高为"1000"，文字样式为"说明"文字样式，文字内容"说明：本工程的标高采用相对标高，将入口广场的标高假设为±0.00，区域内的标高值均为±0.00 的相对标高；道路及广场向绿地做 1% 的排水坡度；植草沟根据现场施工，深度为 -0.10m，分别由亭廊广场、山顶、儿童广场、入口广场排向雨水花园方向。"

最后对文件进行保存。

任务 3-8　绘制园林景观种植设计施工图

🍃 工作任务

本任务用 AutoCAD 2022 软件绘制园林景观种植设计施工图，其中包含植物种植总平面图、植物(上木)配置图、植物(下木)配置图绘制。绘制中需要使用复制、多重引线标注、表格绘制、计数、特性、快捷特性、面积统计等命令和操作。

🍃 知识准备

1. 植物种植施工图

植物种植设计施工图是表示园林植物种类、数量、规格、种植位置的平面图，是园林设计重要的图纸之一，也是植物种植施工和定点放线、施工管理及编制工程预算单的主要依据。种植设计施工图常用平面图和剖面图表示，其中最重要的图纸是园林植物种植施工总平面图。本项目为了全面表达植物施工图的绘制方法，分别绘制植物种植施工总平面图、上木配置图、下木配置图，重点是绘制植物施工总平面图。

2. 绘图、修改与注释命令

本任务实施过程需要用到的绘图命令和操作有计数、快速选择、引线标注、特性工具、面积查询工具、云线绘制、引线注释等，这些知识在项目 1、项目 2 中已有讲解，此处不再赘述。

🍃 任务实施

1. 绘制植物种植施工总平面图

1）复制园林景观设计总平面图，修改标题栏文字

（1）关掉图层

打开文件"幸福花园社区生态园林景观设计"，将小品、辅助线、铺装 3 个图层关闭。

（2）复制总平面图

将关掉图层后的总平面图复制到"植物种植总平面图"中，输入多重复制命令，按照提示完成总平面图的复制。

命令：CO
COPY 找到 571 个
当前设置：复制模式 = 多个
指定基点或[位移(D)/模式(O)] <位移>：　拾取复制基点

指定第二个点或[阵列(A)]<使用第一个点作为位移>： 在植物种植总平面图纸的适当位置单击鼠标左键

指定第二个点或[阵列(A)/退出(E)/放弃(U)]<退出>：✓ 结束多重复制命令

（3）修改

左键双击图号处的"ZS-01"，将其更改为"LS-01"；双击标题栏中的"景观设计总平面图"，修改成"植物种植总平面图"，完成图纸及图符的绘制。

2）绘制苗木统计表

复制图例表，将其修改为苗木统计表。

（1）创建苗木表

复制总平面图的图例表，将图例表中的照明、服务设施两部分的内容删除，通过复制、粘贴及删除、增加单元格的方式，将图例表修改为苗木统计表。苗木统计表包含苗木的名称、数量、规格及图例等，苗木规格在总平面图中已经修改好了，此处直接复制使用，苗木的拉丁文此处省略（图 3-8-1）。

序号	名称	数量	规格			图例	序号	名称	数量	规格	图例
			高度m	胸径cm	冠幅m						
1	白皮松	28	2-3	6	1.5-2		10	榆叶梅	18	高1.5-2 丛生 冠幅1.2-1.5 主分枝5-7	
2	垂柳	13	3-5	6	2.5-3		11	火棘	9	高1.5-2 丛生 冠幅1.2-1.5 主分枝5-7	
3	五角枫	17	3-4	6-8	2.5-3		12	红栌	11	高>1.5 丛生 冠幅1.2-1.5 主分枝5-7	
4	国槐	20	4-6	8-10	3-4		13	紫藤	10	三年生，条长2m	
5	枫杨	18	3-4	8-10	3-4		14	迎春	68m²	条长1-1.5m	
6	白玉兰	19	3-3.5	6-8	2.5-3		15	棣棠	21m²	高1.5-1.7 丛生 主分枝5-7	
7	碧桃	20	1.8-2	地径>4cm			16	沙地柏	24m²	株高0.8m 地径2cm 蓬径50cm	
8	樱花	14	1.5-2	地径4-6	1.5-2		17	月季	116m²	播种	
9	花石榴	19	高1.5-2 丛生 冠幅1.2-1.5 主分枝5-7				18	金盏菊	93m²	播种	

图 3-8-1 植物苗木表

（2）统计苗木

在之前的操作中，已经把每一种苗木都制作成了图块，统计苗木的方法，可以采用快速选择或者计数命令。

快速选择：输入快速选择操作命令 QSE，或单击"默认"选项卡中的"实用工具"面板中的"快速选择"按钮，或单击鼠标右键快捷菜单，打开"快速选择"对话框，按照图 3-8-2 所示的操作，点击"确定"按钮。命令行提示：已选定 28 个项目，说明本项目种植了 28 株白皮松。

计数命令：首先关闭"小品"层、"标注"层，输入计数命令或者单击鼠标右键，点击"计数"，命令行提示：

命令：_COUNT

选择目标对象或[列出所有块(L)]<列出所有块>： 直接按 Enter 键，列出所有块，打开"计数"面板，如图 3-8-3 所示。

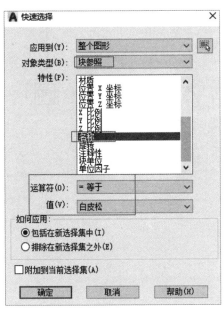

图 3-8-2 "快速选择"对话框

图 3-8-3 "计数"对话框

将统计结果填入苗木统计表即可。

【提示】

1. 图 3-8-3"计数"对话框中的黄色感叹号表示"计数错误报告",可以单击符号查看。例如,两个图块重叠时,会有"重叠对象"提示,重叠的对象在图样中会显示为红色提示,删除即可。

2. 计数命令为 AutoCAD 2022 新增加的功能,可以统计的对象包含图块及几何对象(直线、圆、圆弧、多段线、矩形等)。选择多个要计数的块或几何对象将视为一个组合,并计为一个。

3. 本例将所有图样全部绘制在一个文件中,在采用计数命令对苗木进行统计时,可以将"植物种植总平面图"单独复制到一个新的文件中,再进行计数统计。

3) 标注植物种植总平面图

本项目重在绘制种植施工总平面图,所以在总平面图中标注所有植物。图中标注乔、灌木的数量及地被的面积,植物规格已经在苗木表中进行了说明。在图样中的标注方法为:采用多段线或者多重引线绘制指引线,并输入文字进行注释,统计的数量以单一绿地区域内或者连续种植的数量为标准,统计乔、灌木时,同一绿地、同一植物用折线连接。图 3-8-4 关于植物的统计中,枫杨行道树连续 11 株,垂柳连续 7 株,金盏菊面积 17m^2,红栌连续 4 株。

同法完成主要的乔灌木标注,地被的标注参见"植物(下木)配置图"标注。植物种植总平面图的最终效果参见附图 8。

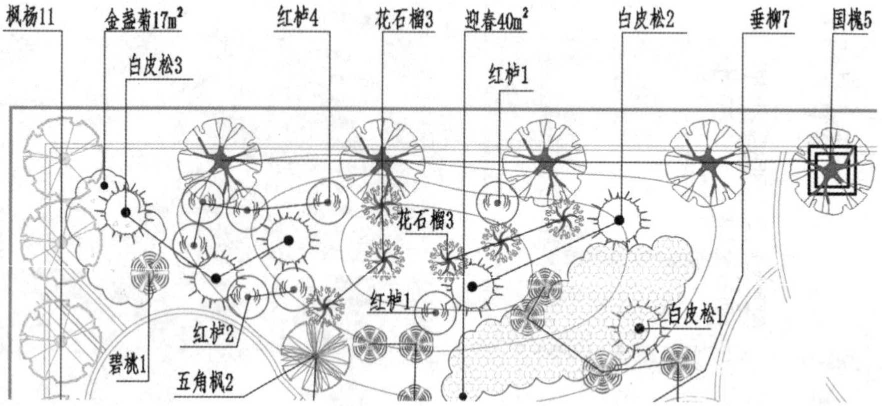

图 3-8-4 苗木标注

2. 绘制植物（上木）配置图

1）复制植物种植总平面图，修改标题栏文字

（1）关掉图层

打开文件"幸福花园社区生态园林景观设计"，将灌木、地被、辅助线 3 个图层关闭。

（2）复制植物种植总平面图

将关掉图层的植物种植总平面图复制到"植物（上木）配置平面图"中，输入多重复制命令，按照提示完成图样的复制，并对图样稍做整理。

左键双击图号处的"LS-01"，将其更改为"LS-02"；双击标题栏中的"植物种植总平面图"，修改成"植物（上木）配置图"，完成图纸及图符的绘制。

2）标注乔木

将"标注"层置为当前图层，标注乔木。这一步已经在植物种植总平面图中标注完毕，此处删除灌木及地被的标注，结果参见附图 9。

序号	名称	数量	规格			图例
			高度m	胸径cm	冠幅m	
1	白皮松	28	2-3	6	1.5-2	
2	垂柳	13	3-5	6	2.5-3	
3	五角枫	17	3-4	6-8	2.5-3	
4	国槐	19	4-6	8-10	3-4	
5	枫杨	18	3-4	8-10	3-4	
6	白玉兰	19	3-3.5	6-8	2.5-3	
7	碧桃	19	1.8-2	地径>4cm	1.5-2	
8	樱花	14	1.5-2	地径4-5		

图 3-8-5 乔木苗木表

3）填写乔木苗木表

绘制乔木苗木规格表，首先复制植物种植总平面图的苗木表，通过表格的复制、粘贴、删除与添加等，将总平面图的苗木表修改为乔木苗木表，如图 3-8-5 所示。

3. 绘制植物（下木）配置图

植物（下木）配置包括灌木配置及地被配置，参见附图 10。

1)复制植物种植总平面图,修改标题栏文字

(1)关掉图层

将铺装、乔木、辅助线3个图层关闭。

(2)复制植物种植总平面图

将关掉图层的植物种植总平面图复制到"植物(下木)配置平面图"中,输入多重复制命令,按照提示完成图样的复制,并对图样稍做整理。

左键双击图号处的"LS-01",将其更改为"LS-03";双击标题栏中的"植物种植总平面图",修改成"植物(下木)配置图",完成图纸及图符的绘制。

2)标注灌木及地被

(1)标注灌木

将"标注"层置为当前图层,标注灌木,方法同乔木标注,此处不再赘述。

(2)标注地被

将"标注"层置为当前图层,标注地被。主要标注地被规格及种植面积,采用多重引线命令。地被主要采用云线绘制,云线属于多段线,直接利用特性或者快捷特性即可统计单一地块地被的面积。如图3-8-6为月季的统计,选中月季,快捷特性提示面积,然后在图中适当位置标注"月季34m^2",同法逐一标注其他地被。

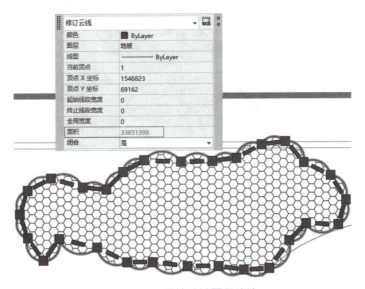

图3-8-6 单块地被面积统计

3)填写苗木统计表

(1)统计灌木

苗木统计表需要填写一类植物的统计数量,灌木的填写方式同乔木。

(2)统计地被面积

在植物中对于多块相同的地被(如本例中的金盏菊,在游园中共有3块),其面积统计方

法有两种，一种是通过"面积"工具(快捷方式 AA)，另一种是利用对象特性(快捷键"Ctrl+1")。

第一种方式：输入面积查询快捷命令 AA 并按 Enter 键，逐一选择 4 个地块地被，命令行逐一对前边选中的地块进行累加，最后提示总面积是 71176680(图 3-8-7)。

命令：AA↙　输入面积查询命令
AREA
指定第一个角点或[对象(O)/增加面积(A)/减少面积(S)/退出(X)]<对象(O)>：A　选择"增加面积"方式，即求面积和
指定第一个角点或[对象(O)/减少面积(S)/退出(X)]：O　以"选择对象"方式
("加"模式)选择对象：　拾取地被云线 1
区域 = 16870119，周长 = 17475
总面积 = 16870119　第一块的面积为 16870119
("加"模式)选择对象：　拾取地被云线 2
区域 = 22617477，周长 = 20021
总面积 = 39487596　两个地块的总面积为 39487596
("加"模式)选择对象：　拾取地被云线 3
区域 = 31689084，周长 = 31527
总面积 = 71176680　3 个地块的总面积为 71176680

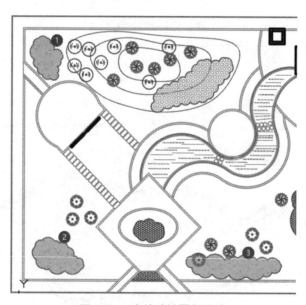

图 3-8-7　多块地被面积统计

第二种方式：在绘制地被时，是利用云线绘制边界，同一种地被填充相同的图案，AutoCAD 2022 可以对选定的图案进行累计统计。打开"特性"对话框，逐一选择 3 块金盏菊图案，"特性"对话框提示"累计面积为 71176680"，如图 3-8-8 所示。

【提示】
对象特性中的图案面积统计，既可以是单一的图案，也可以是不同的图案。

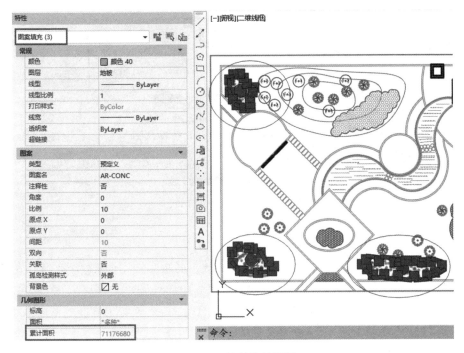

图 3-8-8　特性统计面积

同法完成其他地被的统计。

（3）统计草坪面积

在绘制草坪时，一般会用多段线绘制封闭区域，然后进行图案填充（参见任务 3-4 关于草坪的绘制）。图 3-8-9 为单一地块草坪面积，选中后利用快捷特性进行统计。对于多块复杂草坪面积的累计统计，可以使用"面积查询"工具。先以"增加面积(A)"选择绿地，然后以"减少面积(S)"模式，减去若干地被地块，最后提示总面积。本例草坪的统计如图 3-8-10 所示，绿色的是草地，带有标记的是一片草地上减掉的地被，输入 AA 并按 Enter 键进行面积统计，执行过程如下：

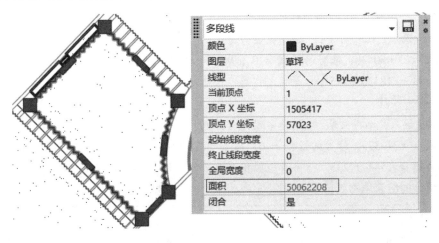

图 3-8-9　单一地块草坪面积统计

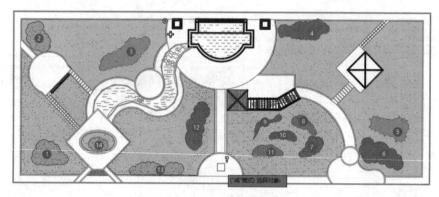

图 3-8-10　草坪面积累积统计

命令：AA

AREA

指定第一个角点或[对象(O)/增加面积(A)/减少面积(S)] <对象(O)>：A　点击"增加面积(A)"按钮，面积累加

指定第一个角点或[对象(O)/减少面积(S)]：O　单击"对象(O)"，选择边界对象

("加"模式) 选择对象：　选择多段线草地边界

区域 = 195547474，修剪的区域 = 0，周长 = 75035　当前对象的面积与周长

总面积 = 195547474　提示总面积

("加"模式) 选择对象：　继续选择多段线草地边界

区域 = 304289473，长度 = 85390

总面积 = 499836947　提示总面积，前两个对象面积之和为 499836947

……

("加"模式) 选择对象：　继续选择多段线草地边界

区域 = 321303413，修剪的区域 = 0，周长 = 72685

总面积 = 1864100183　提示总面积，前 8 个对象的面积之和为 1864100183

指定第一个角点或[对象(O)/减少面积(S)]：S　点击"减少面积(S)"按钮

指定第一个角点或[对象(O)/增加面积(A)]：O　点击"单一对象(O)"按钮

("减"模式) 选择对象：　选择减去的地被

区域 = 31060438，修剪的区域 = 0，周长 = 24264　当前选择的地被面积及周长

总面积 = 1833039745　总面积之和减掉当前对象面积的差

……

("减"模式) 选择对象：　选择要减掉的对象

区域 = 6370579，修剪的区域 = 0，周长 = 20960　当前选择的地被面积及周长

总面积 = 1544717233　上一步的面积减掉当前对象面积的差

将统计的结果填写到苗木表中。

【提示】

使用"面积查询"工具计算多地块面积的和或者差，或者混合运算，单一地块最好是封闭的对象，如封闭的多段线、修订云线、面域等。

如果有种植施工说明，可以进行施工说明文字的书写。

最后，对文件进行保存，快捷键为"Ctrl+S"。

任务 3-9　绘制园林景观建筑与小品施工图

工作任务

本任务是用 AutoCAD 2022 软件绘制园林景观建筑与小品施工图，包括亭廊组合施工图、景墙施工图绘制。绘制过程中综合使用软件的绘图、修改与注释操作。

知识准备

1. 园林建筑施工图

园林建筑是指提供休息、装饰、照明、展示，以及为园林管理及方便游人之用的建筑设施。一般设有内部空间，规模较小，具有一定的观赏性。园林建筑在园林中能美化环境，丰富景观，为游人提供休息和公共活动的场所。园林建筑施工图包含建筑总平面图、建筑平面图、建筑立面图、建筑剖面图及详图等。

1) 建筑总平面图

建筑总平面图，即建筑的总体布局及其与周围环境关系的图纸，是建筑定位、放线及布置施工现场的依据。

2) 建筑平面图

假想用水平剖切平面沿建筑的门窗洞口位置剖切后，对剖切平面及以下部分所做的水平投影图，称为建筑平面图。对于园林亭、花架等没有门窗的园林建筑，建筑平面图为剖切平面通过坐凳以上部位的水平剖面图。

3) 建筑立面图

建筑立面图是用直接正投影的方法，将建筑各个侧面投影到基本投影面上而形成的投影，可以按照朝向、特征及轴线编号命名。

4) 建筑剖面图

建筑剖面图是建筑的竖直剖面图，剖切位置应尽量选择通过门窗洞口，或者在需要表达部位切开。

5) 建筑详图

将建筑的局部放大，注明材料和做法的图样称为建筑详图。

2. 绘图、修改与注释

本任务实施过程中需要用到复制、缩放与移动、多段线、矩形、图案填充、尺寸标注、文字注释等命令和操作，这些内容已经在项目1、项目2中讲解，此处不再赘述。

任务实施

1. 绘制亭廊组合

1）绘制亭廊顶平面图

（1）设置绘图环境

绘图环境的设置已经在项目1中介绍，只需要直接引用项目1制作的模板即可完成绘图环境的设置。

为了与项目4图纸集的打印结合在一起，将项目3的所有内容均绘制在一个文件中，亭廊组合施工图共有两张图纸，出图比例为1∶50，采用A2图纸。

打开图层管理器（快捷命令LA），新增加坐凳、立柱、梁、屋顶、地坪5个图层。

（2）复制图纸、图符及标题栏

输入多重复制命令CO并按Enter键，选择"景观设计总平面图"的图纸、图符及标题栏，放置在文件中的适当位置。

（3）缩放图纸，修改标题栏文字

对上一步所复制的图纸，利用缩放命令SCL缩小4倍。

修改标题栏文字，将图名"景观设计总平面图"修改为"亭廊施工图"，将图号修改为"YS-1.1"，比例修改为1∶50。

（4）绘制亭廊顶平面图

亭廊顶平面图在总平面图中已经绘制完毕，参见任务3-4中的"6. 建筑与小品绘制"，此处直接复制景观设计总平面图中的亭廊顶平面图，放置在图纸的适当位置。

2）绘制亭廊组合平面图

（1）绘制轴网及轴号

绘制水平轴网：将"轴线"层置为当前图层，绘制轴网，在命令行输入直线命令，在图纸空白处，亭廊顶平面图的下方绘制轴线D、C、B、A，其中轴线D、B长度为5500，轴线C、A轴长度为13000，轴线C、A倾斜部分长度为4800，与水平方向的夹角为30°，如图3-9-1所示。

绘制竖直轴网：结合亭廊顶平面图中廊柱的位置，绘制亭廊的竖直轴网。绘制时可以先经过图3-9-1所示的A点绘制轴线7，参考长度为5400，利用偏移复制的方式得到轴线1、2、3、4、5、6，偏移复制距离如图3-9-2所示。轴线8、9及轴线10、11之间的轴线，利用30°极轴追踪及对象捕捉追踪绘制，结果如图3-9-2所示。

图 3-9-1 亭廊水平轴线

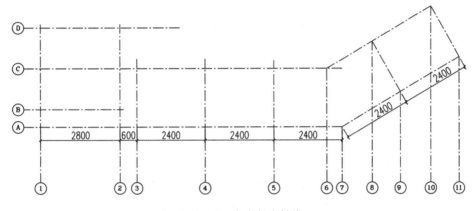

图 3-9-2 亭廊竖直轴线

（2）绘制亭廊柱

将"立柱"层置为当前图层，如附图 11 所示亭柱尺寸为 250×250，柱子基础的尺寸为 300×300，使用矩形命令绘制边长为 250 的矩形，并将其向外偏移复制，距离为 25，然后将其移至图中轴线 1、D 的交点处，阵列得到其他亭柱。

廊柱的尺寸为 150×150，其绘制方法与亭廊顶平面图中廊柱的绘制相同。也可以直接复制亭廊顶平面图中所绘制的廊柱，如图 3-9-3 所示。

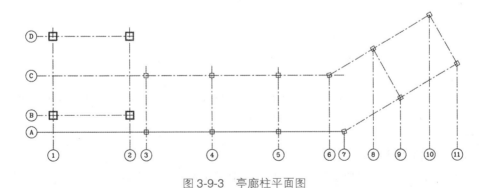

图 3-9-3 亭廊柱平面图

（3）绘制亭廊坐凳

将"坐凳"层置为当前图层，将轴线 A、B 及轴线 3 向两侧偏移 150，并进行修剪。

绘制坐凳的支撑，坐凳支撑为 300×150 的矩形，利用矩形命令及多重复制命令或者阵列命令绘制。注意，坐凳的线型为虚线。绘制的亭廊坐凳平面图参见图 3-9-4。

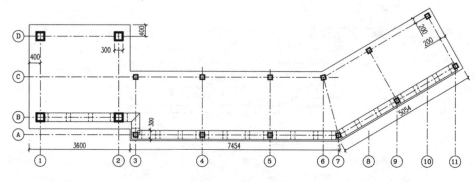

图 3-9-4 亭廊坐凳及地坪

（4）绘制亭廊地坪

将"地坪"层置为当前图层，利用偏移复制轴线（轴线 B、D、1、2 均向外偏移 400，轴线 A、C 向外偏移 200），利用倒角命令（距离为 0）完成地坪的绘制，如图 3-9-4 所示。

（5）标注亭廊平面图尺寸

园林景观建筑图样的尺寸标注分三步进行：第一步为标注建筑各部分的尺寸，在平面图中是指各部分的长宽尺寸；第二步为标注建筑各部分的位置关系尺寸，在平面图中是指各部分的长度方向与宽度方向的定位尺寸；第三步为标注总体尺寸，在平面图中是指总长、总宽。将"标注"层置为当前图层，"园林建筑"标注样式置为当前标注样式，依次标注出平面图的尺寸，结果如附图 11 所示。

3）绘制亭廊组合立面图

绘制亭廊立面图时，要以平面图作为参考。

首先复制亭廊平面图的图纸及图符，并将图号更改为"YS-1.2"。

（1）绘制亭廊立面轴线

复制亭廊平面图中的水平轴线 1、2、3、4、5、7，将其粘贴到图号为"YS-1.2"的图纸上部。

将轴线 7 向右侧偏移复制 2400 两次，得到轴线 9、11。

【提示】

制图标准规定：对于平面形状曲折的建筑物，如圆形、曲线形或者折边形平面的建筑物，可分段绘制立面图，并在图名后加注"展开"字样。

（2）绘制亭廊立面地坪

绘制地坪：将"地坪"层置为当前图层，在轴线下端适当位置绘制长为 17500、宽为 25 的多段线，作为地坪线。

绘制亭廊内部地面：结合平面图，绘制高度为 150、长度为 16414 的矩形，并绘制亭廊地坪的交线及廊地坪拐角处的交线，结果如图 3-9-5 所示。

（3）绘制亭廊立面立柱（展开绘制）

将"柱子"层置为当前图层。

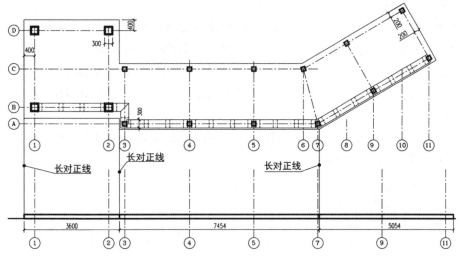

图 3-9-5　正立面地坪

亭立柱绘制：在图纸的空白处，分别绘制尺寸为 300×200、250×2550 的矩形，依照附图 12 所示，依次移动到轴线 1 上，复制轴线 1 柱子上的矩形至轴线 2 的相应位置。

廊立柱绘制：绘制 150×2650 的矩形，并移至廊的轴线 3，利用阵列复制得到其他廊柱，阵列的列间距为 2400，结果如图 3-9-6 所示。

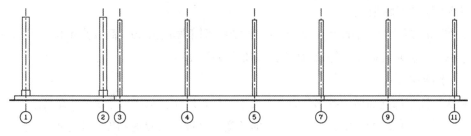

图 3-9-6　亭廊立柱绘制

（4）绘制亭廊立面梁及格条

亭梁绘制：将"梁"层置为当前图层，绘制 2550×250 的矩形，放置在轴线 1、2 之间，顶部与柱对齐。

廊梁绘制：绘制 12400×200 的矩形，并按照附图 12 的位置放好，同时修剪立柱内部的梁。

绘制廊格条：参见附图 12，将"梁层"置为当前图层，绘制 60×150 矩形，并在距离矩形上端 80 位置绘制一直线，放置在廊梁距离轴线 3 为 270 的位置上，进行阵列复制（列距为 600）得到其他格条，结果如图 3-9-7 所示。

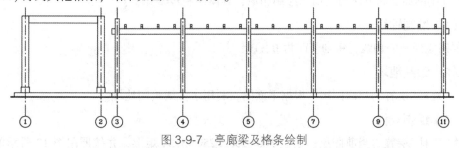

图 3-9-7　亭廊梁及格条绘制

（5）绘制亭屋顶

将"辅助线"层置为当前图层，绘制屋顶的定位辅助线：轴线1、2向两侧偏移800，通过梁的上表面做一条水平构造线，并将构造线依次向上偏移150、1500。

绘制屋顶的外轮廓线：将"梁"层置为当前图层，利用多段线命令绘制。

绘制脊瓦：将"屋面"层置为当前图层，将刚刚绘制的屋顶外轮廓线向内偏移50，依据亭立面进行修剪。

绘制屋面瓦：利用图案填充命令对屋面进行填充，图案选择GRATE，比例为100，角度为90°。结果如图3-9-8所示。

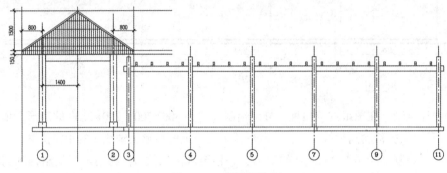

图3-9-8 亭屋面绘制

（6）绘制亭廊坐凳

将"坐凳"层置为当前图层，凳子厚度为120，倒角厚度为20，高度为400，利用直线、偏移、修剪、多重复制命令等绘制坐凳，结果见附图12。

（7）标注尺寸

依次标注亭廊立面图中各部分的大小尺寸、位置尺寸及总体尺寸以及标高尺寸。

大小尺寸：地坪的高度、长度；立柱的长宽及高度；坐凳的高度、支撑的长度；亭屋面尺寸、廊格条尺寸。

位置尺寸：亭柱、廊柱间距尺寸；亭顶与立柱中心线位置；廊柱、梁位置；格条位置尺寸；亭廊与地坪的位置尺寸等。

总体尺寸：总长及总高。

绘制结果见附图12。

4）绘制亭1-1剖面图

亭1-1剖面绘制方法与立面图绘制相似，具体绘制步骤如下：

（1）绘制轴线

复制立面图的轴线，将轴号改为B、D。

（2）绘制地坪

将"地坪"层置为当前图层，根据平面图，利用多段线绘制地坪。

（3）绘制立柱

将"立柱"层置为当前图层，绘制300×200、250×3234矩形，并按照附图12所示的位置放好,多重复制得到另一个立柱。

(4)绘制屋顶

将"辅助线"层置为当前图层,根据附图 12 中尺寸标注绘制辅助线,参见图 3-9-9。

将"梁"层置为当前图层,绘制屋顶剖面,首先利用多段线绘制外轮廓,并向内偏移 80,在距离顶部 300 的位置绘制水平线,参见图 3-9-10。

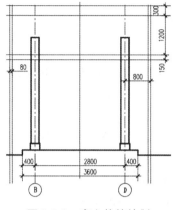

图 3-9-9　亭立柱等绘制　　　图 3-9-10　屋顶、梁绘制

(5)绘制梁

梁的截面尺寸为 120×250,分别绘制被剖切到的梁及投影梁,屋顶处剖切到的梁与屋顶材料一致,参见图 3-9-10。

(6)绘制其他

利用图案填充,绘制屋顶、梁、坐凳等,参见附图 12 中的"亭 1-1 剖面图"。

(7)标注尺寸

根据附图 12 中的"亭 1-1 剖面图"所示的尺寸标注,将"标注"层置为当前图层,"标注面板"置为当前标注样式,进行尺寸标注。

5)绘制廊架 2-2 剖面图

参见附图 12 中的"廊架 2-2 剖面图"。

(1)绘制轴线

将"中心线"层置为当前图层,绘制轴线 C、A,轴间距为 2000。

(2)绘制地坪

将"地坪"层置为当前图层,绘制 2400×150 矩形。地坪的中心位于轴线 C、A 的中间位置。

(3)绘制立柱

将"立柱"层置为当前图层,绘制 150×2650 矩形,并按照附图 12"廊架 2-2 剖面图"的位置放置好,并通过复制得到另一个立柱。

(4)绘制横纵梁

以纵梁为断面,绘制两个 100×200 矩形,进行图案填充,材料为钢筋混凝土。位置与柱中心对齐，高度为2100。

以横梁为正投影，利用直线绘制，操作步骤略。

（5）绘制木格条

根据木格条的尺寸绘制辅助线，然后利用多段线绘制木格条，利用修剪命令修剪格条中间的立柱。

（6）绘制坐凳

利用直线命令、修剪命令绘制坐凳。

（7）标注尺寸及标高

标注细部尺寸、轴线间尺寸、总体尺寸，标高主要标注室内外地坪标高、柱顶标高。

6) 绘制亭廊施工大样图

为了清楚表达建筑细部构造，需要采用比原图更大的比例，较详细地绘制出其细部构造。下面以亭柱基础大样为例（图3-9-11），介绍施工大样图绘制。

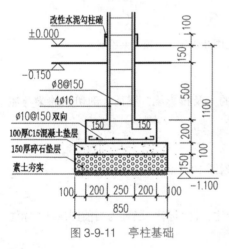

图3-9-11 亭柱基础

（1）绘制垫层

将"柱子"层置为当前图层，分别绘制850×50、850×150、850×100的矩形，作为素土夯实层，150厚碎石垫层及100厚C15混凝土垫层，并依次进行图案填充。素土夯实层，图案EARTH，比例5，角度45°；150厚碎石垫层，图案HEX，比例3；100厚C15混凝土垫层，图案AR-CONC，比例1，角度0。

（2）绘制亭柱基础的面层

利用多段线绘制亭柱基础的面层，命令行输入多段线命令PL并按Enter键，命令行提示及操作如下：

指定起点：100↙ 捕捉100厚C15混凝土垫层的左上角点，在0°追踪提示下，输入100并按Enter键

当前线宽为0

指定下一个点或[圆弧(A)/半宽(H)/长度(L)/放弃(U)/宽度(W)]：200↙ 在90°追踪提示下，输入200并按Enter键

指定下一点或[圆弧(A)/闭合(C)/半宽(H)/长度(L)/放弃(U)/宽度(W)]：200↙ 在0°追踪提示下，输入200并按Enter键

指定下一点或[圆弧(A)/闭合(C)/半宽(H)/长度(L)/放弃(U)/宽度(W)]：1000↙ 在90°追踪提示下，输入1000并按Enter键

指定下一点或[圆弧(A)/闭合(C)/半宽(H)/长度(L)/放弃(U)/宽度(W)]：↙ 结束绘制

利用镜像操作，得到另一侧的亭柱基础面层。

（3）绘制钢筋

绘制4φ16的钢筋：利用多段线绘制，命令行输入多段线命令，命令行提示及操作如下：

指定起点：30↙　捕捉上一步绘制的亭柱基础表面的左上角点，在0°追踪提示下，输入30并按Enter键

当前线宽为0

指定下一个点或[圆弧(A)/半宽(H)/长度(L)/放弃(U)/宽度(W)]：W↙　指定线宽

指定起点宽度 <0>：16↙　输入16并按Enter键，确认起点宽度为16

指定端点宽度 <16>：↙　直接按Enter键，确认端点宽度也为16

指定下一点或[圆弧(A)/闭合(C)/半宽(H)/长度(L)/放弃(U)/宽度(W)]：1050↙　在270°追踪提示下，输入1050并按Enter键

指定下一点或[圆弧(A)/闭合(C)/半宽(H)/长度(L)/放弃(U)/宽度(W)]：150↙　在180°追踪提示下，输入150并按Enter键

指定下一点或[圆弧(A)/闭合(C)/半宽(H)/长度(L)/放弃(U)/宽度(W)]：↙　结束绘制

以柱中心为对称轴镜像复制，得到另一侧的钢筋。

绘制箍筋φ8@150：利用多段线及阵列操作完成。多段线宽度为8，阵列行距为150。

绘制分布筋φ10@150双向：参见图3-9-12的钢筋分布，命令行输入多段线，命令行提示及操作如下：

图3-9-12　直径为10、间距为150的分布筋

指定起点：　在空白处适当位置拾取一点

当前线宽为8

指定下一个点或[圆弧(A)/半宽(H)/长度(L)/放弃(U)/宽度(W)]：W↙　指定线宽

指定起点宽度 <8>：10↙

指定端点宽度 <10>：↙

指定下一点或[圆弧(A)/闭合(C)/半宽(H)/长度(L)/放弃(U)/宽度(W)]：30↙　在0°追踪提示下，输入30并按Enter键

指定下一点或[圆弧(A)/闭合(C)/半宽(H)/长度(L)/放弃(U)/宽度(W)]：26↙　在270°追踪提示下，输入26并按Enter键

指定下一点或[圆弧(A)/闭合(C)/半宽(H)/长度(L)/放弃(U)/宽度(W)]：600↙　在180°追踪提示下，输入600并按Enter键

指定下一点或[圆弧(A)/闭合(C)/半宽(H)/长度(L)/放弃(U)/宽度(W)]：26↙　在90°追踪提示下，输入26并按Enter键

指定下一点或[圆弧(A)/闭合(C)/半宽(H)/长度(L)/放弃(U)/宽度(W)]：30↙
在0°追踪提示下，输入30并按Enter键

指定下一点或[圆弧(A)/闭合(C)/半宽(H)/长度(L)/放弃(U)/宽度(W)]：↙ 结束绘制

绘制直径为10的圆环，内径为0，外径为10，复制4个，间距为150，然后放置在上一步绘制的φ10钢筋的表面上。

将φ10@150双向钢筋放置在亭柱基础下面的相应位置。

（4）绘制室内外地坪

结合其他图样，在"地坪"层绘制亭的室内外地面。

（5）标注尺寸

如附图12所示，亭柱基础大样图的出图比例为1:20，而位于同一张图纸中的亭廊立面图、侧面图等出图比例为1:50，所以当绘制完亭柱基础图样后，将其放大2.5倍，这样整张图纸的出图比例均为1:50。

建立标注样式"园林建筑20"，样式的设置方式大部分与"园林建筑"相同，但亭柱基础图样被放大了2.5倍，所以将"标注样式"主单位选项中的"测量单位比例因子"设置为0.4。

将"标注"层置为当前图层，将标注样式中的"园林建筑20"置为当前标注样式，分别进行尺寸标注及文字标注。

廊柱基础的绘制与亭柱基础类似，其他大样图的绘制方法也类似，此处不再赘述。

至此，亭廊组合施工图绘制完毕，详见附图11、附图12。

保存文件(快捷键"Ctrl+S")。

2. 绘制景墙

1) 设置绘图环境

景墙施工图共有一张图纸，出图比例为1:20，采用A2图幅。

打开文件"幸福花园社区生态园林景观设计"，利用多重复制操作，复制"亭廊施工图"的图纸、图框线、标题栏及标题栏文字。

双击图号处的"YS-1.1"，将其更改为"YS-2"；双击标题栏中的"亭廊施工图"，将其修改成"景墙施工图"，对所复制的图纸，利用缩放命令缩小至0.4倍。完成景墙图纸、图符及标题栏文字的绘制。

2) 绘制景墙平面图

将"景观建筑"层置为当前图层，分别绘制2400×200、600×80、2400×200的矩形，并按照图3-9-13所示位置放好，景墙的平面图即绘制完成。

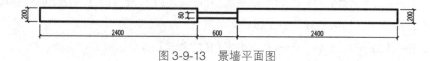

图3-9-13　景墙平面图

3) 绘制景墙正立面图

（1）绘制外框

参见图 3-9-14 绘制 2400×2600 的矩形，并向内偏移复制 150，同时复制一个，再绘制 600×1900 的矩形，向内偏移 60，将 3 个矩形按附图 13 位置放好。

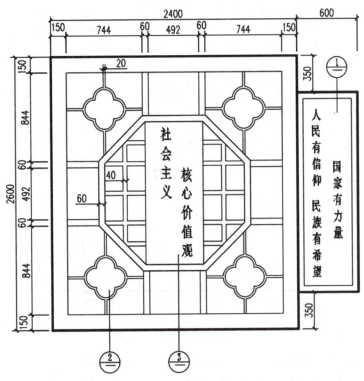

图 3-9-14 左侧及中间景墙

（2）绘制左侧景墙内部

绘制中间正八边形，边长为 612，向内偏移 60；用直线将八边形的 8 个角点与外框连接，然后将其向内偏移 60。

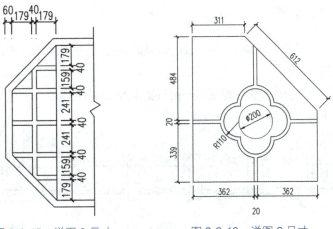

图 3-9-15 详图 3 尺寸　　图 3-9-16 详图 2 尺寸

按照图 3-9-15 所示尺寸，绘制八边形内部的方格。

按照图 3-9-16 所示尺寸绘制周边的装饰花格（用到直线命令、圆命令、圆弧命令、阵列命令、移动命令等），详见操作演示。

（3）绘制右侧景墙内部（图 3-9-17）

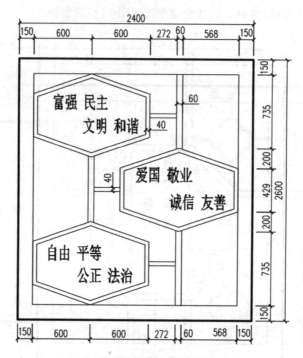

图 3-9-17　右侧景墙绘制

绘制 3 个六边形：根据右侧景墙内部的尺寸标注绘制辅助线，然后利用多段线绘制多边形，并将多边形向内偏移 40，利用多重复制，得到其他两个，如图 3-9-18 所示。

绘制 3 个六边形与外框的支撑：根据尺寸标注，利用直线命令、偏移命令、修剪命令完成支撑绘制，如图 3-9-18 所示。

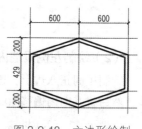

图 3-9-18　六边形绘制

4) 绘制景墙 1—1 剖面图

利用物体正投影的投影规律，以构造线作为辅助线，绘制 1—1 剖面图（图 3-9-19）。

①绘制辅助线。

②绘制被剖切到部分的投影，即剖切平面与物体相交部分的截交线，为一系列封闭矩形。

③绘制剖切平面以下的可见部分投影。

④绘制剖面线。

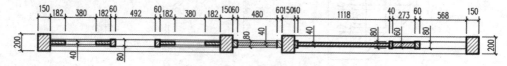

图 3-9-19　景墙 1—1 剖面图

5）绘制景墙 2-2 剖面图（图 3-9-20）

绘制步骤同 1-1 剖面图。

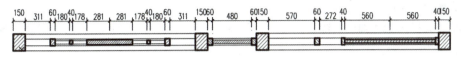

图 3-9-20　景墙 2-2 剖面图

6）绘制大样图

大样图的绘制，目的是清晰表达细部构造的尺寸，前面的步骤已经讲解其绘制过程，此处不再详述。

7）书写文字

书写文字"社会主义核心价值观""富强 民主 文明 和谐""自由 平等 公正 法治""爱国 敬业 诚信 友善"；书写文字"人民有信仰 民族有希望 国家有力量"，文字样式为"说明文字"，高度分别为"100""100""80"。

8）标注尺寸

逐一完成每一部分的外部尺寸及内部尺寸标注，以及索引标注、剖切标注。

最后保存文件。结果参见附图 13。

任务点中的山顶休闲亭可以参见标准图集 04J012-3，此处不再演示绘制步骤，与亭廊组合绘制方法类似；树池施工图，由于篇幅所限，本任务点不再赘述。

任务 3-10　绘制园林景观工程铺装施工图

🍃 工作任务

本任务是用 AutoCAD 2022 软件绘制园林景观工程铺装施工图，包括铺装总平面图、铺装大样图及铺装做法详图。绘制中需要使用注释性尺寸标注及多重引线标注、图案填充、多段线、修剪与复制等操作。

🍃 知识准备

1. 园林景观铺装

园林景观铺装是指用各种材料进行的地面铺砌装饰，其中包括园路、广场、活动场地、建筑地坪等。园林景观铺装不仅具有组织交通和引导游览的功能，也为人们提供良好的休息、活动场地，同时还直接创造优美的地面景观，给人以美的享受，增强了园林艺术效果。

园林景观铺装图纸是用来指导园林道路、广场、建筑地坪等施工的技术图样，反映园林路网、广场布局、活动场地布局及材料、施工方法和要求等，一般包括铺装总平面图、铺装分区平面图、铺装分区平面放线图、铺装大样图、铺装做法详图、做法说明等，若工程内容简单，可将总平面图、分区平面图及放线图合并，或者与总图索引图合并。但当工程内容比较复杂时，应分别绘制。

铺装大样图为详细绘制铺装花纹的大样图，标注详细尺寸及所用材料的材质、规格，图纸比例为1∶50、1∶25、1∶20、1∶10，或1∶30、1∶15。

铺装做法详图是结构的细部构造图，采用的比例一般为1∶20。设计或作图时必须参考标准图集的做法，铺装相关的标准图集为《国家建筑标准设计图集15J012-1 环境景观——室外工程细部构造》。图纸比例为1∶25、1∶20、1∶10、1∶5，或1∶30、1∶15、1∶3。

2. 绘图、修改与注释

本任务实施过程中需要用到多段线、矩形、正多边形、图案填充等绘图命令，复制、修剪与延伸、角部修饰等修改命令，尺寸标注、引线标注等注释命令等，这些内容已经在项目1、项目2中讲解，注释性标注内容参见任务4-1，此处不再赘述。

🍃 任务实施

1. 绘制铺装总平面图

1) 绘制图纸、图框线、指北针，填写标题栏文字

（1）复制图纸

利用多重复制操作，复制"景观设计总平面图"的图纸、图符及标题栏文字。

（2）修改图名及图号

鼠标左键双击图号处的"ZS-01"，将其更改为"ZS-03"；双击标题栏中的"景观设计总平面图"，将其修改成"铺装总平面图"。

2) 复制修改总平面图

铺装总平面图是景观总平面图的一部分，在绘制铺装总平面图时，一般不会重复绘制与总平面图相同的部分，而是采用复制总平面图的相关内容，并进行必要的修改、标注。

（1）关闭相关图层

在图层工具栏中，关掉"草坪"层、"地被"层、"辅助线"层、"乔木"层、"灌木"层、"小品"层。

（2）复制并修改总平面图

利用多重复制，将关闭图层后的总平面图复制到铺装总平面图中，删除小品的标注，操作步骤略。

3) 标注

标注包括尺寸标注、材料规格标注、索引标注等。

铺装总平面图的尺寸标注，主要标注道路、广场、地坪尺寸及铺装图案的花纹尺寸。尺寸标注已经在放线设计平面图中表示清楚，此处主要对铺装材料进行索引标注。

关掉"网格"层，将"标注"层置为当前图层。

（1）新建索引标注样式

新建索引标注样式，以总平面放线图绘制中的"坐标标注"为基础样式，更改文字高度为"3.5"，其他默认（图3-10-1）。

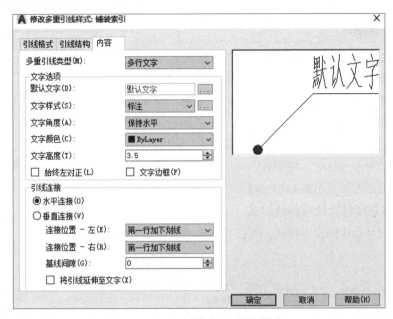

图3-10-1 "铺装索引"标注样式

（2）标注铺装索引

以健身广场及入口为例标注铺装材料。将"标注"层置为当前图层，打开"注释"面板，输入多重引线命令MLD，依据提示完成相应标注。

命令：MLEADER

指定引线箭头的位置或[引线基线优先(L)/内容优先(C)/选项(O)] <选项>： 拾取引线标注的起始点

指定引线基线的位置： 左键结合极轴追踪，拾取引线基线的位置

输入文字"200×500×150青石缘石"。

✓ 结束引线标注

继续进行入口路缘石、健身广场、广场路缘石的标注，如图3-10-2所示。

同法完成所有内容的标注，参见附图14。

2. 绘制铺装大样图

1）绘制图纸、图框线，填写标题栏文字

复制"亭廊施工图"的图纸、图符及标题栏，修改图

图3-10-2 健身广场及入口

名为"铺装大样图",将图号修改为"YS-4"。

对图纸进行缩放,比例因子为0.8。

2)绘制详图编号为1的大样图

参见附图6索引平面图,编号为1的详图包含了景墙广场、儿童广场、健身广场、水池广场、亭廊广场、休闲亭广场等。

(1)绘制图样

将"铺装"层置为当前图层,绘制边长为3200的正方形,并将其分解为单一的直线。

利用偏移复制命令,偏移距离为400,复制得到其他线条。

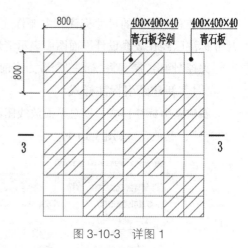

图 3-10-3　详图 1

绘制边长为800的正方形,并填充图案(选择图案LINE,填充比例为50)。为了清晰,将图案的颜色更改为红色,将正方形及填充图案移动到边长为3200的正方形的左上角,对边长为800的正方形及图案LINE进行多重复制,结果如图3-10-3所示。

(2)建立注释性尺寸标注样式

注释性尺寸标注的文字样式,其设置参见图3-10-4至图3-10-11。

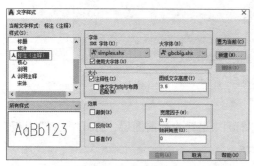

图 3-10-4　注释性标注文字

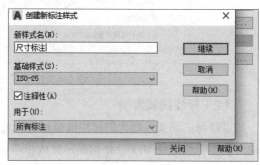

图 3-10-5　创建新标注样式

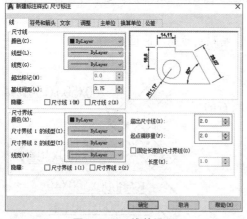

图 3-10-6　线的设置

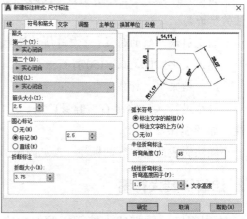

图 3-10-7　符号和箭头的设置

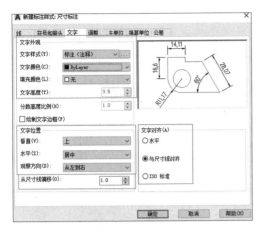

图 3-10-8　文字的设置

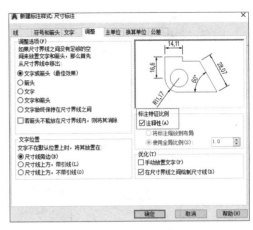

图 3-10-9　调整的设置

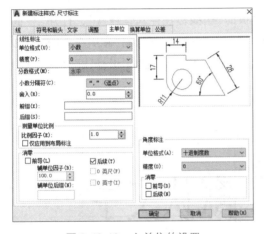

图 3-10-10　主单位的设置

图 3-10-11　子样式线性标注的设置

（3）标注尺寸

将"标注"层置为当前图层，打开"注释"面板，将"尺寸标注"样式置为当前标注样式，在状态栏中输入当前视图的注释比例为 1∶40，输入线性尺寸标注，具体操作如下：

命令：_DIMLINEAR

指定第一个尺寸界线原点或 <选择对象>：　拾取尺寸标注的起始点

指定第二条尺寸界线原点：　拾取尺寸标注的第二点

指定尺寸线位置或 [多行文字(M)/文字(T)/角度(A)/水平(H)/垂直(V)/旋转(R)]：400✓　从图形的最外轮廓线向外追踪，输入 400 并按 Enter 键

标注文字 = 800　提示标注文字为 800

注释性标注与普通标注是一样的，只是标注样式的设置不同，其优点在于一个图样只设置一个标注样式，根据不同的出图比例及时调整"当前视图的注释比例"即可，如出图比例为 1∶100，则当前视图的注释比例为 1∶100。

（4）建立注释性多重引线标注样式

参见图 3-10-12，新建注释性的说明文字。

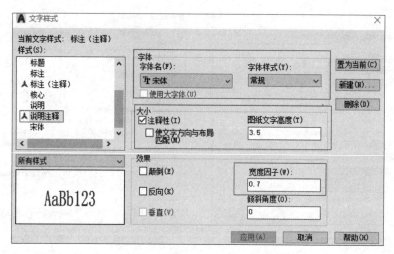

图 3-10-12 "注释性说明"文字样式

注释性多重引线标注样式建立，单击注释面板的"引线标注样式管理器"，打开"多重引线样式管理器"，新建引线标注样式，命名为"索引(注释)"，以绘制"索引平面图"中的"索引标注"样式为基础样式，点击"继续"，"引线格式""内容"与"索引标注"样式一致，引线结构勾选"注释性"，如图 3-10-13 所示。

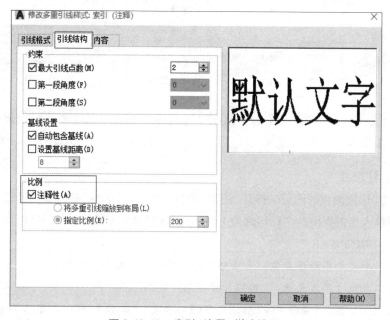

图 3-10-13 索引(注释)样式设置

（5）标注材料

将"标注"层置为当前图层，将"注释"选项卡置为当前，确认状态栏中当前视图的注释比例为1：40，输入多重引线标注，具体操作如下：

MLEADER

指定引线箭头的位置或[引线基线优先(L)/内容优先(C)/选项(O)] <选项>： 拾取箭头位置

指定引线基线的位置： 拾取图 3-10-3 中引线基线的位置

指定基线距离 <0.0000>：0↙ 输入 0 并按 Enter 键

输入文字"400×400×40"并按 Enter 键。

输入文字"青石板斧剁"，关闭文字编辑器或者鼠标左键在窗口空白处单击，材料的索引标注结束。

同法标注另外一种材料"400×400×40 青石板"。

（6）标注断面图的剖切符号及编号

将"标注"层置为当前图层。

剖切符号为两段断开的长度为 300、宽度为 20 的粗实线。可以利用多段线绘制，具体操作步骤略。

注释性文字输入剖切平面图的编号 3：将"注释"面板打开，在文字样式中将"说明注释"置为当前文字样式，输入单行文字命令 DT 并按 Enter 键，具体操作如下：

命令：_TEXT

当前文字样式："说明注释" 文字高度：140.0 注释性：是

指定文字的中间点 或[对正(J)/样式(S)]： 拾取文字的中间点

指定文字的旋转角度 <0>：↙ 直接按 Enter 键，确认文字的旋转角度为 0

输入文字剖切平面图的编号 3 并按 Enter 键，再按 Enter 键，输入文字结束。

复制，得到另一个文字剖切平面的编号。此处，选中文字，打开"快捷特性"，将其图纸高度修改为 5，结果参见图 3-10-3。

> 【提示】
> 1. 文字高度为 140，是文字样式设置的高度与当前注释比例相乘的结果。
> 2. 如果想更改文字的高度，可以选中文字后，打开"快捷特性"或者"特性"面板，在图纸文字高度中输入"5"，表示将来打印出图时图纸上的文字高度为 5，模型空间的高度为 200(5×40=200)。

（7）标注图名

绘制直径为 560(14×40=560)的圆，并将圆的线宽改为 0.5，同时利用直线命令绘制直径。

输入详图编号及索引图纸编号，在文字样式中将"说明注释"置为当前文字样式，分子处输入 1，分母为 ZS-04(索引图样所在的图纸编号)。

输入图名"平面大样图 1：40"。其中"平面大样图"的图纸高度改为 5。用多段线及直线绘制文字的下划线。

3）绘制详图编号为 3 的大样图

（1）绘制图样

参见图 3-10-14，详图为 3 的图样包含了木平台 1 和木平台 2，具体绘制步骤如下：

将"道路"层置为当前图层，绘制半径为 2000 的圆，将圆向内侧偏移复制 200，得到两个同心圆。

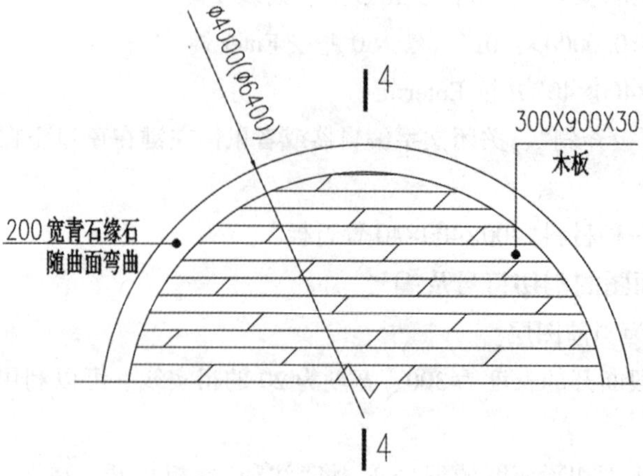

图 3-10-14 详图 3

（2）绘制铺装

将"铺装"层置为当前图层，对内部圆进行图案填充，选择图案 DOLMIT，填充比例为 20。

（3）标注尺寸及材料等

将"标注"层置为当前图层，利用多段线绘制一条水平折断线，折断线的线宽为 0，如图 3-10-14 所示。

绘制剖切符号"4-4"，利用多段线绘制剖切符号，线宽为 20，长度为 300。

标注材料，与上述绘制详图 1 的索引标注类似，标注"300×900×30 木板"及路缘石"200 宽青石缘石，随曲面弯曲"。

标注直径，并将尺寸数字改为"φ4000(φ6000)"，表示两个图形状一样，但是尺寸不同。

图名标注：可以复制详图 1 的图名，然后将其修改为详图 3 的图名。

4) 绘制详图编号为 4 的大样图

详图编号为 4 的大样图包含了健身广场入口的两条小路（道路宽 1200）、景墙入口的一条小路（道路宽 1500），其大样图如图 3-10-15 所示。具体绘制步骤如下：

将"道路"层置为当前图层，在图纸的空白处绘制一条长为 3000 的竖直线，将竖直线利用偏移命令，分别向左侧偏移 200、1100、200。

将"铺装"层置为当前图层，绘制铺装图案或进行图案填充，图案的规格为 200×100。采用图案填充时，可以选择图案 AR-B816，比例为 0.5，接近于单块石材的尺寸 200×100。

将"标注"层置为当前图层，标注尺寸、材料索引、剖切符号、图名，具体操作步骤略。

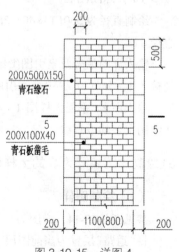

图 3-10-15 详图 4

5) 绘制详图编号为 5 的大样图

大样图如 3-10-16 所示,具体绘制步骤如下:

将"道路"层置为当前图层,在图纸的空白处绘制一条长为 3000 的竖直线,将竖直线利用偏移命令,分别向左侧偏移 200、300、1800、300、200。

将"铺装"层置为当前图层,绘制青石板铺装图案或进行图案填充,图案的规格为 600×300;绘制 40 厚青石板冰裂,用直线绘制或图案填充,图案选择 GRAVEL,填充比例为 20。

将"标注"层置为当前图层,标注剖切符号、材料及尺寸、图名,具体操作步骤略。

6) 绘制详图编号为 6 的大样图

详图编号为 6 的大样图为人行道铺装,如图 3-10-17 所示。具体绘制步骤如下:

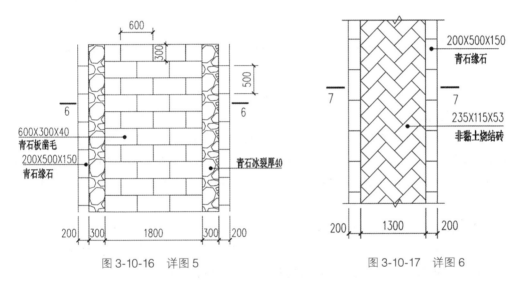

图 3-10-16　详图 5　　　　图 3-10-17　详图 6

将"道路"层置为当前图层,在图纸的空白处绘制一条长为 3000 的竖直线,将竖直线利用偏移命令,分别向左侧偏移 200、1300、200。

将"铺装"层置为当前图层,绘制青石板铺装图案或进行图案填充,图案的规格为 235×115×53 非黏土烧结砖,用直线绘制或图案填充,图案选择 AR-HBONE,填充比例为 2。

将"标注"层置为当前图层,标注剖切符号、材料及尺寸、图名,具体操作步骤略。

3. 绘制铺装做法详图

做法详图就是结构的细部构造图,采用的比例尺一般为 1∶20。设计或作图时必须参考标准图集的做法,铺装相关的标准图集为《国家建筑标准设计图集 15J012-1　环境景观——室外工程细部构造》。

1) 绘制广场等青石板的做法大样

景墙广场、水池广场、亭廊广场、休闲亭广场、儿童广场全部采用青石板铺装,景墙广场入口、健身广场入口是采用青石板铺装,这些青石板铺装的做法相同,参见图 3-10-18。

(1) 绘制断面造型

将"铺装"层置为当前图层，根据图 3-10-19 所示的尺寸绘制矩形或者利用多段线绘制多边形。这里的 1110 是参照尺寸，绘制步骤如下：

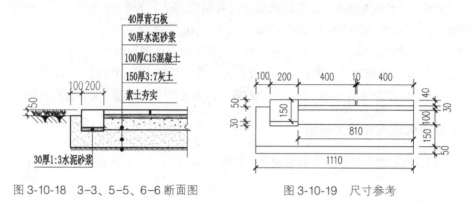

图 3-10-18　3-3、5-5、6-6 断面图　　　图 3-10-19　尺寸参考

绘制矩形 1110×50、810×100、810×30、400×40、400×40、200×150、200×30，并按照图示位置放好。

输入多段线命令，结合图中的尺寸，绘制多段线，具体绘制步骤略。

(2) 填充图案

将"铺装"层置为当前图层，对各个封闭图形进行图案填充，自下向上的图案依次为：EARTH（比例为 5，角度为 45°）、AR-SAND（比例为 1，角度为 0）、AR-CONC（比例为 0.5，角度为 0）、AR-SAND（比例为 0.25，角度为 0）。删除素土夯实的矩形，结果如图 3-10-18 所示。

(3) 绘制折断线

将"标注"层置为当前图层，在构造的右侧利用多段线绘制折断线，表示结构的部分做法，同时修剪掉多余部分。注意：折断线不要绘制在材料的边缘。

(4) 缩放图形

本图的出图比例为 1∶20，整张图的出图比例为 1∶40，所以为打印方便，可以先将图形放大至 2 倍，但是尺寸标注时，将标注样式中的主单位选项中的测量单位比例因子设置为"0.5"。

【提示】
1. 此处也可以不放大图形，采用 1∶1 比例绘制，出图时，单独设置视口，出图比例为 1∶20，即整张图设置两个视口，一个视口的出图比例为 1∶40，另一个为 1∶20。
2. 注释对象的类型除了文字、尺寸标注、多重引线标注之外，还包括图案填充、图块等，相关内容采用注释性进行绘制，只需要更改当前视口的注释比例因子，可有效提高工作效率。

(5) 标注尺寸、材料等

本例重新以注释性"尺寸标注"样式为基础，新建一个"尺寸标注 0.5"，用于测量比例因子为 0.5 的尺寸标注，如图 3-10-20 所示。

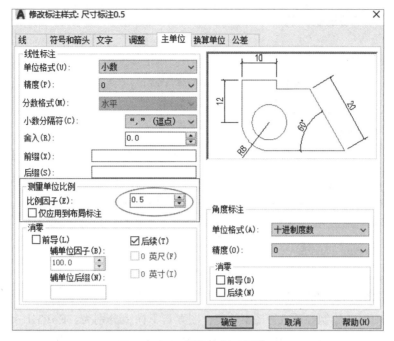

图 3-10-20 测量比例因子设置

将"标注"层置为当前图层,标注材料、相关尺寸及图名。

将"铺装"层置为当前图层,插入教材提供的种植土壤图块。

利用对象特性,或者双击多段线,修改填充边界的线宽为 5,结果如图 3-10-18 所示。

2) 绘制木平台铺装做法大样

图 3-10-21 为两个木平台大样,绘图步骤与"1)绘制广场等青石板的做法大样"相似。

(1)绘制断面造型

绘制如图 3-10-22 所示的矩形及多边形。

(2)填充图案

将"铺装"层置为当前图层,绘制木板上的木纹,其他部分进行图案填充,图案自下向上分别为:EARTH(比例为 3,角度为 45°)、GRAVEL(比例 4)、AR-SAND(比例为 0.25,角度为 0)、AR-CONC(比例为 0.5,角度为 0)。

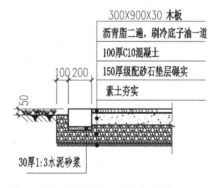

图 3-10-21 木平台大样

(3)缩放图形

将所有图形放大至 2 倍。

(4)标注尺寸及材料等

将"标注"层置为当前图层,标注尺寸、材料说明、图名、折断线,修改各填充边界的线宽为 5,结果如图 3-10-21 所示。

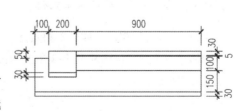

图 3-10-22 木平台绘制参考

3) 绘制主入口广场铺装大样

主入口广场铺装大样即 1-1 断面图，参见图 3-10-23。

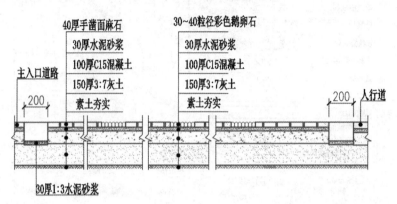

图 3-10-23　详图 2

（1）绘制断面造型及图案填充

按照图 3-10-24 绘制好后进行图案填充，图案自下向上分别为：EARTH（比例为 3，角度为 45°）、AR-SAND（比例为 2，角度为 0）、AR-CONC（比例为 1，角度为 0）、AR-SAND（比例为 0.5）。

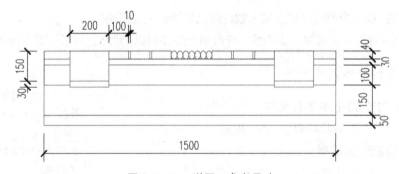

图 3-10-24　详图 2 参考尺寸

（2）缩放图形

将所有图形放大至 2 倍。

（3）标注尺寸及材料等

将"标注"层置为当前图层，标注尺寸、材料说明、图名、折断线，修改各填充边界的线宽为 5。

4) 绘制人行道铺装等其他铺装大样

绘制方法与前文类似，此处不再赘述。

详图 7、详图 8、详图 9 及 7-7 断面图参见附图 15。

最后保存文件。

任务 3-11　绘制园林水景工程施工图

🖋 工作任务

本任务是用 AutoCAD 2022 软件绘制园林水景工程施工图，其中包括自然水池景观施工图、水池瀑布施工图及喷泉安装平面图。绘制中需要综合使用绘图、修改及注释等操作。

🖋 知识准备

本任务实施过程中需要用到构造线、多段线、矩形、正多边形、图案填充等绘图命令，复制、修剪与延伸、镜像等修改命令，尺寸标注、引线标注等注释命令等，这些内容请参见项目 1、项目 2 相关内容，标高标注参见任务 3-3 相关内容，注释性标注参见任务 3-10、任务 4-1 相关内容，此处不再赘述。

🖋 任务实施

1. 绘制自然水池景观施工图

自然水池施工图，参见附图 16。

1) 绘制图纸及图框线、指北针、标题栏

利用多重复制操作，复制"景观设计总说明"的图纸、图符、标题栏文字及指北针。单击修改工具栏中的 🎲 按钮，或者在命令行输入多重复制命令 CO 并按 Enter 键，命令行提示及具体操作如下：

选择对象：选择"景观设计总平面图"的图纸、图符及文字

选择对象：✓

当前设置：复制模式 = 多个

指定基点或[位移(D)/模式(O)] <位移>：左键拾取图纸的左下角点

指定第二个点或 <使用第一个点作为位移>：结合极轴水平向右追踪，在适当位置单击鼠标左键

指定第二个点或[退出(E)/放弃(U)] <退出>：✓

鼠标左键双击图号处的"ZS-01"，将其更改为"SS-01"；双击标题栏中的"景观设计总平面图"，将其修改成"自然水池施工图"，完成图纸及图符的复制，同时参见前面相关章节，绘制指北针。

调整图纸的缩放比例为 0.5，即图纸的出图比例为 1∶100。

2) 绘制自然水池平面图

水池平面及尺寸标注已经在放线设计平面图中绘制完毕，本例直接从放线设计平面图中进行复制，并进行必要的修改、标注。

利用多重复制方式，将关闭图层后放线设计平面图中的自然水池（包含轴线 4~9、轴线 C~G，以及尺寸标注、坐标标注）复制到自然水池施工图的图符中。

将轴线编号的圆缩小为 0.5 倍，即圆的直径为 1000。

3) 标注平面图

平面图主要标注各个定位点的坐标、圆弧的半径及水的进入与排出设施。

定位点的坐标及半径在放线设计平面图中已经标注完成，此处直接复制即可。

绘制并标注进水口：绘制半径为 100 的圆，索引标注其做法，参见《国家建筑标准设计图集 15J012-1 环境景观——室外工程细部构造》。

绘制并标注溢水口：在水池附近绘制自然水体的溢水口，绘制 400×500 的矩形，并索引标注"溢水坑 15J012-1"。

绘制并标注排水坑：分别用圆及直线命令、矩形命令绘制半径为 300 的截门井及尺寸为 660×640 的排水坑，并加以标注"排水坑 15J012-1"。

> 【提示】
> 当采用注释性索引标注时，本图的出图比例为 1 : 100，首先应修改当前视口的注释比例为 1 : 100。

标注标高：分别标注水面及水底的标高，参见竖向设计图。此时标高符号调整为单体建筑标高符号，高度为 300（3×100=300）。

标注剖切符号：用多段线绘制，线宽为 50，长度为 600。

4) 绘制平面放线图

平面放线图网格的间隔为 1000，为了与总平面图对应，直接复制原总平面图间距为 5000 的网格，然后在每个网格内绘制间距为 1000 的网格。为了清晰，将间距为 1000 的网格的线型改为虚线。参见附图 16。

5) 绘制剖面图

（1）绘制辅助线

将"辅助线"层置为当前图层，根据水池的坡度、水底的深度绘制辅助线，如图 3-11-1 所示。

（2）绘制剖面造型

结合对象捕捉，使用多段线绘制剖面造型，如图 3-11-2 所示。

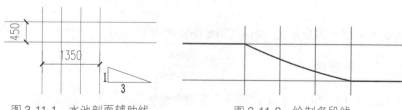

图 3-11-1　水池剖面辅助线　　　图 3-11-2　绘制多段线

将"铺装"层置为当前图层,输入多段线命令 PL 并按 Enter 键,其操作步骤如下:

命令:_PLINE

指定起点: 辅助线上适当位置拾取一点

当前线宽为 0.0

指定下一个点或[圆弧(A)/半宽(H)/长度(L)/放弃(U)/宽度(W)]: 拾取辅助线交点

指定下一点或[圆弧(A)/闭合(C)/半宽(H)/长度(L)/放弃(U)/宽度(W)]:A 输入圆弧或者单击"圆弧(A)"按钮

指定圆弧的端点(按住 Ctrl 键以切换方向)或[角度(A)/圆心(CE)/闭合(CL)/方向(D)/半宽(H)/直线(L)/半径(R)/第二个点(S)/放弃(U)/宽度(W)]:S 点击"第二个点(S)",以第二个点方式绘制圆弧

指定圆弧上的第二个点: 拾取圆弧上的第二个点,使自然水体的坡度有一定的弧度

指定圆弧的端点: 拾取辅助线交点

指定下一点或[圆弧(A)/闭合(C)/半宽(H)/长度(L)/放弃(U)/宽度(W)]: 水平向右拾取适当长度

指定下一点或[圆弧(A)/闭合(C)/半宽(H)/长度(L)/放弃(U)/宽度(W)]:✓ 按 Enter 键结束

输入偏移命令,将多段线依次向下偏移 30、20、10、100、200、30。

将"标注"层置为当前图层,绘制折断线。

(3)填充图案

从下至上依次进行图案填充(中间厚度为 10 的防水层可以不填充),图案分别是:EARTH(比例为 3,角度为 45°)、AR-SAND(比例为 1,角度为 0)、AR-CONC(比例为 1,角度为 0)、AR-SAND(比例为 0.5,角度为 0)、GRAVEL(比例为 3,角度为 0)。

图案填充时,注意关联性为否,即图案与边界不是关联的。

去除最下边素土夯实的边界及最上边卵石的边界。

(4)绘制青石板片石小路的面层

绘制高度为 40 的矩形,并填充石材的纹理(图案 ANS133,比例为 6,角度为 0),并进行修剪(详见操作视频)。

(5)绘制置石等

绘制置石、水面及水波纹。

(6)镜像及缩放

将整个断面沿着竖直线镜像,得到另一侧(图 3-11-3)。

(7)标注

将"标注"层置为当前图层,输入索引标注。可以采用注释性索引标注,标注前修改其注释比例或者采用普通的索引标注。

标注标高、坡度符号等。具体操作步骤略,结果参见附图 16。

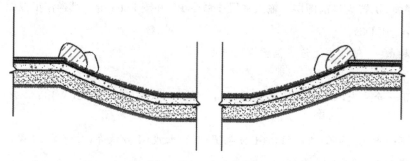

图 3-11-3　水池截面图

2. 绘制水池瀑布施工图

水池瀑布属于另一种类型的水景工程，其工程施工图主要包括平面图、立面图、剖面图及做法详图。

1) 绘制图纸、图框线及标题栏

利用多重复制操作，复制"自然水池施工图"的图纸、图符及标题栏文字，将图纸名称更改为"水池瀑布施工图"，图号更改为"SS-02"。

2) 绘制水池瀑布平面图

水池瀑布平面是总平面的一部分，已经在总平面图中绘制完成，所以水池瀑布平面图是复制总平面图相关内容，并进行必要的修改、标注。

在"图层"工具栏中，关掉"地被"层、"辅助线"层、"乔木"层、"灌木"层、"小品"层、"铺装"层、"标注"层。

利用多重复制方式，将关闭图层后的总平面图中的水池瀑布复制到水池瀑布施工图的图符中。

对所复制的平面图进行细化，此处需要添加泵坑、溢水口、进水口，具体绘制步骤略，结果如图 3-11-4 所示。

3) 标注平面图

尺寸标注：本例中的水池瀑布在造型上属于规则式，尺寸标注主要是大小尺寸标注，包括线性尺寸、半径尺寸等。

符号标注：主要标注索引符号、剖切符号、设备符号及做法。标注做法同任务 3-10，结果参见附图 17。

【提示】

本例中的详图均见《国家建筑标准设计图集 15J012-1 环境景观——室外工程细部构造》中的相关图样。在做设计时，尺寸、做法尽量参照标准图集进行设计，既可以提高设计速度，又可以使工程做法更合理，有据可依。

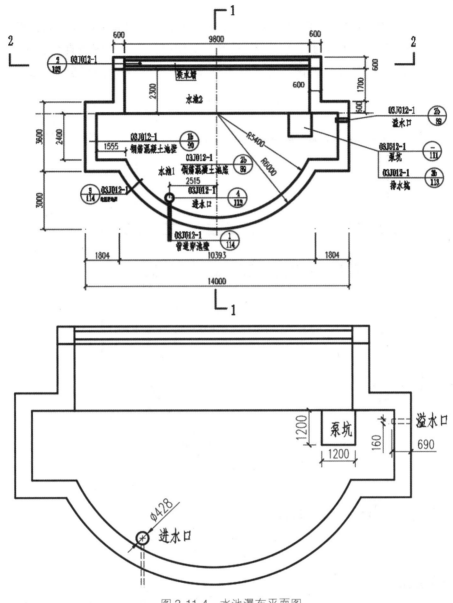

图 3-11-4 水池瀑布平面图

4) 绘制水池瀑布正立面图

绘制正立面图时,尽量将图放置在平面图之上,符合三视图投影规律,同时便于绘图。具体绘制步骤如下。

(1) 绘制地坪

将"景观建筑"层置为当前图层,利用多段线绘制长为 18000 的地坪,地坪的线宽为 50。

(2) 绘制水池瀑布正立面

根据投影规律或尺寸标注绘制水池的投影,利用直线或多段线均可,多段线的线宽为

0 或 25。

绘制施工图时，利用投影图之间的对应相等关系绘图可以减少尺寸输入，提高绘图速度。平立面之间具有相等的长度尺寸，绘制立面图时，可以绘制竖直构造线辅助线，然后在"景观建筑"层绘制立面图轮廓。图 3-11-5 为利用投影规律绘制的水池瀑布正立面图。

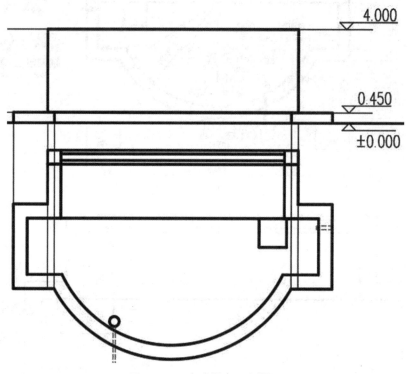

图 3-11-5　水池瀑布正立面图

（3）绘制水池瀑布正立面材料

材料主要采用图案填充绘制，瀑布部分采用 600×300×40 的花岗岩文化石，图案 AR-BRSTD，比例为 2；水池部分图案 BRSTONE，比例为 15。

（4）标注

标注包括尺寸标注、标高标注及索引标注，具体操作步骤略，结果参见附图 17。

5) 绘制水池瀑布侧立面图

根据投影规律(平面与侧面宽度相等，立面与侧面高度相等)，绘制侧面图，并进行尺寸标注、标高标注、文字标注，具体操作步骤略，结果参见附图 17。

6) 绘制跌水墙 1-1 剖面图

按照 1-1 剖面图所示，根据标高尺寸，分别绘制 0 标高、-0.300 标高、0.450 标高、4.000 标高辅助线，然后依然按照与平面图宽度相等的对应关系，绘制侧面剖面图，最后进行图案填充、尺寸标注、索引标注、标高标注，具体操作步骤略，结果参见附图 17。

7) 绘制跌水墙 2-2 剖面图

如图 3-11-4 所示,跌水墙 2-2 剖面图属于垂直剖面图,首先绘制地坪,复制正立面墙体部分,利用偏移复制、修剪等操作,完成 2-2 剖面图截面绘制。

绘制截面后,填充图案,进行尺寸标注、标高标注、索引标注等,完成跌水墙 2-2 剖面图绘制,结果参见附图 17。

3. 绘制喷泉安装平面图

1) 复制水池瀑布平面图

参见附图 17,首先复制水池瀑布的平面图至图纸的适当位置,然后绘制两个潜水泵的示意图,参见图 3-11-6。

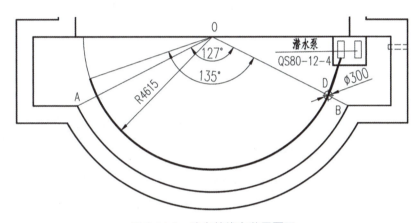

图 3-11-6　喷泉管线安装平面图

2) 绘制喷泉管线示意图

参见图 3-11-6,首先绘制两条辅助直线及半径为 4615 的圆弧,将水池圆弧圆心 O 分别与水池内壁圆弧的 A、B 两点相连,连线的夹角为 127°。利用多段线绘制管线,将"设备"层置为当前图层(如果之前没有建立"设备"层,此时可以新建一个图层"设备"),输入多段线命令,命令行提示及操作如下:

指定起点:　拾取潜水泵的中点

当前线宽为 50　不是 50 则单击"宽度(W)"按钮,调整为 50

指定下一个点或[圆弧(A)/半宽(H)/长度(L)/放弃(U)/宽度(W)]:　拾取 D 点

指定下一点或[圆弧(A)/闭合(C)/半宽(H)/长度(L)/放弃(U)/宽度(W)]:A↙

拾取"圆弧(A)",以绘制圆弧的方式绘制多段线

指定圆弧的端点或[角度(A)/圆心(CE)/闭合(CL)/方向(D)/半宽(H)/直线(L)/半径(R)/第二个点(S)/放弃(U)/宽度(W)]:CE　拾取"圆心(CE)"按钮

指定圆弧的圆心:　拾取圆心 O

指定圆弧的端点或[角度(A)/长度(L)]:A　单击"角度(A)"

指定夹角(按住 Ctrl 键以切换方向)：135↙　输入 –135 并按 Enter 键

指定圆弧的端点或[角度(A)/圆心(CE)/闭合(CL)/方向(D)/半宽(H)/直线(L)/半径(R)/第二个点(S)/放弃(U)/宽度(W)]：↙　结束喷泉管线的绘制

3）绘制喷头

参见图 3-11-6，在 D 点处绘制直径为 300 的圆，同时标注圆心标记，在"注释"选项卡下，单击"中心线"面板的圆心标记按钮⊕，并打开"快捷特性"，使中心线的左侧、右侧、顶部及底部延伸 100。

对上一步绘制的圆及中心线进行环形阵列，阵列参数为：项目为 4，填充角度为 –127°，项目间角度为 42°，结果参见附图 17。

4）绘制 DN50 安全阀

利用多段线命令绘制附图 17 中的喷泉安装平面图所示的铜闸阀。

5）绘制跌水墙送水管

利用多段线绘制，线宽为 90，绘制步骤略，结果参见附图 17。

6）标注

利用索引标注名称，书写图名"喷泉安装平面图 1:100"。最终绘制结果见附图 17。

4. 绘制喷泉立管安装示意图

将"设备"层置为当前图层，绘制喷泉立管安装示意图。结果如图 3-11-7 所示。

参照尺寸如图 3-11-8 所示，使用的绘图命令包括直线、偏移、圆命令、文字标注与尺寸标注，具体绘图步骤略。

5. 书写施工说明

将"文字"层置为当前图层，用"说明"文字样式书写水池施工做法说明，参见附图 17。

至此，园林水景工程施工图绘制完毕。

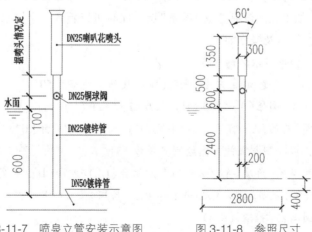

图 3-11-7　喷泉立管安装示意图　　图 3-11-8　参照尺寸

任务 3-12 绘制园林景观给排水施工图

工作任务

本任务是用 AutoCAD 2022 软件绘制园林景观给排水施工图，其中包括给水管网、排水管网、主要给水设备、标注等绘制。绘制过程中需要使用构造线、多段线、圆等绘图命令，复制、修剪与延伸等修改命令，以及尺寸标注、引线标注等注释命令。

知识准备

1. 给排水图例符号

给排水的设备装置和管道、线路多采用制图标准规定的统一图例符号表示，因此，在阅读时，要首先熟悉常用的给排水施工图的图例符号所代表的内容，表 3-12-1 所列为常用给排水图例符号。

表 3-12-1 常用给排水图例符号

序号	设备名称	符号	规格	材质	备注
1	取水器	◉	3/4 寸*	工程塑料	
2	补水口、布水口	⬡			
3	止回阀	⧄	De75	UPVC	
4	球阀	⋈	De50，De25	UPVC	
5	普通钢制水表	⌀	DN63		
6	给水阀门井	⊠		砖砌	
7	给水管	▬▬▬	De75，De50，De32，De25	UPVC	公称压力≥25MPa
8	排水管	-------		UPVC	
9	水泵	▭ 平面 ▶ 系统			

注：*1 寸≈3.3cm。

2. 绘图、修改与注释

本任务实施过程中需要用到绘图、修改及注释操作，请参见项目 1、项目 2 相关内容，此处不再赘述。

🍃 任务实施

1. 绘制给水管网

1) 绘制图纸、图框线、指北针、标题栏及填写标题栏文字

打开文件"幸福花园生态园林景观设计",利用多重复制操作,复制"景观设计总平面图"的图纸、图符及标题栏文字。

鼠标左键双击图号处的"ZS-01",将其更改为"SS-03";双击标题栏中的"景观设计总平面图",将其修改为"游园给排水平面图",完成图纸及图符的绘制。

2) 复制总平面图

将"乔木"层、"灌木"层、"地被"层、"铺装"层、"辅助线"层、"小品"层关闭,将总平面图复制到游园给排水平面图中。

3) 复制进水口

将自然水池及水池瀑布施工图中的进水口复制到相应位置。

4) 绘制给水管网

根据管网的定位图(附图18),绘制给水管网。将"设备"层置为当前图层,在命令行输入多段线命令 PL 并按 Enter 键,或者单击绘图工具栏中的 ⤴ 按钮,命令行提示及操作如下:

指定起点: 捕捉园界的中点,在180°极轴追踪提示下输入2515
当前线宽为 0
指定下一个点或[圆弧(A)/半宽(H)/长度(L)/放弃(U)/宽度(W)]: W✓
指定起点宽度 <0>: 150✓
指定端点宽度 <150>: ✓
指定下一点或[圆弧(A)/闭合(C)/半宽(H)/长度(L)/放弃(U)/宽度(W)]: 拾取水池瀑布进水口圆心
指定下一点或[圆弧(A)/闭合(C)/半宽(H)/长度(L)/放弃(U)/宽度(W)]: 拾取自然水体进水口
指定下一点或[圆弧(A)/闭合(C)/半宽(H)/长度(L)/放弃(U)/宽度(W)]: ✓
命令: ✓ 结束操作

根据图纸给定尺寸,从轴线3与园界的交点向上追踪8570,继续绘制水平、垂直方向的其他给水管网,结果参见附图18。

2. 绘制主要给水设备

1) 绘制阀门井

将"设备"层置为当前图层,在坐标(42485, 8570)处绘制半径为750的圆,并用多段线绘制阀门井符号⌧，极轴增量角为45°，符号的水平线段长度为750。

2）绘制喷灌喷头

喷头为圆形喷头，符号为⊗，圆的直径为750，两条十字交叉线倾斜角度为45°及135°，长度为1000。利用多重复制，根据附图18所示的位置放置喷头。

3. 标注给水

将"标注"层置为当前图层，"园林景观制图"标注样式置为当前标注样式，"标注"文字样式置为当前文字样式，对给水图进行文字注解标注、尺寸标注、设备规格标注。结果参见附图18。

4. 绘制排水管网

排水网绘制方法同给水网绘制。本工程排水采用地表排水，水体直接排入北部的排水沟，具体见相关水景详图。

1）绘制排水沟

在游园北部人行道处绘制宽度为400的排水沟。将"设备"层置为当前图层，当前线型为虚线绘制排水沟，长度与游园等长，连接园外的市政排水，以多段线绘制，线宽为50，结果参见附图18。

2）绘制雨水花园排水管

本例在游园南部，即亭廊南部，模拟海绵城市做法，设计了一个小型的雨水花园，雨水花园能够有效净化水质，在雨水渗透、调节雨洪、综合应用水资源方面发挥重要作用。溢流管处的溢水口连接排水沟，将绿地中吸收不了的水排入排水沟。用多段线绘制，线宽为50，结果参见附图18。

3）绘制水景排水

本例水景包含自然水体及水池瀑布两处水景，从相应的排水口向排水沟绘制排水管，结果参见附图18。

5. 绘制其他

采用直线、多段线、圆等，绘制阀门井安装示意图、浇灌口安装示意图、管沟剖面示意图，并加以尺寸标注，此处不再赘述。

6. 书写设计说明

将"标注"层置为当前图层，书写附图18所示的文字。

至此，园林景观给排水施工图绘制完毕，对文件进行保存，结果如附图18所示。

任务 3-13　绘制园林景观供电照明施工图

🍃 工作任务

本任务是用 AutoCAD 2022 软件绘制园林景观供电照明施工图，其中包括供电照明平面图及供电系统图。绘制过程中需要使用构造线、多段线、复制、修剪与延伸、文字注释等操作。

🍃 知识准备

本任务实施过程中需要用到构造线、多段线、圆、直线等绘图命令，复制、修剪与延伸等修改命令，以及文字标注等注释命令，请参见项目 1、项目 2 相关内容，此处不再赘述。

🍃 任务实施

1. 绘制游园供电照明平面图

参见附图 19 游园供电照明平面图。

1）绘制图纸、图框线、指北针、标题栏及填写标题栏文字

利用多重复制操作，复制"景观设计总平面图"的图纸、图符及标题栏文字。

鼠标左键双击图号处的"ZS-01"，将其更改为"DS-01"；双击标题栏中的"景观设计总平面图"，将其修改为"游园供电照明平面图"，完成图纸及图符的绘制。

2）复制总平面图

将"乔木"层、"灌木"层、"地被"层、"铺装"层、"辅助线"层关闭，将总平面图复制到"游园供电照明平面图"中，同时删除"小品"层中除了照明灯光以外的其他小品。

3）绘制水池瀑布中水泵的泵池

水泵的泵池在水体施工图中已经绘制，此处可以利用多重复制直接复制。

4）绘制供电管网

绘制接线井示意图：将"设备"层置为当前图层，在水池广场上绘制半径为 750 的圆作为接线井，参见附图 19。

绘制景观配电箱示意图：将"设备"层置为当前图层，在园界边缘绘制 1500×500 的矩形，并将其一半用图案 SOLID 填充，参见附图 19。

绘制照明设备：照明设备包括道路照明、广场照明、水体照明，在景观设计总平面图中已经绘制完毕，并放置在"小品"层。

绘制电缆：将"设备"层置为当前图层，利用多段线连接各照明灯具及动力设备，配电箱至接线井、接线井至泵池段线宽为100，其他线宽为50，参见附图19。

5) 绘制供电设备

利用表格命令或者直线命令，在"网格"层绘制网格，输入说明文字，并复制或者插入图样中的图例，填写相应的文字说明，结果如图3-13-1所示。

图例表

图例	名称	适用光源	数量	备注
⊗	庭院灯	节能光源（1×100W）	27	H—3.0m
 ⊕	跌水照明灯	50W/100W	2	高压气体放电灯
 ◐	水下射灯	150W/220W	5	
——	照明供电线	380W/220W	1	长度现场实测
▬	景观配电箱	室外防水型	1	安装于0.2m水泥基座上

图 3-13-1　图例表

6) 标注

标注电缆的规格型号：将"标注"层置为当前图层，"说明"文字样式置为当前文字样式，标注电缆线型号，分别为 VV-1kW-11×4、VV-1kW-2×4。

标注坐标定位：主要是标注接线井及配电箱的位置。

至此，供电照明平面图绘制完毕，结果参见附图19。

2. 绘制供电系统图

供电系统图需要表示所有景观的用电设备及其功率，以及供电系统的总开关、各个分开关、线路保护器等。

1) 绘制图纸、图符、标题栏及填写标题栏文字

复制"游园供电照明平面图"的图纸、图符、标题栏及标题栏文字，修改图名及图号，图名为"游园供电系统图"，图号为"DS-02"。

2) 绘制供电系统示意图

按照附图20所示，利用直线命令、圆命令、矩形命令、文字注释等绘制供电系统示意图。

3) 书写供电系统图设计说明

书写游园供电施工总体设计说明，书写配电箱说明。

至此，配电系统图绘制完毕，结果见附图20所示。项目3所有图纸绘制完成。

项目 4 图纸打印与输出

项目情景

使用 AutoCAD 绘制施工图之后，要按规定的比例打印到图纸上，用于工程施工；或者生成一份电子图纸，用于技术交流或其他设计任务。

AutoCAD 2022 提供了模型空间、图纸空间。前面项目所有的内容都是在模型空间中进行的，模型空间是一个二维或者三维坐标空间，主要用于几何图形与模型的构建。而在对几何图形或模型进行打印输出时，则通常在图纸空间中完成。在 AutoCAD 中，图纸空间是以布局的形式来使用的。一个图形文件可包含多个布局，每个布局代表一张单独的打印输出图纸。

本项目以项目 3 中所绘制的施工图为打印与输出对象，利用 AutoCAD 2022 的打印与输出功能，完成图纸的单张打印、批量打印及图纸的其他格式输出，用于看图施工，以及 Photoshop、SketchUp(SU)、3ds Max 等软件的后期制作。

学习目标

【知识目标】

掌握图纸的单张打印，软件图样的输出，软件的批量打印输出，将图纸向 Photoshop、SketchUp(SU)、3ds Max 等输出的方法。

【技能目标】

会进行 AutoCAD 2022 软件的单张图纸打印操作，能够对图纸进行输出及批量打印，能够利用 AutoCAD 2022 将图纸向其他软件输出。

【素质目标】

传播与践行社会主义核心价值观，锻炼自我学习能力，培养创新精神，树立工匠意识，在项目操作实践中发现美，培养规范意识，铸就园林行业的巧手、能手，培养大国工匠情怀，筑梦美丽中国。

任务 4-1 园林图纸的单张打印

🍃 工作任务

本任务用 AutoCAD 2022 软件完成图纸的单张打印，包括模型空间及图纸空间打印。打印前需要对图形进行清理，然后利用打印命令完成图纸打印操作。

知识准备

1. 打印前图形整理

打印前图形整理包括清理重复对象、清理垃圾图块、关闭辅助线层、关闭栅格等。

1)清理重复对象

其作用是删除重复的几何图形以及重叠的直线、圆弧和多段线。此外，合并局部重叠或连续的对象。

（1）命令输入方式

命令行：OVERKILL(OV)↙。

功能区：默认选项卡→修改面板→ 或者管理选项卡→ 删除重复对象。

菜单栏：修改→ 删除重复对象。

（2）操作步骤

输入 OVERKILL 命令后，在命令提示行会出现以下提示：

OVERKILL 选择对象： 选择对象

继续选择对象或按 Enter 键结束选择，出现"删除重复对象"对话框(图 4-1-1)。

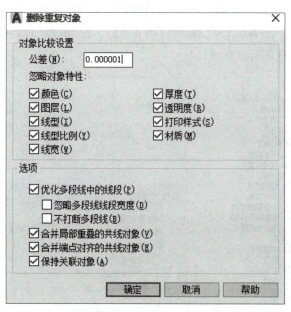

图 4-1-1 "删除重复对象"对话框

（3）选项说明

①对象比较设置

公差：控制精度，通过该精度进行数值比较。如果该值为 0，则在命令修改或删除其中一个对象之前，被比较的两个对象必须匹配。

忽略对象特性：在比较过程中忽略这些特性，如颜色、图层、线型、线型比例、线宽、厚度、透明度等。

②选项　使用这些设置可以控制删除重复命令如何处理直线、圆弧和多段线。

优化多段线中的线段：选定后，将检查选定的多段线中单独的直线段和圆弧段。重复的顶点和线段将被删除。此外，删除重复命令将各个多段线线段与完全独立的直线段和圆弧段相比较。如果多段线线段与直线或圆弧对象重复，其中一个会被删除。如果未选此选项，则忽略多段线的线段宽度且不打断多段线，两个子选项不可选。

合并局部重叠的共线对象：重叠的对象被合并到单个对象。

合并端点对齐的共线对象：当共线对象端点对齐时，合并这些对象。

保持关联对象：不会删除或修改关联对象。

对象比较设置和选项设置好以后，点击"确定"，则满足设定条件的重复对象被删除。

2）清理

（1）命令输入方式

命令行：PURGE(PU)↙。

功能区：管理选项卡→ 清理 。

菜单栏：图形实用工具→ 清理(P)... 。

清理命令的作用是删除图形中未使用的命名项目，如图块、图层、标注样式、文字样式、长度为0的图形、空文字对象等，并查找图形中无法清理的对象。

输入清理命令后，出现"清理"对话框（图4-1-2），在"清理"对话框的顶部有两个选项"可清除项目"和"查找不可清除项目"。

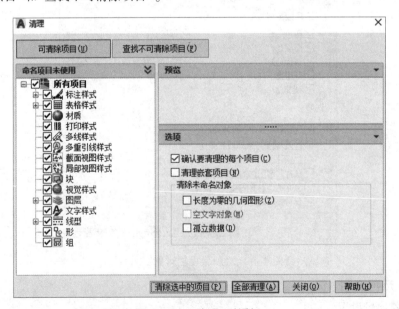

图4-1-2　"清理"对话框

（2）选项说明

①未使用的命名项目　列出当前图形中未使用的、可清理的命名对象。可以通过单击加号或双击对象类型，列出任意对象类型的项目，选择该对象类型的个别项目或所有

项目。

②选项

确认要清理的每个项目：清理项目时显示"确认清理"对话框。

清理嵌套项目：从图形中删除所有未使用的命名对象，即使这些对象包含在其他未使用的命名对象中或被这些对象所参照。

长度为零的几何图形：删除长度为0的几何图形(包括直线、弧、圆和多段线)。

空文字对象：删除仅包含空格而不包含任何文字的多行文字和文字对象。

孤立数据：打开"清理"对话框时，执行图形扫描并删除过时的DGN线型数据。

【提示】
1. 清理命令不会从块或锁定图层中删除未命名对象。
2. 在删除所有可清理的项目后，各种项目和选项将灰色显示，并且一条消息会显示在对话框的左下角。

查找不可清理项目视图：在"查找不可清除项目"中，可预览无法清理的对象，并在图形中查找这些对象(图 4-1-3)。

正在使用的命名项目：列出当前图形中使用，但无法清理的命名对象。

预览：显示树状视图中选定项目的预览。

可能的原因：显示有关为何无法清理选定项目的信息。

详细信息：显示有关图形中对象的大小、位置和这些对象总数的信息。

选择对象：关闭"清理"对话框，在图形中选择不可清理对象，然后放大它们，如图 4-1-4 所示。

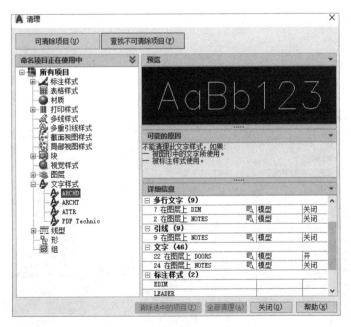

图 4-1-3　查找不可清除项目

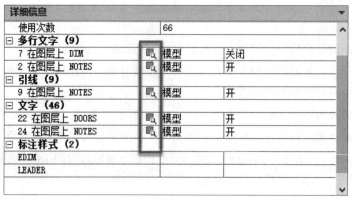

图 4-1-4 详细信息

2. 打印命令

打印命令用于指定设备和介质设置，然后打印图形。其标题显示了当前页面的名称。

1) 打印输入方式

命令行：PRINT/PLOT↙。

快捷工具栏：🖨。

功能区：输出选项卡→🖨。

快捷方式：Ctrl+P。

2) 操作步骤

输入 PLOT 并按 Enter 键，或使用快捷键"Ctrl+P"，打开"打印-模型"对话框，如图 4-1-5 所示。

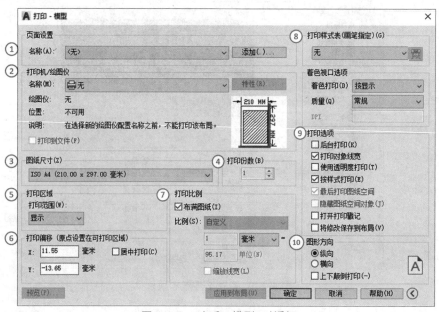

图 4-1-5 "打印-模型"对话框

3)选项说明

（1）页面设置

单击"名称"右侧的下拉三角，列出图形中已命名或已保存的页面设置，可以将图形中保存的命名页面设置作为当前页面设置，也可以单击"添加"，基于当前设置创建一个新的命名页面设置。

（2）打印机/绘图仪

列出可用的 PC3 文件或系统打印机，可以从中进行选择，以打印当前图纸。

特性：在左侧选择一种打印机以后，单击"特性"按钮，打开当前打印机的"绘图仪配置编辑器"对话框，对当前绘图仪进行设置。例如，我们经常对 PDF 文件打印机进行"修改标准图纸尺寸(可打印区域)"的设置，如图 4-1-6、图 4-1-7 所示。

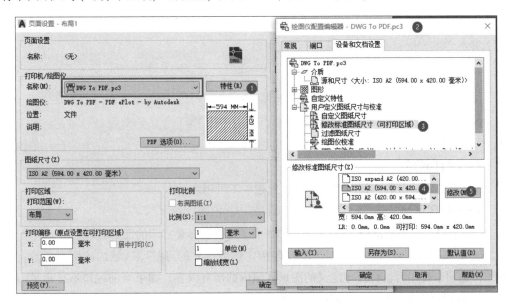

图 4-1-6　绘图仪配置器

如图 4-1-6，依次单击特性，出现"绘图仪配置编辑器"对话框，单击"修改标准图纸尺寸(可打印区域)"，选择标准的 A2 图纸，再单击"修改"按钮，打开如图 4-1-7 所示图纸可打印区域设置，将上、下、左、右全部设置为 0。

（3）图纸尺寸

显示所选打印设备可用的标准图纸尺寸。如果未选择绘图仪，将显示全部标准图纸尺寸的列表以供选择。

如果所选绘图仪不支持布局中选定的图纸尺寸，将显示警告，用户可以选择绘图仪的默认图纸尺寸或自定义图纸尺寸。

使用"添加绘图仪"向导创建 PC3 文件时，将为打印设备设置默认的图纸尺寸。在"页面设置"对话框中选择的图纸尺寸将随布局一起保存，并将替代 PC3 文件设置。

页面的实际可打印区域(取决于所选打印设备和图纸尺寸)，在布局中用虚线表示。

如果打印的是光栅图像(如 BMP 或 TIFF 文件)，打印区域大小的指定将以像素为单

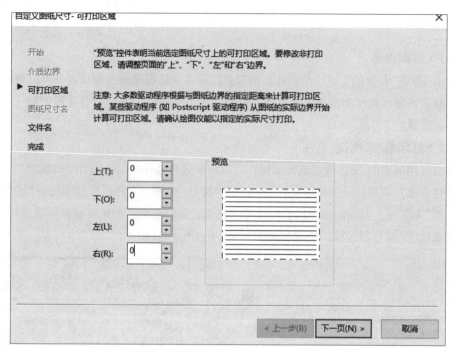

图 4-1-7　图纸可打印区域

位，而不是公制为单位。

（4）打印份数

指定要打印的份数。打印到文件时，此选项不可用。

（5）打印区域

指定要打印的图形部分。在"打印范围"中，可以选择要打印的图形区域。

布局/图形界限：打印布局时，将打印指定图纸尺寸的可打印区域内的所有内容；从"模型"选项卡打印时，将打印定义的图形界限内的所有内容。如果当前视口不显示平面视图，该选项与"范围"选项效果相同。

范围：打印当前空间内所有几何图形。打印之前软件可能重新生成图形，以便重新计算图形范围。

显示：打印选定"模型"选项卡当前视口中的视图或布局中的当前图纸空间视图。

窗口：打印指定的图形部分。当选择"窗口"后，对话框关闭，回到模型空间，命令提示以矩形对角点的方式选择要打印的矩形窗口，选择后，重新回到"打印-模型"对话框。

（6）打印偏移

指定打印区域相对于可打印区域左下角或图纸边界的偏移。"打印"对话框的"打印偏移"区域显示了包含在括号中的指定打印偏移选项。

居中打印：自动计算 X 偏移值和 Y 偏移值，在图纸上居中打印。当"打印区域"设定为"布局"时，此选项不可用。

（7）打印比例

控制图形单位与打印单位之间的相对尺寸。打印布局时，默认缩放比例设置为 1∶1。从"模型"选项卡打印时，默认设置为"布满图纸"。

布满图纸：缩放打印图形以布满所选图纸尺寸，并在"比例""英寸="和"单位"框中显示自定义的缩放比例因子。

（8）打印样式表（画笔指定）

从下拉列表中选择一个打印样式表，打印样式表编辑器被激活，单击 ![icon]，可以打开"打印样式表编辑器"对话框，对打印样式进行编辑。确定图纸中图形对象的颜色、线型、线宽等打印设置。

（9）打印选项

均为单选，如是否后台打印、打印对象线宽、使用透明度打印（仅对具有透明度对象的图形）、按样式打印、打开打印戳记、将修改保存到布局等。其中最重要的两个选项是打印对象线宽（打印指定给对象或图层的线宽）和按样式打印（打印指定给对象或图层的打印样式）。

（10）图形方向

支持纵向或横向的绘图仪指定图形在图纸上的打印方向。图纸图标代表所选图纸的介质方向。字母图标代表图形在图纸上的方向。

纵向：放置并打印图形，使图纸的短边位于图形页面的顶部。
横向：放置并打印图形，使图纸的长边位于图形页面的顶部。

3. 布局

布局空间即图纸空间，打印与输出经常是在布局空间进行的。一个布局可以创建一个或多个视口。每个视口类似于一个按某一比例和指定方向显示模型视图的窗口（图 4-1-8）。

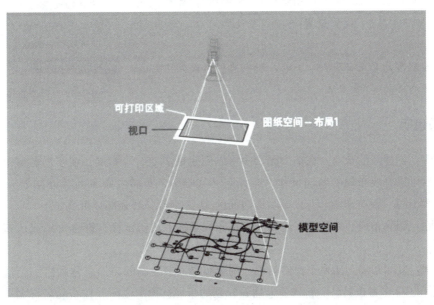

图 4-1-8　模型空间与图纸空间的关系

1）命令输入方式

命令行：LAYOUT↙。

图 4-1-9 "布局"选项卡

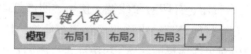

图 4-1-10 新建布局

功能区(布局)：布局选项卡→布局面板→![新建]，如图 4-1-9 所示。

布局右侧的"+"按钮即为新建布局，如图 4-1-10 所示。

右键菜单：已有布局名上单击鼠标右键，在右键快捷菜单中单击"新建"按钮，如图 4-1-11 所示。

2) 操作步骤

命令：LAYOUT↙

输入布局选项[复制(C)/删除(D)/新建(N)/样板(T)/重命名(R)/另存为(SA)/设置(S)/?] <设置>：N 单击"新建(N)"按钮

输入新布局名 <布局 4>：输入新的布局名或者按 Enter 键确认新的布局为"布局 4"

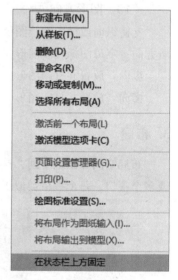

图 4-1-11 右键新建布局

3) 选项说明

新建：创建新的布局。在单个图形中可以创建最多 255 个布局，在布局名称上单击鼠标右键也可以完成布局的新建操作。布局名必须唯一，布局名最多可以包含 255 个字符，不区分大小写。布局选项卡上只显示最前面的 31 个字符，其余部分折叠显示。

删除：删除布局。默认是当前布局，在布局名称上单击鼠标右键也可以完成布局的删除操作。

复制：复制布局。如果不提供名称，则新布局以被复制的布局名称附带一个递增的数字(在括号中)作为布局名。新选项卡插到复制的布局选项卡之前。在布局名称上单击鼠标右键也可以完成布局的复制操作。

重命名：重新命名布局。要重命名的布局的默认值为当前布局。在布局名称上单击鼠标右键也可以完成布局的重命名操作。

4. 注释性

1) 相关概念

（1）注释

AutoCAD 图纸中除了与实物对应的图形（模型）外，还会有文字、标注、填充以及一些图例（图块）等辅助图形，这些辅助图形被称为注释。

（2）注释性

注释性是指定给用于注释图形的对象的特性。该特性将在不同的布局视口和模型空间中自动完成缩放注释。注释性对象按照其所在图纸内的高度进行定义。这是 AutoCAD 中非常实用、高效的功能。

（3）注释比例

注释比例：与模型空间、布局视口和模型视图一起保存的设置。创建注释性对象时，根据当前注释在状态栏有一个"1∶1"或选择其他比例。这个比例控制注释性对象的打印比例，有了这个功能，就可以在创建注释对象时设定其图纸尺寸，它可随注释比例的变化而自动调节大小。

控制其尺寸：在图纸打印时总是以用户设定的（注意：需要将"当注释比例更改时自动将比例添加到注释对象"按钮激活）比例对其进行缩放并自动正确显示大小，免除了原来由设计师手动计算的工作量。

2) 注释性工具含义

（1）模型空间（位于状态栏上，图 4-1-12）

图 4-1-12　模型空间

（2）布局空间（图 4-1-13）

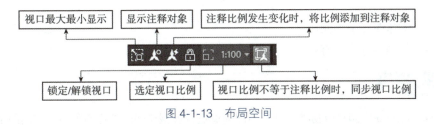

图 4-1-13　布局空间

3) 注释性用法

（1）新建注释性标注样式

使用快捷命令 D 并按 Enter 键，打开"标注样式"对话框。点击"新建"，出现"创建新标注样式"对话框，如图 4-1-14 所示，新样式名为"注释性标注"。

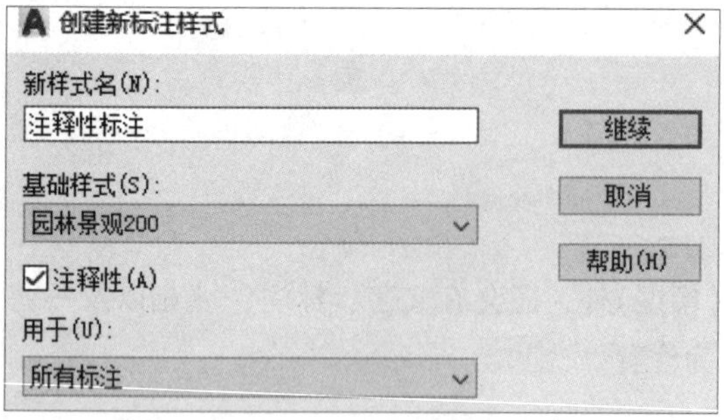

为方便比较，以园林景观 200 的标注样式为基础样式，勾选注释性，点击"继续"，"线""符号和箭头""文字""调整""主单位"均用园林景观 200 基础样式设置，点击"确定"，如图 4-1-15 所示。

（2）注释性标注样式的使用

将新建的"注释性标注"样式置为当前标注样式，标注 1∶200 的图纸，在软件右下方，当前视图的注释比例下，选择 1∶200，然后进行标注。同样方法，如果标注 1∶100 的图纸，在软件右下方，当前视图的注释比例下，选择 1∶100，然后进行标注。这样，用一个标注样式就解决了几种标注样式才能解决的问题，详见视频讲解。

图 4-1-14　注释性标注

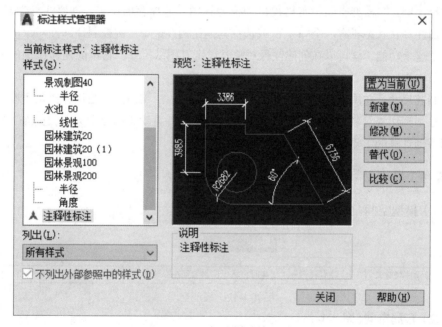

图 4-1-15　标注样式管理器

（3）注释性文字等使用

有关注释性文字、注释性块、填充等请观看视频自行练习。

任务实施

下面以项目 3 中园林植物种植总平面图为例进行模型空间图纸打印和布局空间图纸打印。

1. 打印模型空间图纸

1）输入命令

在命令行输入 PLOT 并按 Enter 键，或者使用快捷键"Ctrl+P"，打开"打印-模型"对话框。

2) 设置页面

①打印机选择 选择系统打印机"DWG To PDF.pc3";图纸尺寸为"ISO full bleed A2 (594.00×420.00mm)"。

②设置"打印区域"中的"打印范围" 选择"窗口"选项,拾取要打印图纸的对角点,并勾选"居中打印"。

③设置打印比例 勾掉"布满图纸"选项,"比例"选择"自定义",1毫米等于200单位,如图4-1-16所示。

④设置打印样式表(画笔指定) 可以选择彩色打印"acad.ctb"或者灰度打印"monochrome.ctb";"图形方向"选择横向;其他默认。按"确定"按钮,完成模型空间打印(图4-1-17)。

图 4-1-16 打印比例设置

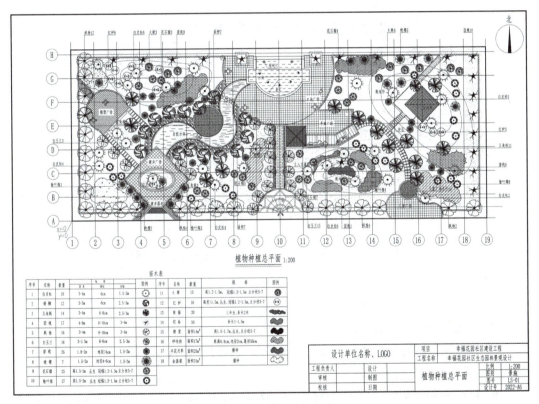

图 4-1-17 模型空间打印

2. 打印布局

1) 新建布局(或者将当前布局重命名为"园林植物种植总平面图")

在命令行输入 LAYOUT 并按 Enter 键。

选择"N"(新建),输入布局名称:"园林植物种植总平面图",或双击布局1,将其改为"园林植物种植总平面图"(图4-1-18)。

图 4-1-18　新建布局

2) 修改布局页面设置

①在"园林植物种植总平面图"布局按钮上单击鼠标右键，选择"页面设置管理器"，点击"园林植物种植总平面图"（图 4-1-19），点击"修改"按钮，进入"页面设置"对话框（图 4-1-20）。

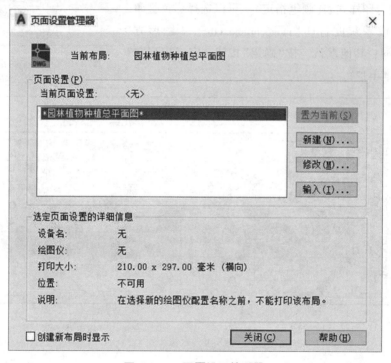

图 4-1-19　页面设置管理器

②如图 4-1-20 所示设置各项参数。

③修改标准图纸的可打印区域。

单击"特性"按钮，打开"绘图仪配置编辑器"，选择"修改标准图纸的可打印区域"，如图 4-1-21 所示。

在"修改标准图纸尺寸"列表中选择"ISO A2（594.00×420.00）"，单击"修改"按钮，将"可打印区域"的上（图纸上边打印边界距离图纸最上端的距离）、下（图纸下边打印边界距离图纸最下端的距离）、左（图纸左边打印边界距离图纸最左端的距离）、右（图纸右边打印边界距离图纸最右端的距离）全部改为"0"，点击"下一步"，点击"完成"按钮，结束图纸打印区域的调整。

3) 插入标题栏

将"文字"层置为当前图层，点击"插入块"，插入 A2 图纸，如图 4-1-22 所示。

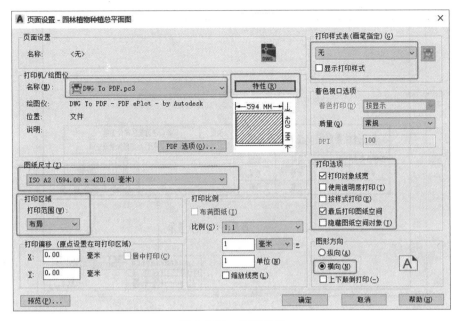

图 4-1-20 页面设置

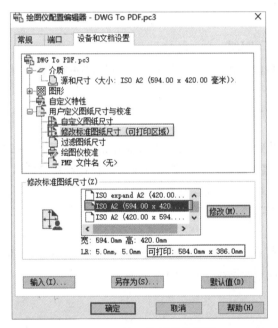

图 4-1-21 绘图仪配置编辑器

【提示】

1. A2 标题栏是由 A2 模板的图纸定义为属性块，此处不再演示属性块的定义过程，作为素材提供给大家。

2. 此步骤对于本例也可以省略，因为在模型空间建模时，已经绘制了标题栏，此处直接建立视口即可。此步骤主要是针对在模型空间没有绘制图框线、标题栏的图样。

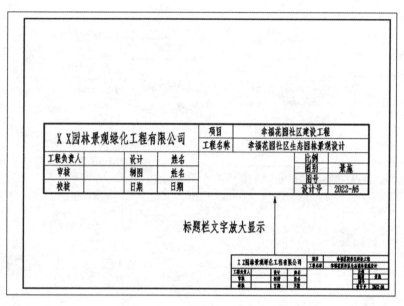

图 4-1-22 A2 标题栏

4) 建立视口

（1）建立"视口"图层

打开图层特性管理器，新建"视口"图层，并设置"视口"图层为不打印，将"视口"图层置为当前图层。

【提示】
将图纸绘制在模型空间时，原则上将图纸放置于"0"层，其他对象不要放置在"0"层，打印时设置"0"层不被打印。这样图纸对象与视口对象同时不被打印。当然，绘图时，也可以将视口对象直接建立在"0"层。

（2）新建视口

单击功能区"布局"面板上的"创建多边形视口"按钮 多边形，根据命令行提示，创建多边形视口。视口布满整张图纸，如图 4-1-23 所示。

5) 确定打印比例

（1）激活视口

在视口内部双击鼠标左键，激活视口。

（2）对齐图纸

调整要输出的图纸，利用鼠标中键的移动功能，将图纸对齐到视口中央。

（3）输入出图比例

在视口工具栏右侧输入打印比例"0.005"，如图 4-1-24 所示。或者单击状态栏上的打印比例按钮，如图 4-1-25 所示，选择 1∶200。

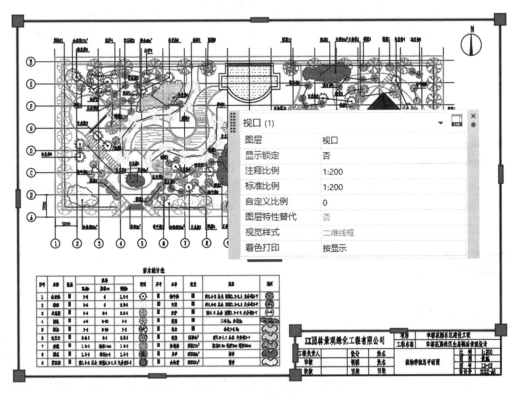

图 4-1-23　多边形视口

图 4-1-24　图纸打印比例(1)

6) 锁定视口

点击布局视口面板的"锁定"按钮 ![锁定]，锁定视口比例，或者在视口外双击鼠标左键。

7) 打印输出图纸

（1）输入打印命令

在布局名称上单击鼠标右键，拾取"打印"，或者单击快捷工具栏上的 ![打印机图标]，打开"打印-总平面图"对话框，确认设置正确。

（2）打印图纸

先进行预览，确认无误后即可以单击"打印"按钮，或者退出后，回到对话框，单击"确定"按钮，指定打印输出路径，完成图纸的打印输出，结果与模型空间打印一致，见图 4-1-17。

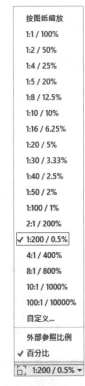

图 4-1-25　图纸打印比例(2)

打印对话框的标题显示了要打印的对象，即模型空间或图纸空间的布局。

在打印对话框中可以选择已保存的页面设置，如已安装的打印机、可打印的图纸尺寸、要打印的区域和打印比例等。

任务 4-2 园林图纸 PDF 格式输出

工作任务

本任务用 AutoCAD 2022 软件完成图纸 PDF 格式输出，包括图纸页面设置、建立图纸布局、创建图纸集、对图形文件进行归档及图纸批量打印。打印中需要使用图纸集管理器、布局创建及页面设置等软件知识。

知识准备

1. PDF 格式图纸

AutoCAD 文件最常用的输出格式是 PDF 文档。PDF（Portable Document Format）是便携文档格式的简称，同时也是该格式的扩展名，是 Adobe 公司开发的电子文件格式，它可以把文档的文本、格式、字体、颜色、分辨率、链接及图形图像、声音、动态影像等信息封装在一个特殊的整合文件中，其最大特点是支持跨平台，与操作系统无关，这一特点使它成为电子文档发行和数字化信息传播的理想文档格式。

PDF 格式文件的输出实际上是 AutoCAD 文件的虚拟打印。

2. 图纸集管理器与图纸集

图纸集管理器管理多个图形作为图纸集，图纸是从图形文件中选定的布局。可以在任意图形中将布局作为编号图纸输入图纸集。

图纸集是一个有序命名集合，其中的图纸可来自几个图形文件。可以将图纸集作为一个单元进行管理、传递、发布和归档。

1）调出图纸集管理器的方法

　　命令行：SHEETSET✓。

　　快捷键：Ctrl+4。

　　功能区：视图选项卡→选项板面板→图纸集管理器。

　　菜单：工具→选项板→图纸集管理器。

2）新建图纸集的方法

　　命令行：NEWSHEETSET✓。

　　菜单栏：文件/新建图纸集。

　　图纸集管理器：新建图纸集，如图 4-2-1 所示。

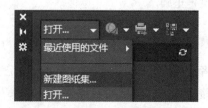

图 4-2-1 图纸集管理器新建图纸集

3) 新建图纸集操作步骤

输入新建图纸集命令后，打开创建图纸集的"开始"对话框，选择"现有图形"，点击"下一页"，进入"创建图纸集–图纸集详细信息"对话框，输入图纸集的名称"项目4图纸集"，指定保存路径后，点击"下一页"，进入"创建图纸集—选择布局"对话框，直接点击"下一页"，进入"创建图纸集—确认"对话框，点击"完成"，则创建了一个名称为"项目4图纸集"的新图纸集。

右键单击图纸集，如图4-2-2所示，选择"将布局作为图纸输入"，打开"按图纸输入布局"，单击"浏览图形"，找到相应的图形文件，点击打开，勾选需要的布局图纸，点击输入选定内容，则可将选择的图纸输入"项目4图纸集"中，如图4-2-3所示。

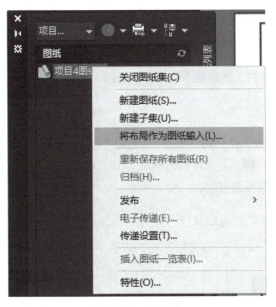
图 4-2-2　图纸集

图 4-2-3　已创建的图纸集

🍃 任务实施

1. 打印前准备工作

删掉多余的图形，删除图框和标题栏，清理重复对象，清理垃圾图块，关闭栅格，打开"图层管理器"，关闭"辅助线"层，新建一个图层，命名为"视口"，设置图层特性（颜色200、线型 solid line、线宽0.3、不打印），关闭"图层管理器"，左键单击"布局1"，切换到图纸空间。

> 【提示】
> 为了向大家介绍在图纸集创建过程中"图纸名称字段""图纸编号字段""打印比例字段""一键生成图纸目录"等内容，此处可以将项目3绘制的图纸文件进行"另存为"保存，一份用于模型空间浏览或者继续编辑，另一份用于图纸打印。

2. 建立景观设计总平面图布局

1) 新建布局，进行页面设置

新建或者重命名布局1，将其改为"景观设计总平面图"。

"布局"按钮上单击鼠标右键，单击"修改"按钮，进入"页面设置"对话框。选择"DWG TO PDF.PC3"文件打印机，图纸尺寸选择"ISO full bleed A2（594×420mm）"，打印范围为"布局"，比例为"1∶1"，指定打印样式表，黑白打印"monochrome.ctb"（也可以选择默认打印样式）；勾选打印对象线宽，按样式打印，图形方向选择"横向"，依次点击"确定"和"关闭"按钮。

删除默认视口。

2) 插入 A2 图纸标题栏

点击"插入块"，选择 A2 图纸标题栏，指定插入点坐标，关闭"块"选项板。

3) 创建视口

点击"布局"选项卡，点击矩形右侧下拉三角，选择"多边形"，拾取标题栏相应角点，绘制一个多边形视口，左键双击视口内侧，进入浮动的模型空间。双击鼠标中键显示模型空间的所有图形，双击视口外侧，回到图纸空间。

4) 插入当前图纸标题、当前图纸编号及视口比例

将当前图层切换为"文字"层。点击"插入"菜单，选择"字段"，如图4-2-4所示。

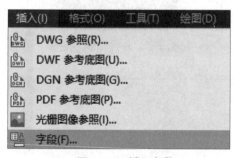

图 4-2-4　插入字段

进入"字段"对话框，字段名称选择"当前图纸标题"，点击"确定"。

指定文字高度为"10"，指定对正方式为"正中"，按住 Shift 键点击右键，调出"临时捕捉"菜单，拾取"两点之间的中点(T)"，捕捉相应对角点，插入图纸名称，如图4-2-5中的①所示。

继续插入字段，打开"字段"对话框，选择"当前图纸编号"，点击"确定"，确定文字高度为"5"，确定对正方式为"正中"，按住 Shift 键点击右键，拾取"两点之间的中点(T)"，捕捉相应对角点，插入图纸编号，如图4-2-5中的②所示。

再次插入字段，字段名称选择"对象"，在对象类型的右侧，点击选择对象■按钮，拾取视口，选择自定义比例，"1∶#"，点击"确定"，如图4-2-6所示。

确定文字高度为"5"，确定对正方式，为"正中"，按住 Shift 键点击右键，拾取"两点之间的中点(T)"，捕捉相应对角点，插入图纸比例，如图4-2-5中的③所示。

在视口外空白区域双击鼠标中键，最大化显示图纸，左键双击视口内侧，进入模型空间，找到要打印的景观设计总平面图，利用鼠标中键移动视图，把景观设计总平面图移动

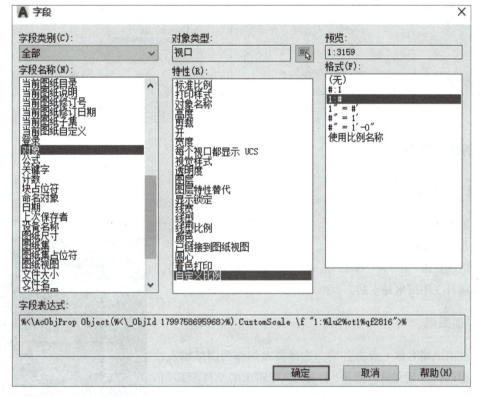

图 4-2-5　插入标题栏字段

图 4-2-6　"字段"对话框

到视口中央,选择视口比例为 1∶200,此时可以锁定视口,防止误操作造成比例变化。

5) 完成布局页面设置

双击视口外侧,鼠标中键双击视口外空白区域,最大化显示图纸,完成布局页面设置。此时可以利用此布局,打印单张图纸"景观设计总平面图"。

3. 建立其他图纸布局

右键单击"布局 2",选择"删除",删除"布局 2"。

右键点击"景观设计总平面图"布局,选择移动或复制,勾选"创建副本(C)",点击"确定",如图 4-2-7 所示,双击复制后的布局,将其重命名为"设计说明",点击"确认",双击视口内侧,解锁视口,利用鼠标中键缩放与平移视图,使设计说明位于视口中央部位，选定视口比例为"1∶200"，双击视口外侧，完成"设计说明"布局设置。

使用同样的方法，完成图纸目录及其他所有图纸的布局。

项目3中图纸布局完成，对文件进行保存。

此时打印，会出现如图4-2-8所示对话框，选择"尝试批量打印（发布）"即可批量打印。

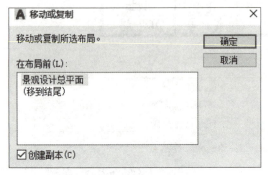

图4-2-7　移动或复制布局　　　　图4-2-8　批处理打印

4. 创建图纸集

1）建立图纸集

输入快捷键"Ctrl+4"，打开"图纸集管理器"，点击打开右侧的下拉按钮，点击"新建图纸集"，选择现有图形，点击"下一步"，输入图纸集名称，继续点击"下一步"直至"完成"，则建立了一个图纸集，此时项目3图纸集是空的。

2）添加图纸

在图纸集名称上点击右键，选择将布局作为图纸输入，浏览图形，找到文件，点击"打开"，可输入的文件全部勾选，将文件名作为图纸标题的前缀勾选去掉，点击输入选定内容，图纸集下方便有了布局图纸文件，按住鼠标左键，调整图纸顺序，排列好顺序以后，从第一个图纸开始，点击右键，选择重命名并重新编号。在图纸标题前面打勾，封面不用编号，图纸目录不用编号，设计说明编号是ZS-SM，景观设计总平面图编号是ZS-01，用相同的方法将其他图纸编号并命名，如图4-2-9所示。左边是预览，如果编号和图纸名称输入错误，可在相应的图纸上点击右键，重新命名并重新编号。如果没有问题，输入快捷键"Ctrl+S"保存，完成图纸集的建立。

图4-2-9　图纸集

【提示】
一个图纸集可包含多个文件，因此不同图纸可放在不同的文件里，而且在图纸集中浏览图纸更加清晰明了，更加方便（图4-2-10）。

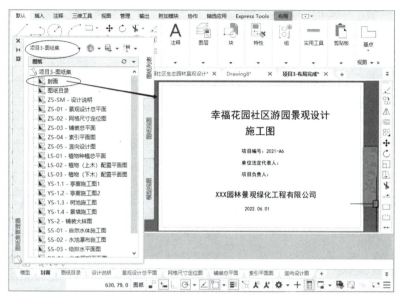

图 4-2-10　图纸集浏览图纸

3）生成图纸目录

有了图纸集，可以一键生成图纸目录。双击图纸目录，删掉图纸的视口，切换图层到"文字"层，选择图纸集，点击右键，选择"插入图纸一览表"，点击"确定"，这是由图纸集自动生成的图纸目录，如图4-2-11所示。

图纸一览表	
图纸编号	图纸标题
---	封面
---	图纸目录
ZS-SM	设计说明
ZS-01	景观设计总平面
ZS-02	网格尺寸定位图
ZS-03	铺装总平面
ZS-04	索引平面图
ZS-05	竖向设计图
LS-01	植物种植总平面
LS-02	植物（上木）配置平面图
LS-03	植物（下木）配置平面图
YS-1.1	亭廊施工图1
YS-1.2	亭廊施工图2
YS-1.3	树池施工图
YS-1.4	景墙施工图
YS-2	铺装大样图
SS-01	自然水体施工图
SS-02	水池瀑布施工图
SS-03	给排水平面图
DS-01	供电照明平面图
DS-02	供电系统图

图 4-2-11　图纸集生成的图纸目录

5. 归档图纸文件

建立了图纸集以后，可以实现图纸文件一键归档，方便技术交流或与客户沟通。

如果给客户整套文件，直接选择图纸集，点击右键，选择归档。它会提示用户由于以下图形需要保存，不能继续归档，点击"确定"，保存，单击右键选择"归档"，指定一个存储路径并保存，则生成一个包含图纸文件、打印机设定等文件的压缩包，如图 4-2-12、图 4-2-13 所示。

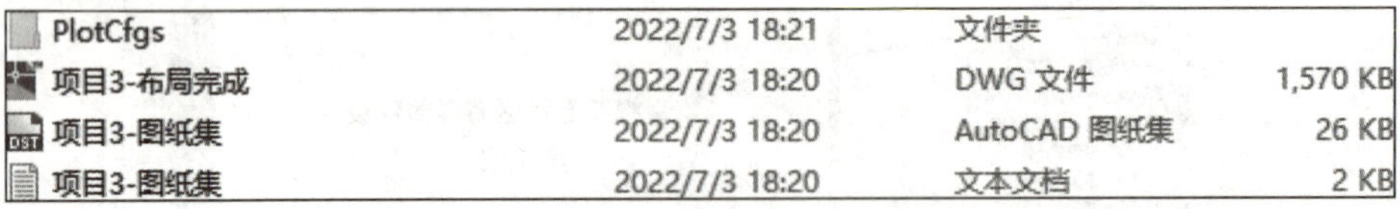

图 4-2-12　图纸集压缩包

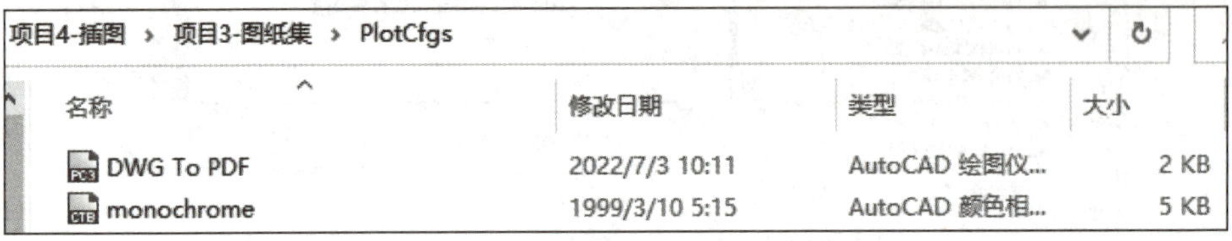

图 4-2-13　"PlotCfgs"文件夹

6. 批量打印图纸

选择图纸集，点击右键，选择"发布"，发布为 PDF，指定存储路径，软件提示正在处理后台作业。将鼠标放在打印机的图标上，它会提示我们正在发布图纸，如图 4-2-14 所示，图纸一共是 21 页，现在已经打到了第 16 页。打印完成后，系统会提示用户完成了打印和发布作业，没有发现错误或警告。

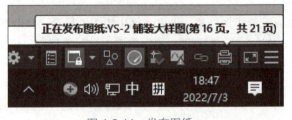

图 4-2-14　发布图纸

在打印过程中，状态栏上的 按钮会不停地闪动，闪动结束表示打印结束。这样一个 PDF 图纸集就打印完成了。

任务 4-3　园林图纸 EPS 格式打印

🌿 工作任务

本任务用 AutoCAD 2022 软件完成图纸 EPS 格式文件的输出及打印。打印中需要使用软件的打印命令。

知识准备

1. EPS 格式文件

当我们需要将 AutoCAD 文件转换为背景透明的图形格式，导入 Photoshop 中进行后期加工时，EPS 格式文件是首选。可通过对文件的直接输出或者虚拟打印输出 EPS 格式文件，对于比较复杂的 AutoCAD 文件，需要分层打印输出，以满足 Photoshop 图样处理需求。

EPS 是 Encapsulated Post Script 的缩写，EPS 格式文件是用 PostScript 语言描述的一种 ASCII 图片格式，在 PostScript 图形打印机上能打印出高品质的图形图像，最高能表示 32 位图形图像。

实际工作中，经常需要将 AutoCAD 设计方案导入 Photoshop，进行方案的后期制作，AutoCAD 图纸导入 Photoshop 有多种方式，如屏幕抓图、输出为 BMP 格式、输出为 EPS 格式、虚拟打印等，其中以虚拟打印最为常用。

2. 打印命令

关于打印命令的相关知识，请参见任务 4-1 的"知识准备"，此处不再赘述。

任务实施

1. 输出 EPS 格式文件

1) 关掉不需要打印输出的图层

打开项目 3 所绘制的文件，关掉不需要打印输出的图层。

2) 输出 EPS 命令输入

单击"文件"菜单→"输出"，打开对话框，指定存储路径，选择文件类型为"封装 PS（*.eps）"，单击"保存"按钮，EPS 格式文件输出完毕。

3) 导入 Photoshop 软件

打开 Photoshop 软件，打开上一步保存的 EPS 文件，在弹出的对话框内，根据所绘制的图纸需要，设置合适的尺寸与图像分辨率，模式选择"RGB 颜色"，点击"确定"。新建一个空白图层，将空白图层放至底层，用背景色——白色填充新建的图层，开始在 Photoshop 软件中完成图像的制作。

2. 虚拟打印输出 EPS 格式文件

1) 添加 EPS 格式的打印机

"文件"菜单→"绘图仪管理器"或者功能区→"布局"选项卡→ 绘图仪管理器 。

（1）打开添加绘图仪向导

打开系统存放绘图仪的位置，如图 4-3-1 所示，单击 添加绘图仪向导，打开"添加绘图仪–简介"，如图 4-3-2 所示，单击下一页，打开"添加绘图仪–开始"（图 4-3-3）。

图 4-3-1　绘图仪位置

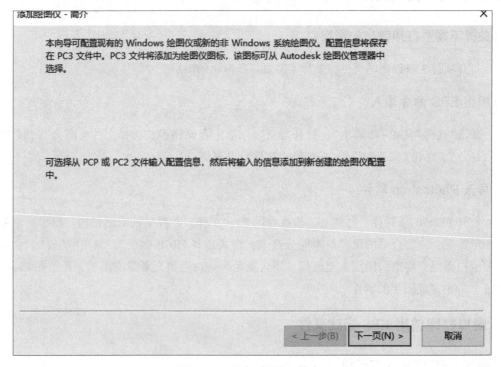

图 4-3-2　添加绘图仪–简介

图 4-3-3　添加绘图仪-开始

（2）选择绘图仪型号

在"添加绘图仪-开始"中，选择"我的电脑"，单击"下一步"，打开"添加绘图仪-绘图仪型号"。选择由 Adobe 生产商生产的型号为"PostScript Level 2"的打印机，点击"下一页"按钮（图 4-3-4）。

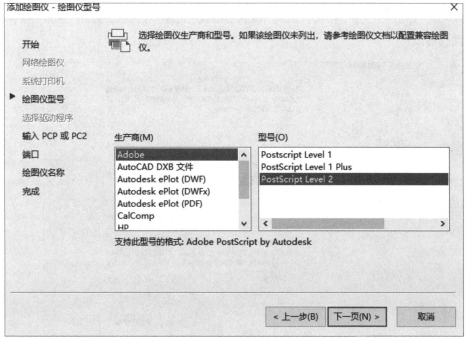

图 4-3-4　绘图仪型号选择

(3) 输入 PCP 或 PC2

"添加绘图仪-输入 PCP 或 PC2"对话框采用默认设置,点击"下一步",打开 4-3-5"添加绘图仪-端口"对话框(图 4-3-5)。

在"添加绘图仪-添加绘图仪-端口"对话框中选择"打印到文件",点击"下一步",打开"添加绘图仪-绘图仪名称"对话框。

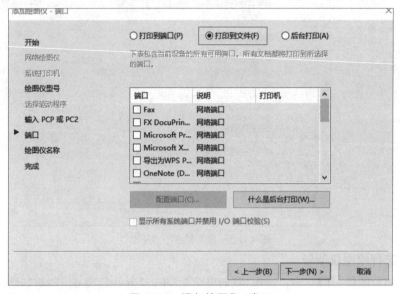

图 4-3-5 添加绘图仪-端口

(4) 设置绘图仪名称

在"添加绘图仪-绘图仪名称"对话框中,默认绘图仪名称为"PostScript Level 2"即可(图 4-3-6),点击"下一页"按钮,出现"添加绘图仪-完成"对话框,点击"完成"按钮,完成绘图仪的添加。

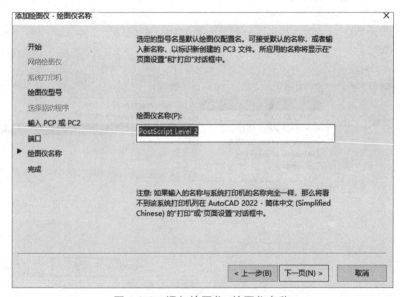

图 4-3-6 添加绘图仪-绘图仪名称

2)冻结不需要打印的图层

该项目较复杂,应该分层导出,以方便后期 Photoshop 制作。

(1)输出基本线稿层

关掉相关图层,只保留基本线稿。

输入快捷键"Ctrl+P",打开"打印-模型"对话框,各个选项的设置如下:

打印机选择:选择刚添加的打印机。

图纸尺寸:为了便于与直接输出的 EPS 文件比较,选择"ISO A3 420×297 毫米"。

打印范围:选择"窗口",到绘图窗口拾取打印窗口,勾选"居中打印"。

打印比例:取消"布满图纸"勾选,输入自定义比例为 1:250。

打印样式表:选择"monochrome.ctb"打印样式表。

打印选项:勾选"打印对象线宽"和"按样式打印"。

图形方向:选择"横向"。

页面设置:点击名称右侧的"添加( )"按钮,命名新页面设置名称为"A3-横向",各项参数如图 4-3-7 所示。

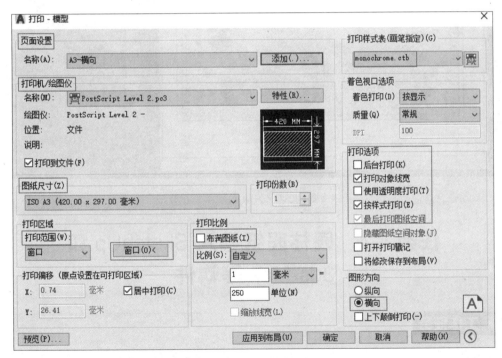

图 4-3-7 打印-模型

依次点击"预览"和"继续",点击右键,选择"打印",指定文件路径,确定输出的文件名,文件类型是封装的 EPS 格式,点击"保存"。

(2)输出其他图层

再次调整图层,关闭其他图层,只显示"乔木"层,输入快捷键"Ctrl+P",打开"打印"对话框,名称"选择 A3-横向",选择打印范围,选择窗口,拾取窗口,预览,点击右键选择"打印",修改文件名为"乔木层",点击"保存"。采用相同的方法,分别导出"地被"层、

"填充"层、"景观建筑"层等。

3) 导入 PhotoShop 软件

打开 PhotoShop 软件，打开基本线稿文件，点击"打开"，选择默认设置，点击"确定"。

新建一个空白图层，使用背景色填充图层，将填充的图层 2 移到底层，点击"缩放"，按 100% 显示，与直接输出为 EPS 格式的文件进行比较，效果明显好。

关闭之前的文件，再分别打开虚拟打印输出的其他图层，选择显示基本线稿文件，利用选择和移动命令，按住 Shift 键，将虚拟打印输出的其他图层的文件合并到基本线稿文件中，如图 4-3-8 所示，创建一个组，将所有的线稿文件都放在组内，接下来就可以进行 PhotoShop 后期制作了。

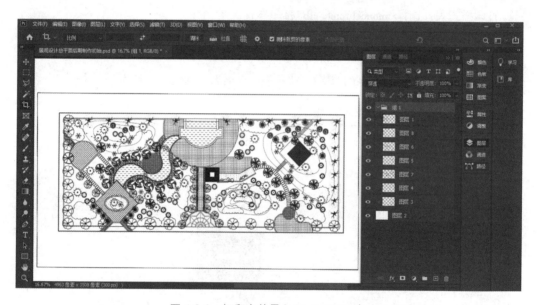

图 4-3-8　打印文件导入 PhotoShop 中

任务 4-4　园林图纸导入 SketchUp 和 3ds Max 等软件

工作任务

本任务利用 AutoCAD 2022 软件将 AutoCAD 格式图纸分别导入 SketchUp 和 3ds Max 等软件。导入过程中需要对图纸进行整理，并降级保存。

知识准备

本任务涉及的绘图与修改操作包含矩形绘制、复制命令、修剪命令、图层操作等，在项目 1 中已讲解，此处不再赘述。

任务实施

1. AutoCAD 图纸导入 SketchUp

1) 整理图形

打开景观设计总平面图，冻结不需要的图层，如"图符"层、"标注"层、"网格线"层、"文字"层。在 SketchUp 中铺装、水体的填充一般是用材质贴图表示，所以也应冻结。

关闭"乔木"层、"灌木"层、"地被"层、"建筑"层、"小品"层，只保留最基本的线稿。

本案例图纸比较规整，对于不规整的图形，需添加一个图框，以方便在 SketchUp 中模型的对齐。必要时可以分成 3 幅图，以方便在 SketchUp 中建模。将整理好并带外图框的图形向右复制两个，这样便有 3 幅图，在第一个图框线内，只留最基本的线框，建筑小品只留轮廓线，其他删除；第二幅图只留建筑小品；第三幅图只留地形。图形整理好以后，新建一个图纸，单位设置为毫米，将整理好的图形复制到新图形里，如图 4-4-1 所示。

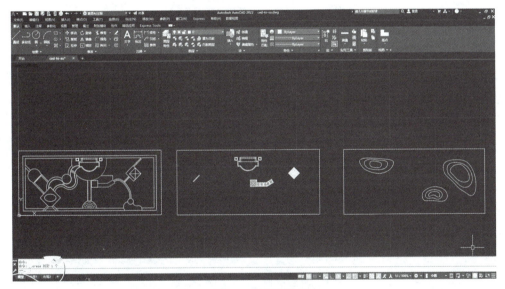

图 4-4-1 图纸整理

2) 归零图纸

利用移动命令，将准备好的 3 幅图移动到世界坐标原点处，点击西南等轴测，到三维视图观察一下，如果有的线条在 Z 轴方向不为 0，应该在 AutoCAD 中"拍平"，以利于在 SketchUp 中进行封面编辑，本例不存在这种情况，返回俯视。

3) 降级保存

点击"文件"菜单→"另存为"→"文件类型"，将文件保存为比较低的版本，此处选择"AutoCAD 2004 图形(＊.dwg)"，点击"保存"。

4）导入 SketchUp 软件

打开 SketchUp 软件，选择"建筑"→"毫米"，点击"文件"菜单，选择"导入"，文件类型选择"AutoCAD 文件（*.dwg，*.dxf）"，选择整理好的图纸，点击"选项"，勾选"合并共面平面"和"平面方向一致"，单位为"模型单位"，点击"好"，点击"导入"，如图 4-4-2 所示。

这样就把 AutoCAD 文件导入 SketchUp 软件，如图 4-4-3 所示。

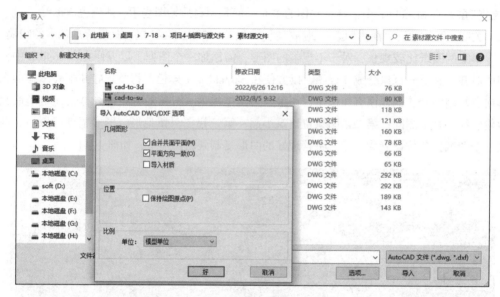

图 4-4-2　图纸导入

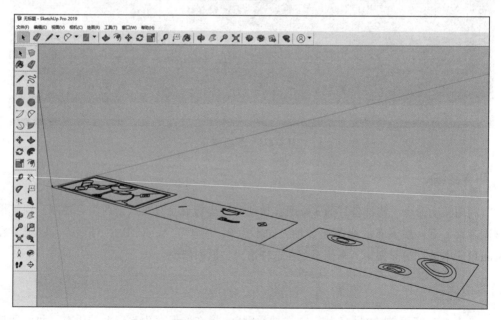

图 4-4-3　图纸导入 SketchUp

2. 将 AutoCAD 文件导入 3ds Max

AutoCAD 文件导入 3ds Max 软件，前 3 个步骤与导入 SketchUp 软件类似。需要注意的是，使用的 AutoCAD 软件版本比较高，AutoCAD 文件如果不降级保存，在导入低版本的 3ds Max 软件时，会提示文件格式不正确，从而导入出错。前面 3 个步骤完成后将文件另存为"cad to 3d"，打开 3ds Max 软件，如图 4-4-4 所示。

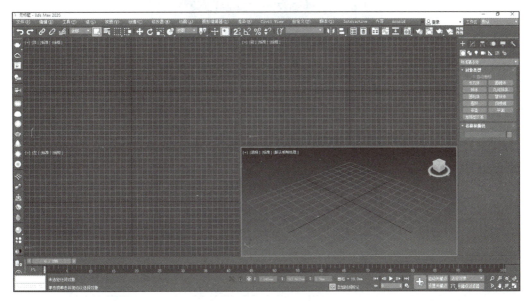

图 4-4-4　3ds Max 软件

打开软件的自定义菜单，选择"单位设置"，将系统单位比例及显示单位比例均设置为毫米，如图 4-4-5 所示。

点击"文件"菜单，选择导入文件，如图 4-4-6 所示，文件类型选择"原有 AutoCAD（*.DWG）"，找到存储的"cad to 3d"文件，选择"打开"，如图 4-4-7 所示，选择文件，进入"DWG 导入"对话框，选择"合并对象与当前场景"，如图 4-4-8 所示，点击"确定"，进入"导入 AutoCAD DWG 文件"对话框，取消勾选"焊接"，如图 4-4-9 所示。点击"确定"，这样就把 AutoCAD 文件导入 3ds Max 软件，如图 4-4-10 所示。

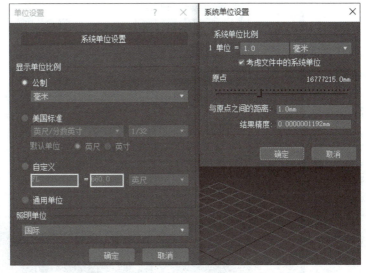

图 4-4-5　单位设置

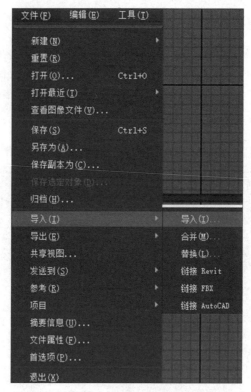

图 4-4-6　文件菜单导入

图 4-4-7　选择文件

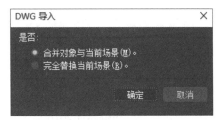

图 4-4-8 "DWG 导入"对话框

图 4-4-9 "导入 AutoCAD DWG 文件"对话框

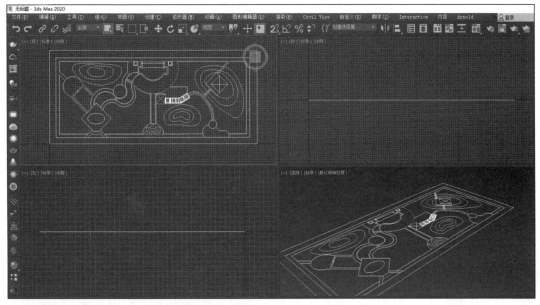

图 4-4-10 导入 AutoCAD 文件

参考文献

CAD 辅助设计教育研究室，2017. 中文版 AutoCAD 2016 园林设计从入门到精通[M]. 北京：人民邮电出版社.

陈淑君，2020. CAD 园林工程图制作[M]. 北京：科学出版社.

韩亚利，2013. 园林计算机辅助设计之 AutoCAD[M]. 北京：中国农业大学出版社.

何礼华，黄敏强，2020. 园林庭院园林景观施工图设计[M]. 杭州：浙江大学出版社.

黄艾，王燚，2021. Photoshop+SketchUp 园林景观效果图制作[M]. 北京：科学出版社.

邢黎峰，2021. 园林计算机辅助设计教程 AutoCAD 2021 中文版[M]. 北京：机械工业出版社.

中国建筑标准设计研究院，2003. 国家建筑标准设计图集 03J012-1 环境景观 室外工程细部构造[M]. 北京：中国计划出版社.

中国建筑标准设计研究院，2008. 国家建筑标准设计图集 04J012-3 环境景观 亭廊架之一[M]. 北京：中国计划出版社.

中国建筑标准设计研究院，2017. 房屋建筑制图统一标准：GB/T 50001—2017[S]. 北京：中国建筑工业出版社.

住房和城乡建设部标准定额研究所，2015. 风景园林制图标准：CJJ/T 67—2015[S]. 北京：中国建筑工业出版社.

AutoCAD 常用命令

序号	命令	命令行输入方式	快捷键	图标	页码
一、基本操作					
1	取消		ESC		7
2	撤销	UNDO	Ctrl+Z		7
3	重做	REDO	Ctrl+Y		7
4	显示缩放	ZOOM(Z)			8
5	平移	PAN(P)			9
6	重画	REDRAWG(R)			10
7	重生成	REGEN(RE)			9
8	全部重生成	REGENALL(REA)			10
9	快速选择	QSELECT(QSE)			11
10	新建文件	NEW	Ctrl+N		12
11	保存文件	SAVE	Ctrl+S		13
12	打开文件	OPEN	Ctrl+O		13
13	文件另存为	SAVEAS	Ctrl+Shift+S		14
二、定制图纸模版					
1	选项	OPTIONS(OP)			25
2	图层属性管理器	LAYER(LA)			31
3	特性	PROPERTIES(PR)/CH/MO	Ctrl+1		33
4	特性匹配	MATCHPROP(MA)			34
5	文字样式	STYLE(ST)			36

（续）

序号	命令	命令行输入方式	快捷键	图标	页码
6	标注样式	DIMSTYLE(D)			49
7	单位设置	UNITS(UN)			65
8	草图设置(绘图设置)	DSETTINGS(DS)/OS			21
三、绘图命令类					
1	点	POINT(PO)			140
2	直线	LINE(L)			15
3	构造线	XLINE(XL)			75
4	多段线	PLINE(PL)			41
5	样条曲线	SPLINE(SPL)			121
6	多线	MLINE(ML)			107
7	矩形	RECTANG(REC)			39
8	圆	CIRCLE(C)			43
9	圆弧	ARC(A)			45
10	椭圆	ELLIPSE(EL)			113
11	单行文字	TEXT/DTEXT(DT)			37
12	多行文字	MTEXT(T/MT)			38
13	块定义(创建块)	BLOCK(B)			132
14	插入块	INSERT(I)			134
15	写块	WBLOCK(W)			134
16	定数等分	DIVIDE(DIV)			140
17	定距等分	MEASURE(ME)			140
18	图案填充	HATCH(H/BH)			123
19	圆环	DONUT(DO)			126
20	正多边形	POLYGON(POL)			110

(续)

序号	命令	命令行输入方式	快捷键	图标	页码
21	面域	REGION(REG)			111
22	工具选项板	TOOLPALETTES(TP)	Ctrl+3		138
23	设计中心	ADCENTER(ADC)	Ctrl+2		137
四、修改命令类					
1	删除	ERASE(E)			16
2	多重复制	COPY(CO)			89
3	镜像	MIRROR(MI)			92
4	偏移复制	OFFSET(O)			88
5	阵列复制	ARRAY(AR)			90
6	移动	MOVE(M)			84
7	旋转	ROTATE(RO)			86
8	延伸	EXTEND(EX)			79
9	拉伸	STRETCH(S)			115
10	缩放	SCALE(SC)			85
11	分解	EXPLODE(X)			114
12	修剪	TRIM(TR)			77
13	打断	BREAK(BR)			116
14	倒角	CHAMFER(CHA)			83
15	圆角	FILLET(F)			81
16	计数	COUNT			143
17	编辑多段线	PEDIT(PE)			42
18	编辑文字	DDEDIT(ED)			38、39
五、标注					
1	线性标注	DIMLINEAR(DLI)			54

（续）

序号	命令	命令行输入方式	快捷键	图标	页码
2	对齐标注	DIMALIGNED(DAL)			56
3	连续标注	DIMCONTINUE(DCO)			57
4	半径标注	DIMRADIUS(DRA)			58
5	直径标注	DIMDIAMETER(DDI)			58
6	角度标注	DIMANGULAR(DAN)			59
7	弧长标注	DIMARC(DAR)			60
8	坐标标注	DIMORDINATE(DOR)			61
9	折弯半径标注	DIMJOGGED(DJO)			61
10	智能标注	DIM			62
11	引线标注	MLEADER			63
12	快速标注	QDIM			64
六、打印与输出					
1	清理重复对象	OVERKILL(OV)			267
2	清理	PURGE(PU)			268
3	打印	PRINT/PLOT	Ctrl+P		270
4	新建布局	LAYOUT			273
5	图纸集管理器	SHEETSET	Ctrl+4		282
6	新建图纸集	NEWSHEETSET			282
7	创建视口	MVIEW(MV)			284
七、查询					
1	坐标查询(点坐标)	ID			23
2	距离查询(测量距离)	DIST(DI)			23
3	面积查询(测量面积)	MEASUREGOM(AA)			24